H₂O
CH
SO
CH
NH₂
H₂N
HN
H₃C
SO₃
SO₂

4

Future Genius
未来科学家

炫酷的
化学
Cool Chemistry

[英] 英国 Future 公司◎编著　黄滕宇◎译

人民邮电出版社
北京

这本书里有什么

18

35

45

57

嘣

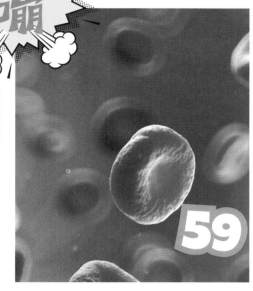

59

62

89

与物质的相遇

在英语中，人们问"你怎么了？（出什么事了？）"的时候，通常会说："What's the matter?"英语国家的人最初大概就是这么接触到matter这个词的。然而，"事"只是matter这个词的几种含义之一，它更常用的一个意思是"物质"——用来表示我们周围的一切东西。问出"What's the matter?"的时候，其实也等于是在问：周围有什么东西以什么方式影响到我们了？——它们确实可以从各个方面影响我们。

物质，既可以是我们手上能感觉到的固体，也可以是流淌在我们皮肤上的液体，还可以是一种气体，像一阵风从我们身边吹拂而过。

在地球上，自然界中的所有物质，都是由一种"积木块"组装而成的，这种"积木块"就是"原子"。我们之所以会看到固体、液体和气体的区别，其实是因为原子的运动和排列方式有区别。原子可以按照一套物理定律结合在一起，组成分子；还有的时候，原子会将自己的一部分送给其他原子，从而形成离子。无论是形成离子还是组成分子，都有助于把原子之间的相对位置固定下来，这种现象被称为"化学键"。

在固体中，化学键使得物体的形状固定，从而呈现出刚性，比如椅子中的化学键让椅子可以承受你的体重。而在液体和气体中，原子和分子会有足够的能量来运动。

大多数液体都是由分子构成的，分子则是由牢固连接在一起的原子形成的。然而，物理定律告诉我们，这些分子之间也会有一点点粘连，但这种粘连比固体中要松一些。所以，固体有固定的形状，而液体没有。这就是为什么把水倒进玻璃杯里，水就会变成玻璃杯的形状。气体也是由原子或分子这样的微粒构成的，但它们几乎不会粘连在一起。构成气体的微粒可以自由移动，所以气体能够呈现出任何形状。

我们周围的一切都是固体、液体或气体，物质确实非常重要！

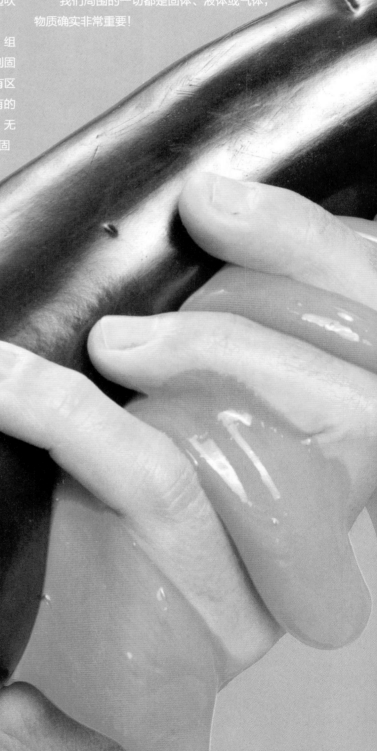

在你开始之前……

下面这些单词，代表着你在第一章中会遇到的一些东西。你能把它们（英文）填入左边这个纵横填字游戏里吗？

LIQUID（液体）

SOLID（固体）

GAS（气体）

ATOM（原子）

MELT（熔化）

FREEZE（凝固）

RADIOACTIVE（放射性）

试一试！ 请写出5种由物质组成的东西。它既可以是你此时此刻看得到的东西，也可以是你记忆中曾经看到过的东西！请在两分钟之内完成，别忘了给自己计时呀。

原子：
组成万物的"积木块"

自我测验！

记住这两页中的知识，然后合上书，再写下来。看看你能在3分钟之内记住并写下几条?

不知道你是否思考过：我们身边的万事万物，为什么彼此会有那么大的差异呢？我们的身体和家具，都是有一定形状的，而身边的空气却轻柔得就像不存在一样。这个问题的答案绝对令人惊讶。

为了回答这个问题，我们需要把物体不断地放大。当你观看一个物体时，离得越近，就会看到越多的新景象和新细节。固然，肉眼能看到的细节很有限，但我们可以用科学仪器来进一步放大观察。这些仪器最终告诉我们：一切的东西，无论是空气还是扶手椅，在化学变化的意义上，它的最小"积木块"都是原子。

原子小得令人难以置信。我们通常认为，头发丝已经是细小得快要看不清的东西，但在原子的面前，头发丝可是"庞然大物"。比如，就算把碳原子肩并肩排列在一起，也要差不多100万个才顶得上一根头发丝的粗细。

在空气当中，原子通常彼此距离更远，但即便如此，我们的每一次呼吸仍然会吸入大约250万亿亿个原子——真是一个天文数字。

虽然原子小到无法直接看见，但人们在很早以前就意识到它们的存在了。在2000多年前，古希腊人就提出过"物质由原子组成"的想法。他们给原子起名叫atomos，在希腊语里意思就是"不可分割的"。如今，我们已经发现原子还能够分割成更小的组成单位，但这个名字还是沿用了下来，比如英语里的"原子"一词就是atom。

有少数原子能够单独存在，不与其他任何原子连接在一起；但是，绝大多数组成物质的原子都像刚才说的头发中的碳原子一样是互相紧密连接着的。那么，是什么让它们像这样连接在一起的呢？尽管原子如此微小，但它们仍然遵循着一套复杂的规则，互相连接，组成了我们的身体，还有我们身边的一切。

原子大解剖

一个原子属于哪一种原子，取决于组成它的原子核的质子和中子，以及围绕在原子核周围、像云一般的电子。

质子

质子是原子核的关键组成部分之一。它就像一个小磁铁一样，能够吸引电子。

中子

中子是原子核的另外一种关键组成部分，但是它不能像小磁铁一样吸引电子。

电子

电子也像小磁铁，可以吸引质子。它游离于原子核之外的空间中。它如果在金属导线里流动，就形成了电流。

© Getty

猜猜电荷！

中子、电子和质子都有自己的"电荷"性质，也就是说，这些微粒可以带正电或者带负电，也可以不带电（不带电的情况就是电中性）。

你也许听过一个俗语叫"异性相吸"。那么试试看，能不能借助右边的图，猜出质子、中子和电子分别带哪种电荷呢？

电子

中子

质子

$+$

原子有多小？

当心！

如果你在实验中遇到了任何问题，千万小心，马上寻求成年人帮助！

© Getty

于原子，你需要知道的
个秘密！

1. "积木块"是由更小的"积木块"组成的

原子是由质子和中子组成原子核，再加上周围的电子组成的。

2. 像足球场中的一颗弹珠

如果把一个原子放大到足球场那么大，那么它的原子核其实只有足球场中心的一颗玻璃弹珠那么小。

3. 小得微不足道

即使像书中一个句号内部的空白这么小的地方，也包含了大约100亿亿个原子。

4. 一切诞生自宇宙大爆炸

最初的氢和氦原子都诞生于宇宙初期的那场大爆炸，在漫长的宇宙演化中这些原子产生其他原子。

5. "积木块"也分大小

体积最大的原子是铯原子，体积最小的原子是氦原子，前者体积是后者的15倍。

试一试！

自己制造一个可以吃的原子！

你需要的材料

- 两种颜色的小棉花糖
- 巧克力豆
- 一张元素周期表，里面包含了每个元素的原子序数和质量数。写在元素符号上方的数字就是原子序数，下方的数字是质量数。
- 一张表格（如底部图所示）

步骤

1 在元素周期表里面任选一个元素，找到它的原子序数。比如，氢元素的原子序数是1。

2 把你选择的元素的原子序数写在表格中的 #质子 一栏。

3 同时也把这个数写在表格中的#电子一栏。

4 将你选择元素的质量数和原子序数相减，得到的结果写在表格中的 #中子 一栏。

5 选择一种颜色的棉花糖代表质子，另一种棉花糖代表中子。按照 #质子 一栏里写的数量取出质子棉花糖，放在表格的蓝色圆圈中。这个蓝色圆圈就代表原子核。

6 再按照 #中子 一栏里的数量取出中子棉花糖，放在表格里代表原子核的蓝色圆圈中。

7 巧克力豆代表围绕着原子核的电子。根据 #电子 一栏中的数目，取出相应数量的巧克力豆，放在表格里红色圆圈的线条上。最内层的红色圆圈上只能放2个电子，中间一层最多放8个，外层最多放18个。如果你的原子有不止28个电子，那么剩下的就都放在第三个圆圈的外面。

8 你现在就制作好了一个原子！接下来你可以欣赏它，或者把它吃掉！

原子：_____

#原子：___   #质子：___   #电子：___

分子：
当原子连接在一起

原子是我们所知道的最简单的东西，它们可以用非常巧妙的方式连接起来，形成分子。它们就很像是一个个小机器人，按照事先设置好的"指令"互相手挽手，从而建造出更大的物体——它们遵循的"指令"就是物理定律。

目前科学家已经发现了118种不同的原子。其中，每一种相同的原子都被称为一种元素。最简单的小分子是由一个原子"抓住"另一个原子形成的，比如氧气分子就是这种模样：当2个氧元素的原子相互连接，就形成了1个氧气分子。我们呼吸的空气中就包括氧气分子。当然，在其他类型的分子中，原子会与不止一个其他的原子相连，不同元素的原子之间也可能连接起来。比如水分子，就是由1个氧原子与2个氢原子相连而成的。

如果一个原子的"左邻右舍"再与其他原子连起来，就可以形成更大的分子。例如，食醋中含有醋酸，它的分子就是由2个碳原子、2个氧原子和4个氢原子连接在一起构成的。

甚至还有许多原子可以结合成长链或者网络，从而成为更大的分子。以这种方式连接的原子通常会形成固体材料，例如金刚石（钻石）的结构就是巨大的碳原子网络。在金刚石中，每个原子都与其他4个原子相连，形成了一个连续的、可以无限延伸的网络结构。构成超市购物袋的塑料中也有类似的原子排列方式。

人们真正开始了解物质的组成规律，只是最近两百多年的事。科学家最初研究化学物质的构成时，就注意到了一些规律，在纯净物中，不同元素总是以简单、恒定的比例存在。他们发现，二氧化碳气体中，氧的数量总是碳的2倍。今天，我们已经知道这是因为二氧化碳分子由1个碳原子和2个氧原子构成。

离子键

有时候，原子会把电子完全交给其他原子，从而产生"离子"。很多这样的离子互相吸引，其中，给出电子和接受电子的双方会排列成有规律的形状。

金属键

金属里面拥有很多的电子。这些大量的电子在金属原子之间被共享，这也使得它们能够导电。

著名的分子

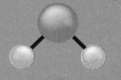

水

水分子是一种简单的分子，只由1个氧原子和2个氢原子构成，但是它的性质很特别。

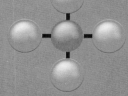

甲烷

甲烷拥有1个碳原子和4个氢原子，是一种储存着能量的气体。我们可以用它来生火做饭和取暖。

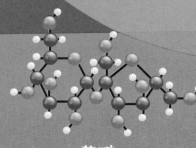

蔗糖

我们平时吃的糖里，有一种分子叫蔗糖。除此之外，还有很多不同的糖类，它们的甜度各异。

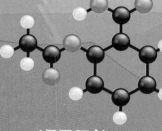

阿司匹林

阿司匹林是一种止痛药。人们在柳树皮中发现了一种天然分子，叫水杨酸，对它加以修饰就得到了阿司匹林。

你知道吗？

当分子之间不能混合时，一种物质就会"浮"在另一种物质上方。

共价键

原子之间可以共享一些绕核运行的电子，由此，它们连接在一起形成"共价"化学键。

© Getty

试一试！

制造一盏你自己的液滴熔岩灯！

你需要

- 小塑料瓶
- 水
- 植物油
- 食用色素
- 泡腾片

当心！
如果你在实验中遇到了任何问题，千万小心，马上寻求成年人帮助！

步骤

1 在塑料瓶中装上3/4瓶植物油。

2 给塑料瓶中剩下的空间装满水。

3 加入几滴食用色素。

4 拧上瓶盖，小心地摇晃几下。看看发生了什么？

5 将泡腾片掰成两半。打开瓶盖，放进去半片。看看发生了什么？

6 当冒泡结束后，再放进去剩下的半片。看看发生了什么？

你学到了什么？

分子里面，电子的排布方式，决定了不同物质之间是否能均匀混合。水就不能与油均匀混合，而是会分散成小水滴，悬浮在油里面。而水、食用色素，以及泡腾片产生的二氧化碳，这三者是可以混合的。

小测验

你知道哪些关于分子的知识？

一共有多少种不同的原子？

_____

_____

最简单的分子里，有多少个原子？

_____

_____

水分子是由什么构成的？

_____

_____

金刚石是由什么构成的？

_____

_____

早期的科学家通过什么线索猜出了分子是由原子构成的？

_____

_____

_____

答案：118；两个；两个氢原子和一个氧原子；碳原子；当原子组成的巨大网格，在构成物时，尤其容易以固体、晶体的形式存在。

找不同！

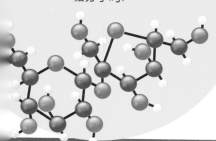

我们可以在糖果和其他许多食物中找到蔗糖的身影，蔗糖分子是由45个原子构成的。在右边的A、B、C 3张分子结构图中，你能认出哪一个是跟下图相同的蔗糖分子吗？

答案：C

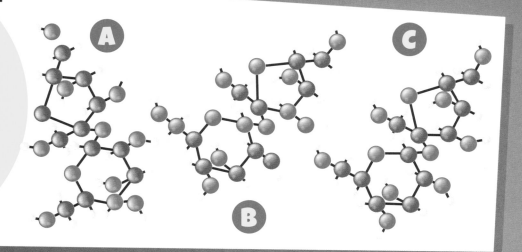

当物质改变模样：固体、液体和气体

你有没有想过，比起在地面上行走，为什么在水中行走要难得多？通过之前的学习我们已经知道空气和水中同样含有大量的氧原子，这个问题似乎显得更难以回答了。

化学的奇妙之处就在于，看上去彼此迥然不同的东西，竟然可以由十分相似的元素构成。从固体到液体的变化、从液体到气体的变化都充分表现出了这一点。冰、水和水蒸气看起来很不一样，然而，它们的成分都只有水分子，而且这些水分子也都只是由2个氢原子、1个氧原子结合而成的。当温度足够低时，水分子会紧紧地"粘连"在一起，形成固态的冰。而只要加热一点点，就会提供足够的能量，使"粘连"在一起的分子稍微散开，变成液态水的形式，流动起来。许多固体在加热到足够温度之后，分子都会互相分散开来，从而熔化成液体。如果液体再接收更多的热能，可以进一步让分子互相分离，比如水沸腾后就会成为水蒸气。

在液体状态下，原子之间或分子之间仍然有一些"粘连"，但不如固体状态下那么紧密。这就是为什么固体能保持固定的形状。但若把固体熔化成液体，它就可以变成任何形状，这取决于你把它放进什么形状的容器。尽管如此，只要不改变液体的温度，一定量的液体占用的空间大小也是不变的。在气体中，原子或分子根本不怎么"粘连"，所以当液体被煮沸变成气体时，它就不仅可以改变形状，还可以填满不同大小的空间。物质在熔化或煮沸后，通常会比固体时占用更多的空间。

因为气体通常比液体更容易流动，所以你在水中行走要比在地面上行走困难得多。如果你被冻结在坚冰中，那么你就彻底无法移动——而且，你会感到非常非常冷！

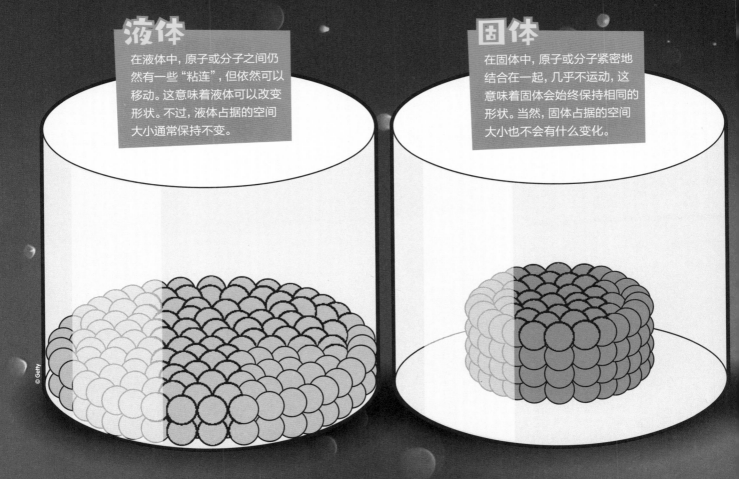

液体

在液体中，原子或分子之间仍然有一些"粘连"，但依然可以移动。这意味着液体可以改变形状。不过，液体占据的空间大小通常保持不变。

固体

在固体中，原子或分子紧密地结合在一起，几乎不运动，这意味着固体会始终保持相同的形状。当然，固体占据的空间大小也不会有什么变化。

猜猜这些物质的种类

为下列物质找到最适合描述其种类的词，用线连起来。

 固体　　液体　　气体

糖果　　　岩石　　　空气

橙汁　　　橡皮泥

现在，数一数上面有几种固体、液体和气体，然后在下面的方框中写下它们的比例。我们已经帮你填好一个啦！

什么是比例？

比例告诉我们一个数量与另一个数量的相对关系。比如，有2个氢原子和1个氧原子，那么氢和氧的比例就是2：1。

 3

固体　　液体　　气体

气体

在气体中，原子或分子之间几乎不"粘连"，而且运动得很剧烈。这就意味着气体很容易改变形状，占据的空间大小也会很容易改变。

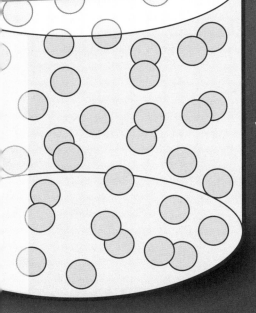

试一试！

制造固体、液体和气体

你需要

- 一个制冰格
- 水
- 冰块
- 金属平底锅
- 茶碟或者厨房用的盘子
- （可选）塑料盘或纸盘，或其他材料制成的容器
- 玻璃水杯或马克杯，或塑料烧杯，又或其他材料制成的容器
- 牙签或棒棒糖的塑料棒
- 一支钢笔

当心！

需要用炊具烧水的时候，你应该寻求成年人的帮助。

步骤

1 如果还没有做好冰块，请将水倒进制冰格里，然后放进冰箱冷冻室。

2 有了冰块后，拿一块放在平底锅里，一块放在茶碟或普通的厨房盘子里，如有由其他材料制成的盘子或容器，也各放一块。

3 观察发生了什么。所有冰块变成液态水的过程，速度都相同吗？

4 为了让水从液体变成气体，你可以在炉子上用平底锅加热一些水。请成年人来帮你做这一步。

5 观察水沸腾的样子。你如何断定水正在从液体变成气体呢？

6 另外还有一种方法用来观察水从液体变成气体。将水装进一个玻璃水杯，或马克杯，或塑料烧杯，用其他材料制成的容器也可以，不用装满。

7 在每个容器里放一根牙签或棒棒糖的塑料棒，然后用笔在水和空气相接的位置做一个标记。

8 将容器放置一天。

9 重新标记一次水面高度。

10 可随意观察多天，或者直到水完全消失。你如何断定水已经从液体变成了气体呢？

你学到了什么？

你的冰箱会从液体的水中取走一部分热量，把它变成固体的冰。周围的物质能让热量重新传回到冰里，将冰变回液体或者气体。当你在平底锅里烧水时，热量更快地输入水中，因此可以看到水通过冒泡的方式变成气体（气泡里是水蒸气）。把水放置着不去加热，水也会形成气体，但速度较慢。

小测验

你知道哪些关于固体、液体和气体的知识？

我们在地球上燃烧甲烷气体来获取热量。那么，在土星的卫星之一——土卫六（泰坦）上，甲烷是什么形态的呢？

A. 它太轻了，漂浮到了空中
B. 它太冷了，形成了液态的甲烷雨和甲烷海，就像地球上的水一样
C. 它变得更冷，形成了固态的陆地和山崖

我们呼吸的空气里大部分是氮气。在-210℃的时候，空气会变成什么形态？

A. 变成液体的海洋
B. 变成粉红色
C. 变成像冰块一样的固体

汞（水银）就像金或者铁一样，是一种金属。它在0℃的时候，也就是水从液体变成固体的那个温度下，会是什么状态？

A. 固态
B. 液态
C. 气态

铁是一种金属，就像金或者汞一样。铁在什么温度下能够沸腾，从液体变成气体？

A. 0℃
B. 357℃
C. 2861℃

液态的氦有什么特别之处？

A. 它几乎是世界上最冷的东西
B. 它比气态的氦密度更小
C. 它是唯一的不会流动的液体

答案：B；C；B；C；A。

熔化和沸腾：让物质变得超级热！

如果你喜欢制造新的东西，那么对于把一种物质变成另一种物质，你也许同样会有兴趣。这也是化学最神奇的地方之一。热爱化学的人总是想创造新的东西。在过去的几百年里，被称为"炼金术士"的一批人曾经试图将价值较低的物品变成黄金——不幸的是，这是不可能的！但是，你可以实现其他的变化，其中最容易理解的一类变化就是熔化和沸腾。

你可能已经知道，冷饮中的冰块会熔化。熔化，是指从固体到液体的变化。为了理解这种变化，我们需要把物质放大，以便认真观察构成固体的原子或分子。在像冰这样的固体中，原子或分子几乎是静止不动的。但当你加热它时（比如，把冰块从冰箱里拿出来），情况就变了。热量会克服那些让原子或分子相互"粘连"在一起的力，使它们运动得更剧烈。接下来，你还可以把东西加热得更热——比如，把冰块熔化成的水继续加热，直到沸腾。这就是说，原子或分子之间会更松散，从而让液体沸腾变成了气体。在气体中，原子或分子的运动速度更快，并且能在更长的距离上自由移动。当一些液体沸腾时，你可以看到这种从液体到气体的变化：液体中形成了气泡。

有时，发生熔化或沸腾现象的温度，跟我们日常生活环境的温度是差不多的，比如冰的熔化。另一个例子是金属镓：如果把镓放在桌子上，它是一种固体，但如果用手握住它，它就会熔化。曾经有一把特别危险的恶作剧，就是给别人一把用金属镓做的勺子来搅拌热茶，勺子会熔化在茶里。这杯茶可不能喝了！

熔点和沸点

在常压下，纯净物改变状态时的温度数值是固定的，比如：物质从固体变成液体时的温度叫熔点，而水的熔点就是0℃；由液体沸腾变成气体时的温度叫沸点，而水会在100℃的时候沸腾。

右边这些温度计量出了不同的温度。请看看它们的温度，试试说出一些液体（比如水）在这些温度下是否会沸腾？

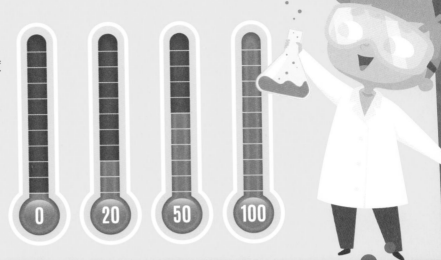

单词搜寻

你能在下面找到一些与熔化和沸腾相关的英语单词吗？

```
A C D N Z T O N M W X O C G
H J T E M P E E L L O W F H
G W E S T O X U I H P R L G
S O L I D X W D Q A L O O F
G B T H Y F G I U C L T W B
A H D U J H J H I O V S B A
Y L G Q R H A E D E E B T G
K Q I K C P O L C H N O H W
T E M P E R A T U R E Y G Z
K S K M F K M E S U R X A Y
P J W N N H F Y I R G N S D
O A H A B I A J L K P Y O B
H A L E N E R P O I O X C M
F X G J G N J B N L H M F
```

答案：TEMPERATURE（温度）；ENERGY（能量）；SOLID（固体）；LIQUID（液体）；GAS（气体）；FLOW（流动）。

13

化学键：
当原子成为搭档

为什么这本书结实到可以用手捧起来阅读？为什么它不会像水一样，在地板上摊成一片？为什么它不会像气球一样飞走？这是因为构成这本书的原子连接在一起形成了分子，分子又构成了呈固体状态的纸张。原子之间的这种连接被称为化学键。化学键的存在归功于原子里的电子，以及它们遵循的物理定律。有了化学键，物质就可以足够稳定地存在——也就是以一定的形式存在而不会分解掉。

对最常见的一些物质来说，构成它们的分子是由多个原子通过共价键连接形成的，比如，我们呼吸的氧气和饮用的水都是如此。它们之所以存在，是因为物理定律告诉我们，原子核周围的电子会形成壳层，而当壳层被电子填满的时候，物质就会很稳定。对氢原子来说，它的壳层里若有2个电子就稳定了；而对氧原子来说，则需要8个电子才行。在分子内部，原子会共享一些电子，以便形成稳定的满壳层，这就是共价键，它就好比人们以手拉手的方式连接在一起。

岩石则不同，岩石分子中的原子通常是依靠离子键结合在一起的。这就是说，一些原子把电子交给其他原子，变成电子壳层被填满的离子，由此与其他离子连接在一起。这种像磁铁一样互相吸引的性质，就好比是电子和质子之间的吸引那样。拥有多余电子的离子，会与让出电子的离子互相吸引。我们以食盐（氯化钠）为例：每个钠原子会交出一个电子给一个氯原子。食盐的晶体里不包含真正意义上的分子，而是钠离子围绕着氯离子、氯原子也围绕着钠原子，构成了一种交替排列的样式。离子键看起来有点像一支列队行进的军队。

找出错误的键

既然你已经知道化学键的不同种类了，请找找看，下面哪个键的构成是错误的？回忆一下，分子要求原子的满壳层有2个或8个电子！

Li — Cl

O — C — O

He — N — He

⚠️ **当心！**
使用电池要小心，它们可能会导致触电，或者产生有害物质。请找年成人来帮忙！

试一试！
它是哪种化学键？

你需要
- 一次性塑料杯
- 两根金属材质的平头大头针
- 9伏干电池
- 一些由离子键构成的物质，比如食盐或小苏打（碳酸氢钠）
- 一些由共价键构成的物质，比如蔗糖或者人造甜味剂
- 水

步骤

1 在一次性塑料杯的杯底，从外往里钉上两根大头针，针尖要插入杯子内部。两根大头针距离大约2～3厘米，请确保它们彼此不接触，而它们的距离适合分别接触到干电池的两个电极。

2 在塑料杯里装上大约四分之三杯的水。

3 在里面加入一茶匙你要测试的物质，搅拌均匀直到完全溶解。

4 将9伏干电池的两个电极分别接触到杯底外部的两根大头针上，观察发生了什么。有些物质会帮助水断开其化学键，产生氢气；另外一些物质则不会。

5 在测试新的物质之前，记得将杯子内部和茶匙洗干净，不然残留的物质会影响下一次的测试。

6 改用其他物质来测试。请问，那些能帮助水的化学键断裂的物质，都有什么共同点？

不同类型的化学键

一种元素究竟更爱形成共价键还是离子键呢？这取决于它们有"多想"从其他原子身上吸引电子。对电子特别"贪婪"的元素更容易形成离子键。

14

制造新的物质

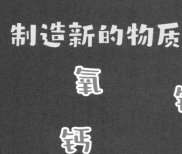

氧　钠　氯　碳　钙　氢

= 一氧化碳

= 二氧化碳

= 氯化钠

= 氢氧化钠

= 氯化钙

一氧化碳

燃烧时，如果没有足够多的氧气来与碳结合，就会产生一氧化碳。

二氧化碳

我们吸入氧气后，呼出的气体里就有不少二氧化碳。在开阔环境中燃烧东西同样会产生这种物质。

氯化钠

氯化钠有个更著名的称呼：食盐。它是调味品，也存在于大海中。

氢氧化钠

氢氧化钠能将人灼伤，所以我们平时不太容易得到它。它在工厂中应用很广，也可以用来清洗很脏的东西。

氯化钙

在自然界中，基本没有天然的氯化钙存在。工厂里，人们用一种叫石灰石的岩石来制造它。

化学反应：当元素变得疯狂

你有没有想过，你生命所需的能量是从哪里来的？计算机和很多玩具都需要电，传统的汽车和飞机需要汽油才能运转，人类和其他生物也像汽车和计算机一样，是需要能量的。对于我们这样的人类来说，我们的燃料就是食物——依靠化学反应，我们可以将食物转化为能量，为身体所用。

所谓"化学反应"，就是说在这种反应中，至少有一种物质变成了其他物质。这种起始的物质被称为反应物，它最终变成的物质被称为产物。这种变化的具体方式有多种：比如铁作为反应物，和空气中的氧气（也是反应物）缓慢地生成铁锈这种产物，这是一种方式；而烟花中的固体反应物迅速爆炸，生成气体产物，就是另一种方式。

化学反应能够发生，也是跟原子之间"粘连"的方式密切相关的。就像原子连接起来构成分子一样，两个分子也可以被连接在一起，同时，原本连接成分子的那些原子也可以分离——这样，一个分子就可以把它的一些原子交给另一个分子。有时，一个分子会分裂成两个；有时，一个反应物可以把自己的某些原子移动到自己身上别的位置，从而变成一种不同的分子，这也是产物。化学反应也可以只靠电子在原子间的移动而发生。然而，当冰融化成水时，水分子中的氢原子和氧原子连接的方式并没有变化，所以不算是一个化学反应。

化学反应之所以可以为万物提供动力，是因为所有物质都蕴含着化学能，就像杯子里可以装着液体一样。反应过程会将能量从反应物里"倾倒"到产物里。化学反应发生之前，所有反应物中的能量总和，通常多于它们生成的所有产物中的能量总和，也就是说，反应会释放一部分能量，让它们变成热量。这正是汽油发动机的工作原理：它依靠燃料燃烧时释放的能量来运转。同样，生物也要利用化学反应获取能量，所以，我们的运动、思考和成长也离不开化学反应！

5个酷炫的化学反应

试着查找一些资料，了解那些酷炫的化学反应。

可乐和曼妥思：橱柜中的化学

金属钠和水的剧烈反应

爆炸的氢气泡

将碘化钾滴入硝酸铅溶液，形成碘化铅沉淀

如何为铜镀上银

日常的化学反应举例

汽油在空气中燃烧，生成二氧化碳和水
汽油中含有碳原子和氢原子。当汽油燃烧时，这些原子就分离开来，与氧气中的氧原子重新"粘连"在一起，释放出很多能量，推动汽车运动。

铁加上氧气，生成铁锈
金属铁可以与空气中的氧气发生反应。氧原子与铁原子"粘连"在一起，就变成铁锈。

糖类和氧气反应，生成水和二氧化碳
糖类包含碳原子和氢原子。在我们的身体中，糖类的原子会分离开来，与血液中携带的氧结合，释放出能量，供我们运动和思考。

烟花中的化学物质生成大量的气体
烟花爆炸时，声音震耳欲聋，这是因为它们在很短的时间里，从紧密的固体变成了需要占据巨大空间的气体。爆炸声通常来自反应时生成的大量氮气。

小测验

下面哪个反应最快？

1. 铁钉生锈

_____

2. 天然的酸分解岩石

_____

3. 烹饪食物

_____

4. 光合作用

_____

5. 烟花爆炸

答案：1.慢；2.非常慢；3.中等速度；4.快；5.非常快。

横向

③ 人体内携带氧气，从而让氧气参与化学反应的液体（5字母）

⑦ 化学反应中的起始原料（9字母）

⑧ 当这个东西一分为二时，也会发生化学反应（8字母）

⑩ 汽车发动机依靠这种东西燃烧（4字母）

⑪ 人类的能量来源之一（5字母）

⑬ 汽车和人类在化学反应中得到能量后，都会释放出这种元素的二氧化物（6字母）

纵向

① 人类的"燃料"（4字母）

② 化学反应过后得到的物质（8字母）

④ 一场快速而绚丽的化学反应表演（9字母）

⑤ 植物需要这种东西来进行光合作用（8字母）

⑥ 能量的某种形式，化学反应通常要靠释放出这种形式的能量来驱动反应进行（4字母）

⑧ 从冰变成水的变化过程，它不属于化学反应（7字母）

⑨ 化学反应的发生与这种东西彼此连接的方式密切相关（5字母）

⑫ 铁和氧气发生化学反应的产物（4字母）

试一试!

制造一场化学反应！

你需要

• 鸡蛋壳
• 食醋
• 玻璃杯

步骤

1 将鸡蛋壳放入玻璃杯中。

2 倒入食醋，完全浸没鸡蛋壳。

3 放置12小时，期间随时回来观察发生了什么。

你学到了什么？

酸性物质和碱性物质是两类不同的物质，彼此会发生化学反应。食醋是一种酸性物质，鸡蛋壳是一种碱性物质。鸡蛋壳在与食醋发生化学反应的过程中，会缓慢地消失，同时也会释放出二氧化碳气泡。

当心！

使用食醋和玻璃杯要注意安全！有必要的话，可以请成年人来帮忙。

17

放射性和辐射

温暖的阳光洒在身上，是世间最美妙的感觉。然而，让人感到惊讶的是，这种热量竟然来自1.5亿千米以外的地方。这不是什么怪事，因为我们感受到的能量就是太阳以热辐射的形式传送过来的。辐射还有其他很多类型，包括我们看到的光，以及手机要接收和发出的那些用来携带信息的无线电信号。"辐射"这个词，指的就是万物散发能量的方式，它的字面意义则是"像车轮的辐条一样向外扩散"。

另外，有一种特别类型的辐射，被称为放射性，这种辐射携带了特别多的能量，可以把原子里的电子都带走，还可以破坏原子之间的化学键。放射性为何存在？因为原子核中的质子和中子并不一定总是结合得很好。物理定律告诉我们，只有当原子核里的质子和中子数量都符合特定数值时，原子核才能稳定地存在。有时，一组质子和中子会暂时地"粘连"在一起，但不会永远保持不变：可以把它们想象成一堆不稳定的弹珠，其中一些弹珠难免会自己滚走。放射性的辐射，就像原子核里的"弹珠"滚走的过程。有时候，2个质子和2个中子会作为一组，一起飞走，这种过程就称为α辐射。有时候只有1个电子飞走，这种过程就称为β辐射。最后还有一种放射性，看起来更像光或热，但携带的能量更多，叫作γ辐射。

自然界有许多种放射性物质。这些物质少量存在对人类并无害处，但如果含量较高就可能带有危险性，因为它们会破坏人体内的分子。有趣的是，假如没有放射性，最初的地球上也不会产生生命，这是因为太阳产生热量、使我们感到温暖的过程都离不开γ辐射。

关于放射性，你需要知道的5个小知识

① 放射性是偶然被发现的，因为有一次被纸张包裹的铀在照相底片上产生了感光的图像。

② 放射性元素铀包含的能量是相同重量煤燃烧时产生的能量的100 000倍。

③ 放射性元素会缓慢地衰变，放出它们原子核中的一部分东西，变成另一种元素。

④ 要断定一个物体的年代，可以测量它含有的一种放射性形式的碳已经衰变了多少。

⑤ 比铋元素拥有更大原子核的元素，全部具有放射性。

香蕉里面含有微量的具放射性的钾元素

你可以在哪里找到放射性和辐射？

英国达特穆尔的土壤中释放着放射性的氡气

大数据

1.75 亿

一千克铀可以让汽车
跑1.75亿千米

138 亿

宇宙大爆炸之后138亿年，
微波背景辐射依然存在

3.00 亿

光的辐射在一秒钟内能跑
3亿米远

8000

太阳辐射的能量是人类消
耗掉的8000多倍

乘坐飞机
旅行会让你暴
露在γ射线中

核电站利
用放射性来
发电

太阳同时
释放着热辐射
和放射性物质

医院利用
放射性来抗击
癌症

试一试!

画出你自己的放射
性警示标志

在这个方框里画出你
自己设计的放射性警
示标志，并涂上颜
色。一定要选用非常
鲜艳的颜色!

试一试!

实用的辐射

在一个晴朗的日子里，找一批各种颜色
的布料，比如衣服或者毛巾都行。将它们
放在一个平坦、稳固的表面上，让明媚的
阳光充分照射它们。

你发现了什么?

你应该会发现，深色布料的温度升高得
更快，这是因为深色能吸收更多来自太
阳的热辐射。

物质的尽头

我们的整个生命过程都依赖于原子，因为原子是构成物质的"积木块"。我们的身体，以及我们生活中的所有东西，要么是由原子直接构成的，要么就是原子通过结合成分子而间接构成的。

但是这些"积木块"并不能随心所欲地堆积起来。它们的工作是有条不紊的，有点像一个个超微型的机器人，遵守着物理定律决定的规则。这些物理定律会告诉我们质子、中子和电子是如何结合成原子的，也告诉我们质子和中子在以怎样的比例结合后会形成带放射性的原子核；这些定律告诉我们原子是如何通过离子键或共价键结合成分子的，还告诉我们这些分子在什么时候会呈现为固体、液体或气体，以及什么时候会熔化或沸腾，在各种物态之间转化。

无论从哪个方面来看，这些规律都令人惊讶。质子、中子、电子都太小了，以及它们构成的原子和分子也都很小，单凭肉眼不可能看见。但是，在过去的几百年里，科学家们已经研究出各种方法，近距离地"观察"它们，从而揭示它们的奥秘。科学家发现的这些原理和定律，永远地改变了人类的文明。

你学到了些什么？

通读第6页至第22页，合上书，写下你能记住的所有事实。你只有3分钟时间，所以一定要自己计时！你能补全下面的句子吗？

① 原子是由_____、中子和_____构成的。

② 原子会互相连接起来形成_____。

③ 原子之间能够以_____键和_____键的成键方式连接。

④ 化学键能够形成，是因为原子核周围的电子按_____排列。

⑤ 水分子是由2个_____原子和个_____原子构成的。

⑥ 液体沸腾的时候会形成_____。

⑦ _____ 拥有固定的形状，占据的空间大小也不变。

⑧ 水在环境温度达到它的_____ 时会从冰变成液体。

⑨ 放射性是一种携带着大量能量的_____。

⑩ 放射性有三种，分别是_____、_____和_____ 辐射。

分子

熔点

α

质子

共价

电子

固体

β

气体

辐射

壳层

氢

离子

γ

氧

物质：
头脑大风暴

人们每一天都在移动和改变着各种各样的物质。我们对物质之间发生的各种变化已经很熟悉了，所以这也是用来出题的好素材！

化学反应的加法

在空白处填入物质名称，完成下面的化学方程式

钠 ✚ _____ ═ 氯化钠

_____ ✚ 氧气 ═ 铁锈

氢气 ✚ _____ ═ 水

碳 ✚ 氧气 ═ _____

糖类 ✚ 氧气 ═ _____ ✚ 二氧化碳

汽油 ✚ _____ ═ 水 ✚ 二氧化碳

答案：氯气，铁，氧气，二氧化碳，水，氧气。

填一填

把左图的分子复制到右图中，让右图
也连成一个分子。

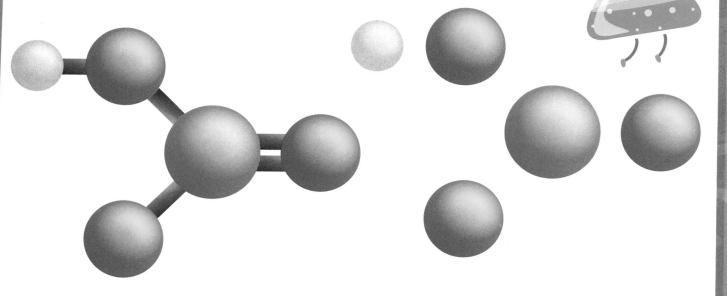

单词搜寻

你能在下面的表格里找到以下英语单词吗？

ATOM, MOLECULE, ION, SOLID, LIQUID, GAS,
PROTON, ELECTRON, NEUTRON, RADIATION

```
E L E C T R O N F R G A S P
T W A K H E J W G A O F A A
K J T N P Q A G I D Y T S C
L M O J M S Q H A I Q X E L
X L M Q F M H L G A Y R N J
S S S O L I D Q D T Y O P F
L M F G G J I H U I I T A A
O L K T A Q J O H O L X S Q
P Q N E U T R O N N S F P R
F H Y R A S Y U I W J K R S
W G O D I U Q I L U Y H O Z
N I U M J L T G X D Z G T M
M U S K Q E G W K I R F O L
X M O L E C U L E G W D N Q
```

找出化学键

你能把化学键放在
合适的位置，把游离
的原子连接上吗？

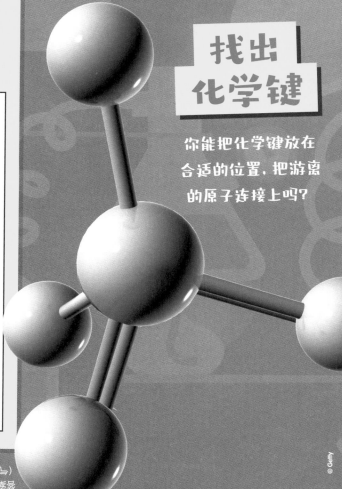

答案：ATOM（原子）；MOLECULE（分子）；ION（离子）；SOLID（固体）；LIQUID（液体）；GAS
（气体）；PROTON（质子）；ELECTRON（电子）；NEUTRON（中子）；RADIATION（辐射）。

© Getty

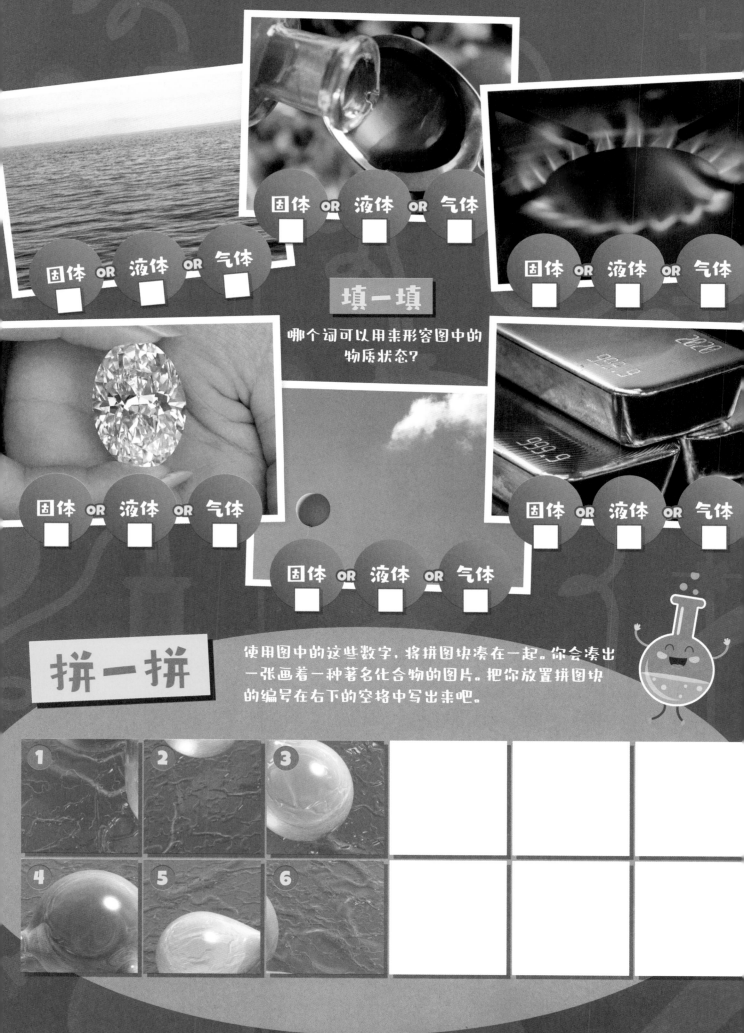

固体 OR 液体 OR 气体

固体 OR 液体 OR 气体

固体 OR 液体 OR 气体

填一填

哪个词可以用来形容图中的物质状态？

固体 OR 液体 OR 气体

固体 OR 液体 OR 气体

固体 OR 液体 OR 气体

拼一拼

使用图中的这些数字，将拼图块凑在一起。你会凑出一张画着一种著名化合物的图片。把你放置拼图块的编号在右下的空格中写出来吧。

1
2
3
4
5
6

完成下面的句子

_____ 的氦几乎是_____ 中_____ 的东西。

从中选择　宇宙　　最冷　　液体

这本书的纸张，是由_____ 连接在一起形成的_____ 所构成的。

从中选择　原子　　分子

在化学_____ 中，_____ 帮助原子连接在一起变得更加_____ 。

从中选择　稳定　　电子　　键

氧气和_____ 都是由_____ 键形成的_____ 。

从中选择　水　　分子　　共价

当固体的冰_____ 时，它变成_____ 状态的_____ 。

从中选择　熔化　　水　　液体

汞在-39℃的时候由_____ 变成液体，这是所有_____ 中_____ 最低的一种。

从中选择　金属　　固体　　熔点

物理定律告诉我们，原子的_____ 周围的_____ 会形成_____ 。

从中选择　壳层　　原子核　　电子

在食盐，即氯化钠中，每个_____ 原子都提供一个_____ 给_____ 原子。

从中选择　钠　　氯　　电子

在液体中，_____ 会稍微连接在一起，但是仍然可以_____ ，因此它们能填满整个容器的_____ 。

从中选择　运动　　原子　　形状

在_____ 辐射中，原子核里的一组2个_____ 和2个_____ 会飞走。

从中选择　质子　　中子　　α

你会怎么做？

1 想让一杯水变成冰，你会怎么做？

回答：......................

2 想让水变成水蒸气，你会怎么做？

回答：......................

3 想让橙汁变成固体，你会怎么做？

回答：......................

答案：1. 将它们凝固图；2. 将它们煮沸；3. 将它们凝固图。

© Getty

25

元素：
你周围一切事物的滋味

如果你问别人，某个东西是由什么制成的，他们通常不会说是物质、分子或原子，而会说木材、金属或塑料之类——这些都是我们生活中常见的材料。为了更好地了解关于物质的知识，我们也必须提问：这样的材料是由什么构成的？从1660年起，科学家就已经像我们今天一样开始思考这个问题了。而在此之前，西方人认为万事万物都是由4种元素组成的：空气、土壤、火、水。

但是，到了17世纪，科学家开始认识到，我们无法只通过化学反应就把哪种元素的原子分解成任何更简单的部分。这同时也表明，元素的种类远远不止4种。科学家开始意识到，一些物质是由不同的元素结合而成的，他们称这些物质为"化合物"。他们还知道，在化合物中，不同元素的数量会呈现出简单的整数比例，例如他们发现二氧化碳中每1个碳原子都对应2个氧原子。（今天，我们知道这与一个叫作"化合价"的概念相关——也就是元素能够形成多少化学键。）这些科学家还意识到，一种元素的所有原子都是完全相同的，而不同元素的原子则不一样。

到19世纪，科学家已经能证明不同元素的原子重量不同。因此，他们开始按照重量，给当时已经发现的36种元素排序。我们现在仍然用类似的方式，在元素周期表中排列已知的元素，只是如今已经发现多达118种元素了。这种排列能够帮助我们理解"为什么某些元素看起来彼此相似"，也会告诉我们"为什么某些元素的原子会连接在一起，而其他元素不会"。从此，我们可以谈论像木头和塑料这样的东西是由什么组成的了。这一切都取决于我们如何把各种化学元素组合在一起。

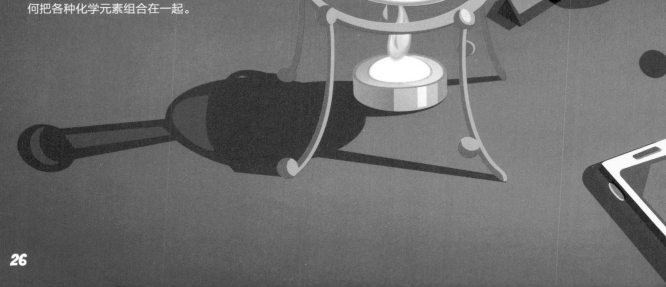

在你开始之前……

还记得前面讲过的那种叫作质子的小粒子吗？元素的顺序就是按照质子数量来排列的：原子中心（也就是原子核）里的质子越少，排序越靠前。

下面是最前面的10个元素，以及他们的质子数目：

氢 = 1个质子
氦 = 2个质子
锂 = 3个质子
铍 = 4个质子
硼 = 5个质子
碳 = 6个质子
氮 = 7个质子
氧 = 8个质子
氟 = 9个质子
氖 = 10个质子

数独

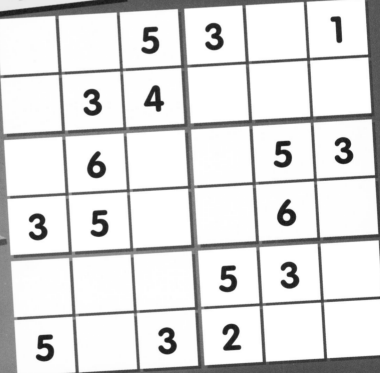

	5	3			1
3	4				
		6		5	3
3	5			6	
			5	3	
5		3	2		

用从氢到氟的元素填充下面的空白方块。请记住，不允许在同一行、同一列或同一个长方形中出现重复的元素。提示：用质子数来解题会更容易一些。我们已经填好了一些方块。

元素生活的地方：元素周期表

我们刚开始了解一种化学元素时，会关注由它组成的物质是什么样子。但是现在已经有了118种元素，所以需要了解的东西太多了！不过，科学家认识元素时有一个小窍门：他们会把元素写在一个叫"元素周期表"的表格里。

这个表格会把彼此相似的元素很好地联系在一起。如果你纵向看它，那么同一列里的所有元素都会有一些相似性。所以，这些列被称为"族"，并且被编号为第1族到第18族。而如果横向看元素周期表，那么每一行里的元素也都呈现出一定的规则样式，我们把这种规则样式称作

"周期性"，科学家也因此把这个表格的每一行称为一个周期。每个周期之内的元素虽然彼此有很大的不同，但在某些方面也有点相似。

最初，科学家是根据元素的原子重量来把它们排进表格的。直到现在，如果从左到右、再从上到下读这张周期表，也会发现原子量基本上是依次增加的。但是，如今决定元素在这个表格里的位置的，是每种元素原子中的质子数，所以我们有时会看到一个较轻的元素被排在一个较重的元素的后面。

有趣的是，这种顺序有助于我

们按元素表现出的行为特征对它们分组。这是因为，一种化学物质的反应特性，取决于它在每个壳层中有多少电子，而一种元素的原子中，电子数总是和它的质子数相同。所以，当我们按顺序阅读元素周期表时，会看到元素的电子数在依次增加：从左边第1族开始，壳层中只有一个电子，到最右边第18族，壳层全满为止。这个表格的形状有点儿怪异，但它能解释自然界中的许多现象。

第3-12族
蓝色
与周围相处很好的、五颜六色的、吵闹的

第13族
绿色、红色
经常打破规则的、开明的、有合作精神的

第18族
褐色、灰色
无忧无虑的、势利的、孤独的

第2族
橙色
与健康相关的、非常慷慨的、有用的

第1族
红色、蓝色
容易被激怒的、比较慷慨的、柔软的

第16族
灰色、红色、绿色、蓝色
善于交际的、不安分的、有臭味的

第15族
绿色、蓝色、红色、灰色
坏脾气、容易变化的、有创造性的

第14族
绿色、蓝色、红色
努力工作的、傲慢的、受大家欢迎的

第17族
黄色
贪婪的、非常活跃的、笨手笨脚的

小测验

你属于哪一族？

你的优势是什么？

A: 我有一点慷慨
B: 我非常慷慨
C: 我与周围相处很好
D: 我有合作精神
E: 我工作努力
F: 我有创造性
G: 我善于交际
H: 我非常活跃
I: 我无忧无虑

你的劣势是什么？

A: 我容易被激怒
B: 我为健康问题困扰
C: 我有点吵闹
D: 我爱打破规则
E: 有人认为我很傲慢
F: 我有时脾气差
G: 有人说我有臭味
H: 我很贪婪
I: 有人认为我很势利

什么词能够最准确地形容你？

A: 柔软的
B: 有用的
C: 五颜六色的
D: 开明的
E: 受欢迎的
F: 容易变化的
G: 不安分的
H: 笨手笨脚的
I: 孤独的

你选择的大多是A: 第1族

就像锂等第1族元素很容易释放电子一样，你对自己的财物也会很慷慨。你的心像钠一样柔软，可以用小刀切开。但如果你不喜欢某样东西，你可能会很容易被激怒到爆炸，就像铯掉进水里一样。

你选择的大多是B: 第2族

就像第2族元素一样，你很慷慨，有很多东西可以赠送出去。与这一族的金属类似，你可以做很多事情，你也很喜欢通过做这些事情来帮助别人。这一族许多元素都与健康有关，但你也可能会被与健康相关的问题所困扰。

你选择的大多是C: 第3~12族

人们喜欢你，是因为你可以做很多事情，比如第3~12族中的过渡金属。你看起来是五颜六色的，就像你把过渡金属的盐类与水混合时得到的溶液一样。然而，这一系列过渡金属的占据的范围实在太大了，人们也会认为你很吵闹。

你选择的大多是D: 第13族

你和其他人能够很好地合作，就像第13族元素能够和其他元素形成化学键一样。然而，你并不总是遵循规则，就像硼和铝中的电子并不总是遵循填充壳层的规则。你对各种想法都持开明的态度，就像第13族元素的原子壳层能接纳其他元素的电子。

你选择的大多是E: 第14族

你的工作做得很出色，正像碳对所有的生物来说都不可或缺，也像硅在各种电子设备中都会出现那样。这意味着很多人想和你在一起，就像其他元素想和第14族的元素在一起。然而，其他人也许会认为你非常傲慢，想把你取代掉。

你选择的大多是F: 第15族

你真的很擅长制造东西，就像氮和磷两种元素能让植物生长。但是与某些第15族元素类似，你也会伤害别人，比如磷会突然燃烧冒出火焰，砷会毒害人类。这意味着人们不太清楚该如何与多变的你相处。

你选择的大多是G: 第16族

你喜欢和其他人混在一起，就像第16族元素经常做的那样。然而，就像硫元素一样，你会散发一种不太好的味道，这导致你有时只和性格跟你差不多的人交往。你也经常改变你想要的东西，就像第16族元素可以在不同的形态之间变化，产生"同素异形体"，所以人们认为你很不安分。

你选择的大多是H: 第17族

当人们想让你做一项工作时，他们知道你一定会去做，就像第17族元素氟总是会发生化学反应那样。你之所以这么干，部分原因是贪婪，就像第17族元素特别渴望得到电子。你旺盛的精力会让你在工作中偶尔弄坏东西甚至伤害别人。

你选择的大多是I: 第18族

你的情绪通常十分高涨，就像一个充满氦气的气球那样，显得无忧无虑。然而，你也是特立独行的，就像第18族一样，这族元素几乎不与其他元素发生反应，也不连接在一起。这意味着其他人可能会称你为独行侠，认为你很势利。

大数据

118

这是目前人类所知的元素种类总数，不过人们还在搜寻更多的元素。

3414℃

这是钨的熔点，它的单质是所有元素单质中熔点最高的。

10 000 000

这是人类用碳元素制造出的不同分子的总种数。

602 214 076 000 000 000 000 000

这是1克氢元素中含有的原子总个数，这个数量也称为1摩尔。

碱金属：嘶嘶啦啦的元素

你知道吗？我们人类需要摄入金属元素才能生存！（尽管如此，千万别去直接吞硬币啊！）我们获取金属元素的来源是食物和饮料，其中有两种元素，分别称为钠和钾。你可能已经知道，钠元素存在于氯化钠里，氯化钠就是我们在膳食中添加的食盐。在食盐中，每个钠原子都会送给氯原子一个电子，所以二者分别变成钠离子和氯离子。

我们需要这些金属，是因为它们能与水很好地混合在一起。如果把这类金属单质放在水中，它们会在水面上漂浮着到处乱跑，还会嘶嘶啦啦地发出响声，释放出氢气，有时甚至会爆炸！钠和钾是如此活泼，以至于它们通常不会以单质形式存在：它们通常形成离子，组成盐类。这些盐类与水完全混合之后，我们就无法用肉眼看到它们的踪迹了，这就是我们说的"溶液"。在我们的身体里，钠、钾的离子可以帮助我们在细胞之间传递信息。

钠和钾也会燃烧并呈现出艳丽的颜色：钠燃烧的时候是黄橙色的，而钾燃烧时的颜色则像是紫丁香。其他元素也有这类现象，这给了科学家一些提示——这些元素可能有相似之处。比如锂和铷两种元素燃烧时呈鲜红色，而铯燃烧时出现紫蓝色。

科学家随后还发现，这类元素的单质与水发生化学反应的方式也是相似的。而且这一族的所有金属都非常柔软，可以用小刀切割；它们也都能形成类似的盐，比如，都可以形成氯盐，在氯盐中，金属原子都会各自让出一个电子给氯离子。

很明显，这些元素是相互关联的，所以科学家把它们归在了一起，给它们起了一个总的名字"碱金属"。科学家在排列元素周期表时，会记得这类元素都会释放出一个电子而形成盐，所以他们将碱金属元素称为"第1族"，并将其放在了元素周期表的最左一列。

与这组元素见个面！

锂 LITHIUM Li

在哪儿可以找到我？

玻璃和电池

我是宇宙中较古老的元素之一！只有我和氢、氦这三种元素是直接由宇宙大爆炸制造出来的。我是一种银白色的金属，质地很轻——甚至可以漂浮在水面上！这也是为什么我被广泛应用在小型电子元件上，以及汽车的电池里。

钠 SODIUM Na

在哪儿可以找到我？

食盐、肥皂、老式的路灯

当我燃烧的时候，我会发出耀眼的黄色光芒。一些老式的路灯就利用了我的这种特性，所以你只凭颜色都可以把我找出来。你几乎不可能在自然界中找到我的纯金属形式，因为我实在是太活泼了。我的元素符号是Na，这是因为古代的埃及人已经发现了我并且给我起名叫"natron"。

钾 POTASSIUM K

在哪儿可以找到我？

香蕉一类的植物、肥皂

你从食物中得到我，你的体内也通过我在细胞间的移动来传递信息，这是因为我很容易和水混合，而你的身体里有很多水样的酮，人们也会在肥皂中使用我。

铯 CAESIUM Cs

在哪儿可以找到我？

岩石、非常精密的时钟

我是较活泼的金属之一，能与水发生爆炸式的化学反应。我的熔点也很低，以至于手心的温度就能让我变成液体。除此之外，我还和铷非常相似——要不是因为我被放在火焰中时能够发出蓝紫色的光，科学家当初还没那么容易发现我。

铷 RUBIDIUM

在哪儿可以找到我？

海水、岩石、非常精密的时钟、烟花

我的名字直接来自我在火焰中呈现出的颜色——深宝石红色（ruby）。我是一种金属，科学家能发现我，是因为他们把一块岩石放进火焰中时，我发出的颜色与其他元素不同。由于我的这种性质，你有时候会在红色的烟花中看到我。另外，我也被用在精密的钟表上。

钫 FRANCIUM

在哪儿可以找到我？

除了实验室以外，你几乎在哪儿都找不到我

我是第二稀有的天然元素，因为我在形成之后很快就会发生放射性衰变，变成其他元素。事实上，我被发现于1939年，我是自然存在的元素中最后一个被人发现的。因此，从没有人见过一整块的我长什么样，对我的了解也比其他大多数元素要少。

把我们放进水里会发生什么？

我们会"嘶嘶"，我们会"滋滋"，我们还可能会爆炸！我们与水发生化学反应，放出热量，同时让水释放出氢气。我们放出的热量有时候会把这些氢气点燃。

你可以在元素周期表的这里找到我们

1																	2
H 氢 [1.0078, 1.0082]																	He 氦 4.0026
3 Li 锂 [6.938, 6.997]	4 Be 铍 9.0122											5 B 硼 10.81 [10.806, 10.821]	6 C 碳 12.011 [12.009, 12.012]	7 N 氮 14.007 [14.006, 14.008]	8 O 氧 15.999 [15.999, 16.000]	9 F 氟 18.998	10 Ne 氖 20.180
11 Na 钠 22.990	12 Mg 镁 24.305 [24.304, 24.307]											13 Al 铝 26.982	14 Si 硅 28.085 [28.084, 28.086]	15 P 磷 30.974	16 S 硫 32.06 [32.059, 32.076]	17 Cl 氯 35.45 [35.446, 35.457]	18 Ar 氩 39.948
19 K 钾 39.098	20 Ca 钙 40.078	21 Sc 钪 44.956	22 Ti 钛 47.867	23 V 钒 50.942	24 Cr 铬 51.996	25 Mn 锰 54.938	26 Fe 铁 55.845	27 Co 钴 58.933	28 Ni 镍 58.693	29 Cu 铜 63.546	30 Zn 锌 65.38	31 Ga 镓 69.723	32 Ge 锗 72.630	33 As 砷 74.922	34 Se 硒 78.971 [79.901, 79.907]	35 Br 溴 79.904	36 Kr 氪 83.798
37 Rb 铷 85.468	38 Sr 锶 87.62	39 Y 钇 88.906	40 Zr 锆 91.224	41 Nb 铌 92.906	42 Mo 钼 95.95	43 Tc 锝	44 Ru 钌 101.07	45 Rh 铑 102.91	46 Pd 钯 106.42	47 Ag 银 107.87	48 Cd 镉 112.41	49 In 铟 114.82	50 Sn 锡 118.71	51 Sb 锑 121.76	52 Te 碲 127.60	53 I 碘 126.90	54 Xe 氙 131.29
55 Cs 铯 132.91	56 Ba 钡 137.33	57-71 镧系	72 Hf 铪 178.49	73 Ta 钽 180.95	74 W 钨 183.84	75 Re 铼 186.21	76 Os 锇 190.23	77 Ir 铱 192.22	78 Pt 铂 195.08	79 Au 金 196.97	80 Hg 汞 200.59	81 Tl 铊 [204.38, 204.39]	82 Pb 铅 207.2	83 Bi 铋 208.98	84 Po 钋	85 At 砹	86 Rn 氡
87 Fr 钫	88 Ra 镭	89-103 锕系	104 Rf 𬬻	105 Db 𬭊	106 Sg 𬭳	107 Bh 𬭛	108 Hs 𬭶	109 Mt 鿏	110 Ds 𫟼	111 Rg 𬬭	112 Cn 鿔	113 Nh 𫓧	114 Fl 𫓧	115 Mc 镆	116 Lv 𫟷	117 Ts 鿬	118 Og 鿭

		57 La 镧 138.91	58 Ce 铈 140.12	59 Pr 镨 140.91	60 Nd 钕 144.24	61 Pm 钷	62 Sm 钐 150.36	63 Eu 铕 151.96	64 Gd 钆 157.25	65 Tb 铽 158.93	66 Dy 镝 162.50	67 Ho 钬 164.93	68 Er 铒 167.26	69 Tm 铥 168.93	70 Yb 镱 173.05	71 Lu 镥 174.97
		89 Ac 锕	90 Th 钍 232.04	91 Pa 镤 231.04	92 U 铀 238.03	93 Np 镎	94 Pu 钚	95 Am 镅	96 Cm 锔	97 Bk 锫	98 Cf 锎	99 Es 锿	100 Fm 镄	101 Md 钔	102 No 锘	103 Lr 铹

文字游戏

利用这几个元素符号的字母，你能拼出多少个英文单词？写在右边的横线上。提示：有需要的话你可以把其中的字母改成大写的。

Li ----------------

Na ----------------

K ----------------

Rb ----------------

找不同

下面哪一个不是碱金属？

碳　　　钠

锂　　　钾

写出你的选择，以及你为什么认为它属于不同的类别。

答案：碳

31

后过渡金属："贫金属"

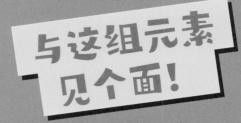

有时，有一些不寻常的东西，它们不太容易被人们理解，尤其是它们显得太过特殊的时候。鉴于原子是由质子、中子和电子组成的，它们当中有一些性质彼此相似，所以我们可以把这些元素放在周期表里相近的位置！

这一族金属有时被称为"贫金属"，这个名字并不准确，因为我们并不缺乏它们！比如它们包括了一种最重要的金属——铝，以及一种改变人类历史的金属——锡。

当你看到贫金属时，你会发现它们的外表与各种普通的金属没有什么区别。但是，它们比其他许多金属更软，熔点也更低，尤其是金属镓。所以，如果我们需要的是又硬又坚固的金属，那么这一族金属就很"贫瘠"且无用。但因为拥有柔软的特性，所以更容易被弯曲，我们利用贫金属中的铅、铋和锡时，这种柔软特质就变得很有用了。

然而现在，这一族金属的其他性质也被人们开发出了各种不同的应用场景。例如，一些贫金属在计算机和手机等电子产品中显得无比重要，这是因为它们的电子排布方式能让它们做一些特殊的事情。比如，如果镓、铟和铝与其他元素混合在一起，再通上电流，就能够发出光来。镓还能用来产生无线电波。

不过，也有一些贫金属有点"坏"，比如铅、铊和钋都是可以伤人甚至杀人的毒物。但我们掌握了它们的性质之后，就知道如何把它们安全地保存起来。这样，即便有毒，只要能被正确地使用，也会对人类有所帮助。

和其他族的金属一样，贫金属族的成员之间也有很多的不同。它们在金属里面已经算是很不寻常的了，但它们各自往往还拥有更特殊的性质！

铝 ALUMINIUM

在哪儿可以找到我？

很多地方，比如厨房里的铝箔纸，或者汽车上

我是地表浅层几千米之内最常见的金属元素。我的身体很轻巧，而且不会生锈。我在纯净状态下是柔软的金属，但如果把我和铜、镁或锌混合在一起，我就会变得坚硬。人们用我制造了很多东西。

镓 GALLIUM

在哪儿可以找到我？

LED灯泡和手机

我的熔点很低，我会在你手心里融化。最能让我发挥作用的，是我的电子排布方式，它使我成为LED灯的一部分，还可以制造特殊的芯片，帮助手机发送无线电信号。

铅 LEAD

在哪儿可以找到我？

在房顶的边缘负责排水的地方

我很容易成型，而且不会生锈，所以人们经常用我来制作水管。我和其他元素在一起可以生成漂亮的颜色，所以也被制成颜料，用于绘画。后来，人们意识到我是有毒的，所以如今都小心翼翼地对待我。

铊 THALLIUM

在哪儿可以找到我？

在一些很特别的电子元件或者特种玻璃中

人们不喜欢我，因为我是一种有毒的金属。我曾经被用来杀死老鼠之类的有害动物，同时也能够杀人，所以人们把我保存在非常安全的地方。然而，人们有时也要用我来制造东西，只要我不被用来伤人就可以。

钋 POLONIUM

在哪儿可以找到我？

航天飞船和一些工厂里

我具有极强的放射性，所以非常罕见，并且有可能致命。幸运的是，我也能很快衰变为更安全的元素。我的辐射可以用来给宇宙飞船提供能量。在工厂里，我有时也会被用来阻止电荷积聚——当然，使用我的时候要非常小心。

你可以在元素周期表的这里找到我们

 铋BISMUTH Bi 铟INDIUM In

在哪儿可以找到我?
化妆品、金属马克杯和盘子

我是一种可以生长成粉红色、台阶状晶体的金属。我很容易自己分解掉，所以通常要和其他元素混合在一起保存。我和锡混合起来可以制成白镴（也叫锡镴），用来做盘子和马克杯。我与氧气结合过后，就成了化妆品里经常会用到的粉末。

在哪儿可以找到我?
小元件、电视屏幕和其他电子产品中

我是一种稀有而珍贵的金属，因为你可以让我"隐形"！当我与锡和氧混合时，我就能变得通体透明。这让我经常被用在平面屏幕上。你还可以把我制成看不见的导线，用来传输信号，告诉屏幕要显示什么样的画面。

  锡TIN Sn

在哪儿可以找到我?
装食物的锡罐，就是以我的名字命名的

我是一种改变了历史的金属！5000多年前，人们意识到在金属铜里面混进一些锡，可以制成青铜。青铜比铜更坚硬，而且也更容易塑造形状，更容易削尖磨快。在这之后，我还被用来制作很多东西，包括装食物的罐头。

小测验
你对贫金属了解多少了?

A 哪种贫金属被用在显示器的平面屏幕里?
_____

B 为什么人们用铅来制作水管?
_____

C 哪种贫金属元素在5 000多年前就被用来制造青铜器?
_____

D 铋元素和哪种元素结合过后可以用来制作化妆品的粉末?
_____

E 哪种贫金属元素在地壳的最外层几千米内最常见?
_____

答案：A. 铟；B. 因为它很容易弯曲而且不会生锈；C. 锡；D. 氧；E. 铝。

哪一个元素最重?

沿着这个迷宫从头到尾走下去，你遇到的贫金属元素会越来越重，走完之后，你就会知道这些贫金属元素哪个最重啦!

 铝
重量是相同体积的水的2倍多

 锡
重量比相同体积的水的6倍少一些

Ga 镓
重量是相同体积的水的大约6倍

In 铟
重量是相同体积的水的大约7倍

Po 钋
重量是相同体积的水的大约9倍

Bi 铋
重量是相同体积的水的大约10倍

Pb 铅
重量是相同体积的水的大约11倍

Tl 铊
重量是相同体积的水的大约12倍

卤素：成盐的元素

如果你想看一场"元素的大戏"，那就得邀请元素周期表左右两侧的那些元素出场，因为这些元素的某些性质是完全相反的。比如周期表里很靠右边的第17族的卤素原子对电子非常贪婪，而最左边第1族的那些碱金属原子却想要释放电子。类似这种因为转移电子的化学反应而产生的物质就称为"盐"。所有的碱金属和卤素之间的反应都特别剧烈，但其中有一些反应的"表演"尤其精彩。

举个例子，我们来看看不同的卤素是如何与一团铁棉（一种很细的铁丝）发生化学反应的。位于这一族顶部的卤素单质——氟气，几乎会立即与铁发生反应：它会点燃冰冷的铁棉，让火焰迅速蔓延开来。对下一个卤素单质——氯气而言，铁棉必须加热才能反应，然后会慢慢燃烧，释放出深色的烟雾。而下一个卤素单质——溴，和铁棉在一起时必须加热才能反应。然后再下一个卤素单质——碘，必须和铁棉一起加热到很高温度才能发生反应。

这种化学反应程度逐渐减弱的规律，也可以被用来排列周期表里的元素。在卤素中，你还可以找到其他与之类似的规律。例如，按照从上往下的顺序，卤族各元素单质的熔点和沸点依次增加：氟的熔点和沸点最低，而砹的熔点和沸点最高。我们的室温通常是25℃，在这个温度下，氟和氯的单质是气体，溴是液体，碘和砹则是固体。

按照从上往下的顺序，卤素单质的颜色也会由浅到深：氟气是很淡的黄色，氯气呈现为黄绿色，液溴是红棕色的，碘晶体是闪亮的紫色，但加热后很容易变成深紫色的蒸汽，砹则是黑色的。

与这组元素见个面！

氟 FLUORINE

在哪儿可以找到我？

不粘锅和防水衣物

我被称作"化学之虎"，因为我太危险了。我非常活泼，因为我无比渴望得到电子了！但只要我的壳层被电子填满，我就会温顺许多。我组成的一些化合物对水对油都不亲和，所以我常被用来制作防水、防油污的外衣。

氯 CHLORINE

在哪儿可以找到我？

食盐和游泳池水里

我的单质气体是黄绿色的，还有毒。我若溶解在水中就会形成一种强酸，有很强的腐蚀性。当然，用量比较少的时候，我也可以在游泳池里起到杀菌的作用，不会伤害人类。如果我反应并生成氯离子，我就变得温和多了，而且对你来说，每天必须吃下的食盐里就有我的离子形式！

你可以在元素周期表的这里找到我们

（元素周期表）

溴 BROMINE Br 35

在哪儿可以找到我？

防火材料、给东西上色的染料

只有两种元素的单质会在室温下呈现液态，而我就是其中之一。我在药物和工业领域被长时间广泛应用。但是，包含有我的分子也会污染空气和海洋，需要很长时间才能清理干净，所以与以前相比人们越来越少用到我了。

碘 IODINE 53

在哪儿可以找到我？

海带、电子元器件和电视屏幕

我看起来是一种其貌不扬的灰色固体，但我也能杀灭一些生物，所以人们有时候会用我来杀菌消毒——当然用起来要非常小心。当你加热我的时候，我会释放出致命的紫色蒸汽。生产电子元器件的工人会把我和塑料放在一起，这样我不但不再危险，还能帮助显示屏工作。

砹 ASTATINE At 85

在哪儿可以找到我？

在大型的科学实验室里（但只能存在极短的时间）

你从来不会看到一大块的我被装在瓶中的样子，那是因为我有放射性，很快就会衰变成其他元素。科学家要通过很复杂的方式才能制造我：他们利用另一种元素——铋的 α 辐射来制造我。不过，我在用量很小的时候也可以帮助人们治疗癌症。

卤素参与的酷炫反应

铝在溴中燃烧

会发生什么：金属一般很难燃烧，但如果把液体的溴滴加到铝箔纸上，那很快就会出现火焰，以及橙黄色的雾气，还有大量的白烟。

为什么会发生：溴会很贪婪地从铝里面夺取电子，形成白烟状的溴化铝。这个反应会放出大量的热，液溴被加热后挥发，就产生橙色雾气。

钠在氯气中被点燃

会发生什么：如果你取一小块金属钠放进一个充满氯气的瓶子里，它就会迅速燃烧，发出橙黄色光芒。这个反应的样子很刺激，但产物却是普普通通的食盐。

为什么会发生：这次是氯很贪婪地从金属钠里夺取电子。同样地，反应特别剧烈，因此产生了明亮的火焰。

"化学之虎"的爆炸

会发生什么：如果将氟气和氢气混合，那就几乎无法避免一次爆炸了——即便是在避光和低温的地方混合两种气体，它也照炸不误。

为什么会发生：氟气和氢气是元素周期里两种最活泼且最危险的单质。所以，它俩之间发生电子转移的时候，怎么炸都不奇怪！

碘钟

会发生什么：当你把碘化钾、淀粉、过氧化氢和一种强酸混合过后，这种澄清溶液就会发生有趣的现象。混合物的颜色会在无色透明、橙色和深蓝色之间变换，每几秒钟变一次。

为什么会发生：橙色是碘单质的颜色，它与淀粉结合会呈现出深蓝色，接下来碘又从淀粉中离开，变为无色。

小测验

你能在哪里找到我？

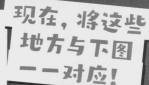

现在，将这些地方与下图一一对应！

A 你可以在餐桌上的调料瓶中找到我

B 你可以在防水外套中找到我，帮助你在雨天保持干燥

C 我让你能安心地戏水

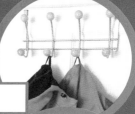

D 你可以在某种会被冲上沙滩的东西中找到我

E 你可以在医院和一些人的药箱里找到我

答案：A. 氯，在氯化钠中；由此衍生出我们厨房里加盐草莓雨的盐粒；B. 氯，在防水外套中；C. 氯，在游泳池水中；D. 碘，在海带中；E. 碘，在我们医药柜中。

试一试

和你的朋友们讨论讨论，看看你是否认同：卤素一旦使用不当，会对环境有毒性。

是 或 **否**

碱土金属：中间元素

有些化学元素之间太相似了，所以你一眼就能看出科学家为什么把它们排列在一起。比如，元素周期表最左边的那些元素就是这样。在第1族中，碱金属都能与水发生反应，其中一些金属还非常轻。在它们的右边，第2族中的碱土金属也能与水发生反应，但比第1族的反应弱一些；也有一些碱土金属非常轻，但不如第1族的轻，其主要区别在于它们的电子数。第1族元素原子的最外层只有一个电子，它们很容易释放出来，而第2族的元素最外层有两个电子。

第2族元素的名字"碱土金属"其实是一种误称。起初，科学家在地球岩石中发现了一些矿物，他们认为这些矿物是碱性元素（关于"碱性"的具体含义，我们将在本书后面的部分具体讨论），所以给这些矿物起名叫beryllia（氧化铍）、magnesia（苦土）、lime（石灰）、strontia（氧化锶）和baryta（重土）。但后来，科学家又发现这些"碱土"都不是元素单质，而都是某一特定元素与氧元素发生化学结合的产物。把这些矿石中的氧除掉，才能得到元素单质，于是这些元素被命名为beryllium（铍）、magnesium（镁）、calcium（钙）、strontium（锶）和barium（钡）。再后来，科学家又发现了此类元素中的另一种，也就是镭。

碱土金属的单质都是银色的，且柔软。这类金属并不都能与水发生反应，比如铍的电子排布方式意味着它不会与水或水蒸气反应，这种性质就像第2族右边的那些过渡金属一样。除此之外，铍还有轻便的性质，这使得它经常用于制作合金。另外，第2族的一些元素化合物被放在火焰中时，看起来都很漂亮，比如钙、锶和镭的火焰都是红色的，而钡的火焰则是黄绿色的，但是铍的火焰没有任何颜色，镁也没有，这点又很像过渡金属。碱土金属拥有的这些性质，几乎都介于第1族和过渡金属之间，这使得第2族成了名副其实的"中间人"元素！

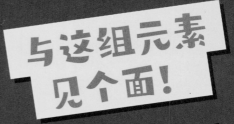

铍 BERYLLIUM Be

在哪儿可以找到我？

飞机、宇宙飞船和人造卫星

我是一种轻便但坚硬的金属。我很容易被折断。我轻便的特性让我被用来制造飞行器。我也是一种稀有的元素，因为我不像其他元素那样可以被恒星产生出来，这就意味着：制取我需要花很多钱！

镭 RADIUM Ra

在哪儿可以找到我？

实验室，以及一种叫作"沥青铀矿"的岩石

人们曾经特别喜爱我，因为我会发光！我以前会被涂在钟表的指针上，这样你在黑暗中也能看清几点了。人们还曾以为我对健康无害，其实我有强烈的放射性，这意味着我对你们的身体有害，所以如今基本只在实验室里才会用到我。

钙 CALCIUM Ca

在哪儿可以找到我？

骨骼、白垩或石灰石之类的岩石、海水、蜗牛壳、牛奶

我是最常见的金属，也是你身体里含量第五高的元素。我能让你的骨骼变得坚强，而且很多细胞也需要我。你需要通过食物补充大量的我，比如多喝牛奶。当然你也可以在遍布全球的岩石中找到我。

钡 BARIUM Ba

在哪儿可以找到我？

医院、油田、绿色的烟花

我是一种非常柔软的金属。我燃烧的时候会发出耀眼的绿光，所以会被用在绿色的烟花里面。我还能够阻挡X射线的辐射，所以医院在拍透视片的时候用得上我。我的一些化合物不溶于水，被人们用来帮助钻探并开采石油和天然气。

试一试

和朋友们坐在一起，读一读这几个碱土金属的名字。比比看谁的发音更标准？

镁 MAGNESIUM

在哪儿可以找到我？

很多金属部件之中，比如汽车发动机，我通常与铝混合在一起

我是一种很常见的金属，质地轻便。在金属材料里，只有铁和铝的使用比我更广泛。我也对你的健康起到了很重要的作用，因为我的盐类在人体中发挥很多重要的功能。作为金属，我最不同寻常的一点就是非常容易燃烧，所以人们用我来做闪光剂。

锶 STRONTIUM

在哪儿可以找到我？

笨重的老式电视机、你的骨头

我和钙很相似，但是更稀少，所以你会在钙元素出现的场合发现我的踪影，比如你的骨头。人们还曾经把我用在那种笨重的老式电视机的显像管里，但是现在平板电视越来越普及，我就没那么经常被使用了。

在哪儿可以找到我？

读一读这一页里讲述的，你在哪里可以找到这些元素？然后遮住它们，把那些地方画下来。

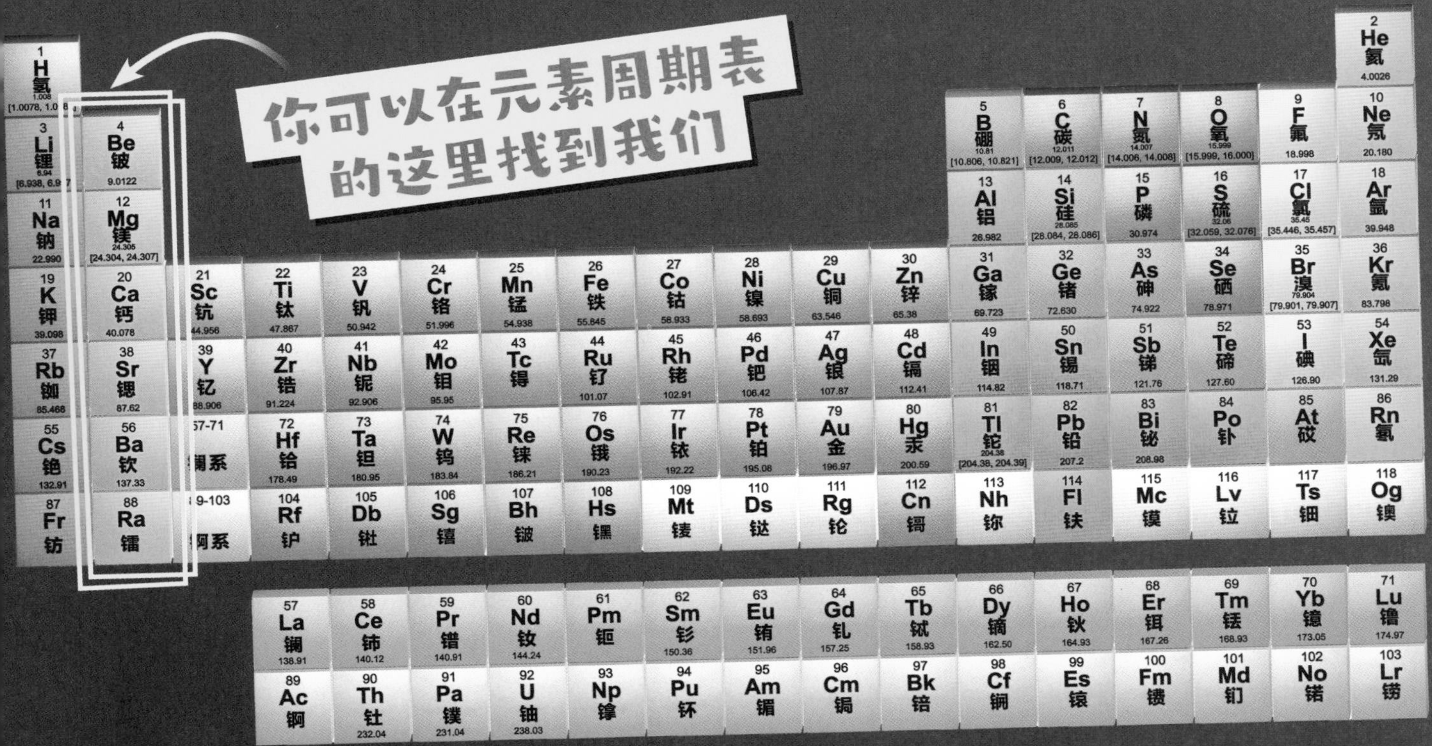

你可以在元素周期表的这里找到我们

准金属：
特立独行的元素

通常来说，有些东西天生就"不合群"，但也往往具有其他事物不具备的"超能力"。在元素大家庭中也有这样的例子——准金属或说类金属。它们之所以被分在一起，只是因为它们放在任何其他组都不合适，当然它们至少还有一个共同点——都是固体。这些元素有点像金属，但又不特别像：它们看起来像金属一样闪闪发光，但光泽又没有金属那么强烈；它们不能很好地导电，而所有的金属的导电性都应该很好。

然而，与非金属比起来，类金属还是更像金属！它们的化学反应特性介于金属和非金属之间，并且在原子行为方式上也介于金属和非金属之间。例如，它们对电子并不贪婪，但也不太容易把电子送出去。在元素周期表上，它们位于靠右边的部分，一侧是贫金属，另一侧是非金属。有时，你会看到元素周期表单独配给它们一种颜色。它们就像一道楼梯，划分了金属区和其他非金属区的界线。

然而，正是这样特立独行的性质，赋予了这些准金属元素一种"超级力量"。和其他族的元素差不多的是，准金属里也有一个"明星元素"，那就是硅。现代文明世界可是离不开硅的，因为几乎所有电子设备里的芯片都是由硅制成的。当然，除了硅以外，其他的几种准金属也都有各自的"超能力"：硼元素能够使材料变得更坚固；锗元素有点像硅，它还能帮助光和电子发生转换；砷元素与其他元素结合时也有这样的特点；碲元素与镉元素在一起被用于制造太阳能电池板时，也会将光和电联系起来；锑元素可以让东西变得更加防火。总体来说，准金属元素就像一个超级英雄团队，它们可能是所有的元素里最有用的一族。

与这组元素见个面！

硼 BORON

在哪儿可以找到我？

坚硬的玻璃、飞机、高尔夫球杆、钓鱼竿、家用隔热材料

我比较稀少，但是很有用。我可以变得很坚硬，所以经常被用于制造飞机等。与此同时，我被加热的时候，体积不会改变太多，也不像其他物质那样会传导太多热量，所以常用在隔热玻璃或家用隔热材料之中，帮你家保持室内温度。

硅 SILICON

在哪儿可以找到我？

所有电脑和电子元件，以及太阳能电池板

我是地球上第二常见的元素，我的电子排布让电流只能有一部分通过，所以我又被称作"半导体"。这意味着人们可以通过我来控制电流的通和断，就像小开关一样。所有电子设备都含有很多这样的小开关。

锗 GERMANIUM

在哪儿可以找到我？

昂贵和特殊的电子设备、传输互联网信号的线缆

我和硅元素一样，是一种半导体，但是我更稀有。我被科学家用来做电子元器件的小开关时，硅还没有被用来做这个。而且，我可以和光在一起做很多有趣的事情，那可是硅平时不太容易做到的。所以，我经常被用来制造一种纤细的玻璃丝，以传输光脉冲的形式来传递互联网信号。

砷 ARSENIC

在哪儿可以找到我？

LED、发射无线电信号的电器

我最出名的特点就是毒性，与之相关的故事经常出现在电影和书籍中，所以如果不是在必要的情况下，最好别使用我。但是，我和其他元素混合过后会变得安全一些，比如说，我也可以用来制造能发光的或者能发射无线电波的材料，可以用在智能手机里。

锑 ANTIMONY

在哪儿可以找到我？

一些电池，以及电子设备、防火材料

5000多年前，人们就曾用我和其他材料混合起来，用作化妆时的眼影粉。作为一种金属，我能抵抗酸的腐蚀，所以含有酸的电池正好是我的用武之地。我与其他元素组合起来，可以很快地与火灾中产生的化学物质发生反应，以此阻止火势蔓延。

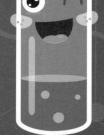

帝 TELLURIUM 碲

52 Te

在哪儿可以找到我?

太阳能电池板、钢

比起在地球上的稀少储量,我在太空中反而更多些。我看起来像一种金属,但你可以很轻松地把我碾成粉末。我和铜或铁混合之后,可以制成很容易塑形的合金。我和镉在一起则能制成一种用在太阳能电池板中的半导体,将光能转变为电能。

试一试

看看准金属组的这些元素。你认为哪一个对地球上的生命最重要? 和你的朋友讨论讨论。

单词搜寻

你能在下面的表格里找到所有的准金属元素名称吗?

```
A C D N Z T O N M W X O C G
H J T E M P E E L L O W A H
G E R M A N I U M O T R N G
S O L I R X W D A E O T F
S G B L H S F G I U C L T B
A H U U E H J H I O L L M A
A Y L R Q N H K A D E U B O G
S K Q I K I P O L C H R O W D
T E U P C R A T U R I Y Z
K S M M F K M E S U U X A Y
P J W N N H F Y I R M N S D
O A H B I A L K P Y O N B
S I L C O N R P O I O X C M
F X G J G Q N J B O R O N F
```

答案:BORON(硼);SILICON(硅);TELLURIUM(碲);ANTIMONY(锑);ARSENIC(砷);GERMANIUM(锗)。

你可以在元素周期表的这里找到我们

1 H 氢 [1.0078, 1.0082]																	2 He 氦 4.0026
3 Li 锂 [6.938, 6.997]	4 Be 铍 9.0122										5 B 硼 [10.806, 10.821]	6 C 碳 12.011	7 N 氮 [14.006, 14.008]	8 O 氧 [15.999, 16.000]	9 F 氟 18.998	10 Ne 氖 20.180
11 Na 钠 22.990	12 Mg 镁 [24.304, 24.307]										13 Al 铝 26.982	14 Si 硅 [28.084, 28.086]	15 P 磷 30.974	16 S 硫 [32.059, 32.076]	17 Cl 氯 [35.446, 35.457]	18 Ar 氩 39.948
19 K 钾 39.098	20 Ca 钙 40.078	21 Sc 钪 44.956	22 Ti 钛 47.867	23 V 钒 50.942	24 Cr 铬 51.996	25 Mn 锰 54.938	26 Fe 铁 55.845	27 Co 钴 58.933	28 Ni 镍 58.693	29 Cu 铜 63.546	30 Zn 锌 65.38	31 Ga 镓 69.723	32 Ge 锗 72.630	33 As 砷 74.922	34 Se 硒 78.971	35 Br 溴 79.904	36 Kr 氪 83.798
37 Rb 铷 85.468	38 Sr 锶 87.62	39 Y 钇 88.906	40 Zr 锆 91.224	41 Nb 铌 92.906	42 Mo 钼 95.95	43 Tc 锝	44 Ru 钌 101.07	45 Rh 铑 102.91	46 Pd 钯 106.42	47 Ag 银 107.87	48 Cd 镉 112.41	49 In 铟 114.82	50 Sn 锡 118.71	51 Sb 锑 121.76	52 Te 碲 127.60	53 I 碘 126.90	54 Xe 氙 131.29
55 Cs 铯 132.91	56 Ba 钡 137.33	57-71 镧系	72 Hf 铪 178.49	73 Ta 钽 180.95	74 W 钨 183.84	75 Re 铼 186.21	76 Os 锇 190.23	77 Ir 铱 192.22	78 Pt 铂 195.08	79 Au 金 196.97	80 Hg 汞 200.59	81 Tl 铊 [204.38, 204.39]	82 Pb 铅 207.2	83 Bi 铋 208.98	84 Po 钋	85 At 砹	86 Rn 氡
87 Fr 钫	88 Ra 镭	89-103 锕系	104 Rf 𬬻	105 Db 𬭊	106 Sg 𬭳	107 Bh 𬭛	108 Hs 𬭶	109 Mt 鿏	110 Ds 𫟼	111 Rg 𬬭	112 Cn 鿔	113 Nh 鿭	114 Fl 𫓧	115 Mc 镆	116 Lv 𬬱	117 Ts 鿬	118 Og 鿫

57 La 镧 138.91	58 Ce 铈 140.12	59 Pr 镨 140.91	60 Nd 钕 144.24	61 Pm 钷	62 Sm 钐 150.36	63 Eu 铕 151.96	64 Gd 钆 157.25	65 Tb 铽 158.93	66 Dy 镝 162.50	67 Ho 钬 164.93	68 Er 铒 167.26	69 Tm 铥 168.93	70 Yb 镱 173.05	71 Lu 镥 174.97
89 Ac 锕	90 Th 钍 232.04	91 Pa 镤 231.04	92 U 铀 238.03	93 Np 镎	94 Pu 钚	95 Am 镅	96 Cm 锔	97 Bk 锫	98 Cf 锎	99 Es 锿	100 Fm 镄	101 Md 钔	102 No 锘	103 Lr 铹

稀有气体：孤单的元素

你可能听说过氦元素，因为它可以用来吹成轻飘飘的氦气球。但是在某些方面，氦又有点像一位忧伤的小丑，因为它的原子永远是孤独的。

其他元素之间可能会发生作用，会试图分享、获取或给予电子，形成化学键，来得到稳定的满壳层。但是，氦的电子壳层本来就是满的，所以它通常不会找其他任何元素的原子给予或获取电子，甚至连其他的氦原子也不搭理。这使得它非常稳定——它不会与其他任何东西发生化学反应。这也意味着氦是一种古老的元素，宇宙中的大部分氦都是在"大爆炸"之后不久就形成了，此后再也没参加什么化学反应。这么看来，氦是宇宙中最早存在的物质之一！正因如此，氦在太空中的存量很多，是一种真正遍布全宇宙的元素。

当然，氦也只是一族元素中的第一个——这个族的元素全都是几乎从不发生化学反应的，它们还包括氖、氩、氪、氙、氡和氮。你可能没怎么听说过它们，这或许只是因为它们出现得太少！它们都被称为稀有气体，也曾经叫惰性气体或者贵气体，因为它们就像国王和王后一样高贵，独来独往，从不关注其他人。

氖和氦都比空气轻，其余的成员则会慢慢沉向地面。由于几乎不参与化学反应，这些气体基本上是无害的。只要有足够的氧气来维持生命，你平时吸进和呼出这类气体都没问题。然而，至少还有一件事可以让它们的电子发挥作用：发光。如果把能量（比如电）输入稀有气体，它们的电子就会在原子内部到处弹跳，同时释放出光。此外，氡和氮都有放射性，能分解成其他元素——所以，这些"贵"气体其实或许并没有那么"高冷"？

与这组元素见个面！

氦 HELIUM

在哪儿可以找到我？

太阳、太空、聚会的气球、医用核磁共振成像（MRI）扫描仪

我是宇宙中第二多的元素，但是在地球上很稀有，那是因为我很轻，吹成气球能飞，不吹成气球也会自己飞到外太空去。何况我也不会与任何东西发生化学反应，所以更难留在地球上了。当我变成液体的时候，我就成了这个世界上最冷的东西。我可以用在核磁共振成像扫描仪上。

氖 NEON

在哪儿可以找到我？

太空、橙色荧光灯

我和氦一样，也是在太空中存在得更多——我是宇宙中第五丰富的元素。我在地球上很稀少，因为我也很稳定，并且比空气轻。当你给我通上电流的时候，我会发出橙色的荧光，所以我经常被放进玻璃管里，用于制造荧光灯。

氙 XENON

在哪儿可以找到我？

你周围的空气、蓝紫色荧光灯

我是地球空气中第三丰富的成分：相比之下，空气中的氧气含量是我的20倍，氮气含量是我的80倍。我不会飘浮在空气上方，因为我的平均密度比空气大。我经常被用在可以发出蓝紫色光的荧光灯里。

氩 ARGON

在哪儿可以找到我？

白色灯、绿色激光器

我比空气重一些，而且非常稳定，所以地球上存在的我至今还原样留在空气中。但是我的含量也不多：空气中差不多每100万个气体原子中才能找到一个我的原子。然而，人们仍然有办法捕获我，并且用我来制作白色的荧光灯。

氪 KRYPTON

在哪儿可以找到我？

激光器，以及蓝色灯

我和氩一样会在地面附近飘荡，但比氩更稀有。空气中差不多每1000万个气体原子中才有一个我的原子。我也可以被用来发光，我还帮助人们发现了一种很强的光——激光。如果人们吸入了我，会原样呼出来，这种特点可以用于医学诊断和手术。

 氡 RADON

 氭 OGANESSON

试一试

你认为我们为什么要在灯管中使用稀有气体？与你的朋友们讨论讨论，尝试解答这个问题。

在哪儿可以找到我？

使用了花岗岩建材的地方

我和其他稀有气体不一样的是，我会分解——我是由其他放射性元素分解而来的，而且还会接着分解成其他元素。你要找我的话，可以在天然的花岗岩和其他岩石中找到我，因为放射性的镭原子衰变过后就会产生天然的我。鉴于放射性会带来危害，所以人们已经开始注意尽量躲开我。

在哪儿可以找到我？

只在极少数的实验室里

我是人类最新发现的元素之一，2002年才被确认。科学家通过用氪原子轰击铅原子制造出了我。人们只看见过我的5~6个原子，所以很难揭示我是否容易发生化学反应，但有些科学家认为我可能不像其他稀有气体那样稳定。

单词搜寻

在下面的表格中，找出那些你整理完顺序的、描写稀有气体的单词。剩下的这些字母仍然需要整理一下顺序。

```
A N C I E T O N M W X O
H U N I V E R S A L B W
G W E S T O X U I H R R
S T A B L E W D Q A E O
G B T H Y F G I U C A T
A N C I E N T H I O T L
A Y L G Q R H K A D E H B
K Q I K C P O L C H A A
T E M P E R A T U R B Y
K S K M F K M G S U L X
P J W N N H F L I R E N
O A H B I A J O K P Y O
H A L E N E R W O I O X
```

把下面这些字母重新排列顺序组成新的单词，描述出稀有气体所具有的一些特性

LABETS

OWLG

BLATEBRAEH

TINCANE

RALESVUIN

答案：STABLE（稳定的）；GLOW（发光）；BREATHABLE（可呼吸的）；ANCIENT（古老的）；UNIVERSAL（宇宙的）。

你可以在元素周期表的这里找到我们

1 H 氢 [1.0078, 1.0082]																	2 He 氦 4.0026
3 Li 锂 [6.938, 6.997]	4 Be 铍 9.0122											5 B 硼 [10.806, 10.821]	6 C 碳 [12.009, 12.012]	7 N 氮 [14.006, 14.008]	8 O 氧 [15.999, 16.000]	9 F 氟 18.998	10 Ne 氖 20.180
11 Na 钠 22.990	12 Mg 镁 [24.304, 24.307]											13 Al 铝 26.982	14 Si 硅 [28.084, 28.086]	15 P 磷 30.974	16 S 硫 [32.059, 32.076]	17 Cl 氯 [35.446, 35.457]	18 Ar 氩 39.948
19 K 钾 39.098	20 Ca 钙 40.078	21 Sc 钪 44.956	22 Ti 钛 47.867	23 V 钒 50.942	24 Cr 铬 51.996	25 Mn 锰 54.938	26 Fe 铁 55.845	27 Co 钴 58.933	28 Ni 镍 58.693	29 Cu 铜 63.546	30 Zn 锌 65.38	31 Ga 镓 69.723	32 Ge 锗 72.630	33 As 砷 74.922	34 Se 硒 78.971	35 Br 溴 [79.901, 79.907]	36 Kr 氪 83.798
37 Rb 铷 85.468	38 Sr 锶 87.62	39 Y 钇 88.906	40 Zr 锆 91.224	41 Nb 铌 92.906	42 Mo 钼 95.95	43 Tc 锝 101.07	44 Ru 钌 101.07	45 Rh 铑 102.91	46 Pd 钯 106.42	47 Ag 银 107.87	48 Cd 镉 112.41	49 In 铟 114.82	50 Sn 锡 118.71	51 Sb 锑 121.76	52 Te 碲 127.60	53 I 碘 126.90	54 Xe 氙 131.29
55 Cs 铯 132.91	56 Ba 钡 137.33	57-71 镧系	72 Hf 铪 178.49	73 Ta 钽 180.95	74 W 钨 183.84	75 Re 铼 186.21	76 Os 锇 190.23	77 Ir 铱 192.22	78 Pt 铂 195.08	79 Au 金 196.97	80 Hg 汞 200.59	81 Tl 铊 [204.38, 204.39]	82 Pb 铅 207.2	83 Bi 铋 208.98	84 Po 钋	85 At 砹	86 Rn 氡
87 Fr 钫	88 Ra 镭	89-103 锕系	104 Rf 𬬻	105 Db 𬭊	106 Sg 𬭳	107 Bh 𬭛	108 Hs 𬭶	109 Mt 鿏	110 Ds 𫟼	111 Rg 𬬭	112 Cn 鿔	113 Nh 鿭	114 Fl 𫓧	115 Mc 镆	116 Lv 𫟷	117 Ts 鿬	118 Og 鿫

57 La 镧 138.91	58 Ce 铈 140.12	59 Pr 镨 140.91	60 Nd 钕 144.24	61 Pm 钷	62 Sm 钐 150.36	63 Eu 铕 151.96	64 Gd 钆 157.25	65 Tb 铽 158.93	66 Dy 镝 162.50	67 Ho 钬 164.93	68 Er 铒 167.26	69 Tm 铥 168.93	70 Yb 镱 173.05	71 Lu 镥 174.97
89 Ac 锕	90 Th 钍 232.04	91 Pa 镤 231.04	92 U 铀 238.03	93 Np 镎	94 Pu 钚	95 Am 镅	96 Cm 锔	97 Bk 锫	98 Cf 锎	99 Es 锿	100 Fm 镄	101 Md 钔	102 No 锘	103 Lr 铹

过渡金属：坚硬的元素

这组元素由多达40种金属组成，其中包括人类已知的最硬金属单质。同时，人们对这些元素的研究过程也很艰难——早期的科学家不知道该如何排列它们，因为它们很难分类。

它们的活性比元素周期表最左边的那些金属要低。但是在本组之内，它们彼此十分相似。当时该组中已经被人知道的元素一般都很坚硬，呈银色，而它们也可以像碱金属一样送出电子，形成离子和盐，还会呈现出明亮的颜色：钴离子是蓝色，镍离子是绿色，锰离子则是粉红色。

这些金属都能很好地传热和导电，通常还很容易弯曲和塑型。它们必须被加热到很高的温度才会熔化成液体，而且都很重。周期表里，在这一组内的相邻元素之间，任何一种性质的变化都非常微小。

1921年，英国化学家查尔斯·伯里解决了关于这些金属的难题——他认识到，问题的关键就在于这些金属的原子核外电子是如何排布的。对这种从一种金属到另一种金属只有缓慢变化的现象，他称为"过渡"，所以这一系列的金属元素也就叫作过渡金属了。

伯里的发现，帮助人们理解了一些相当重要的过渡金属元素的化学性质。几千年来，铁以及金、银、铜都是对人类来说非常重要的金属，但要想理解它们的特殊之处，就必须先了解它们的化学性质，而这些性质正是取决于它们的电子排布方式的。

伯里关于过渡金属性质的研究还帮助其他科学家发现了新的元素，其中就包括1923年才发现的铼。自20世纪60年代以来，科学家们还发现了一整行共10种全新的短寿命过渡金属——从𬭊到𬬻元素。也许，还有更多过渡金属未被发现，科学家正在努力地寻找它们！

与这组元素见个面！

铁 IRON — Fe

在哪儿可以找到我？

我不仅存在于大多数金属物体中，甚至还在你的食物中和血液中

我就待在你脚下不远处的岩石里——这是一件挺好的事，因为我太有用了。人们学会了开采和冶炼我之后，就开始制造大量坚硬的金属工具。植物也需要吸收我，然后又被动物吃掉，让我转化为血液中的重要成分。

铜 COPPER — Cu

在哪儿可以找到我？

所有的电子设备和电气设施中，以及水管里

我大概是人类历史上第一种被开采并制成各种形状的金属，这种活动从10 000年前就开始了。我很容易弯曲和剪切，所以非常适合用来做管道。我还是一种很好的导电材料，因而当今依旧被用来制造电线。

铬 CHROMIUM — Cr

在哪儿可以找到我？

金属的光泽表面涂层中、彩色颜料和红宝石

我有多种不同的形式。作为一种金属，我能很好地反射光线，而且不容易发生化学反应。因此，我常被用来制作光亮的金属保护涂层，比如合金材质的车轮。我若送出电子，就会改变颜色。我出现在黄色颜料中，但同时也为红宝石赋予特别迷人的那种红色。

镍 NICKEL — Ni

在哪儿可以找到我？

磁铁、硬币以及电热丝

仅有4种金属可以在室温环境下产生磁性，我是其中之一（另外还有铁、钴、钆）。我最重要的特性体现在我跟其他金属混合之后，比如我和铁以及其他一些元素在一起可以制造出不锈钢。另外还有一种很常见的金属混合物也包含我，那就是硬币。

钴 COBALT

在哪儿可以找到我？

喷气式发动机、电池、蓝色陶瓷碗碟

如今的我会出现在很多人的衣服口袋中——电子设备的电池里。但是，人们最早开始利用我，是因为我给出一个电子后就会从灰色变成漂亮的蓝色。青花瓷上的蓝色花纹就与我有关。

锌 ZINC

在哪儿可以找到我？

很多食物（比如肉类）里，以及地壳里

我最常见的用处是遮盖在钢铁外面，保护其不被锈蚀，这种做法也叫镀锌。我与氧结合后，会从一种银灰色的金属变成非常白的东西，能反射太阳光，所以也被用在防晒霜里面。你也需要从食物中摄入我。

钛 TITANIUM

在哪儿可以找到我？

防晒霜、人工关节、飞机、轮船

我是一种强度大但又比较轻的金属，所以很适合去制造飞机。我能够很快和空气发生反应，因此需要给我披上一层保护层，而这也意味着我不会再继续反应下去，由此我也经常用来制造需要放在海水里的东西，因为其他金属通常会被海水锈蚀。

与其他的硬过渡金属见个面

钪 钇 铌 铒 钽 铪 铌 铼 铑 钯 镭 钛 镁 铼 铹 铞 铪 钼 锆 铱 镙 铍 铼 铼 铯 铹

谁是谁？

将下面这些元素和描述他们的性质画线连起来

Ag	Os	Hg	Ti	Cu
银	锇	汞	钛	铜

在室温下是液体，有毒

密度最大的单质，坚硬

人类最早开始使用的金属

强度大但是轻质的金属

闪耀的金属，很珍贵

锰 MANGANESE

Mn 25

在哪儿可以找到我?

常与其他元素混合,主要是在钢里和铁混在一起

在地壳中,我是第五丰富的金属元素,也是第二丰富的过渡金属。我与铁混合过后,可以与硫发生反应,阻止钢铁发生断裂。植物和动物也需要我,比如,我可以帮助植物将空气中的二氧化碳转化为糖类。

汞 MERCURY

Hg 80

在哪儿可以找到我?

老式的温度计、荧光灯管

我的单质是金属中唯一能在室温下呈液态的。人们以前把我用在温度计之类的测量工具中。我也曾用来提取其他金属元素,比如金。人们还曾认为我可以当作药来用,但实际上我的毒性很强,所以现在用得没那么多了。

金 GOLD

Au 79

在哪儿可以找到我?

珠宝、银行金库里的金砖、电子设备

我是一种不同寻常的耀眼黄色金属。我很柔软、容易塑形,但很难发生化学反应。这些性质让我很受欢迎,所以人们把我收集起来当成货币使用。最近,我也被用在电子设备中,用来制作重要的导线。

银 SILVER

Ag 47

在哪儿可以找到我?

珠宝和贵重的餐具、电子设备、太阳能电池板

我的多项重要本领都在金属单质中排行第一!我是反光能力最强的一种金属;我的导热速度比所有金属都快;我还是导电能力最强的金属。人们非常喜欢我,还愿意付出大价钱来买我。

钒 VANADIUM

V 23

在哪儿可以找到我?

与铁一起混合在某些工具中,还有在一些颜料里

我是和铁一起在某些岩石中被发现的。奇怪的是,人们明明好不容易才把我和铁分开,后来却还是把我们混合在了一起!我与铁混合过后,可以制成硬钢,用来生产工具。我送出电子之后,会呈现出各种颜色:金黄、绿色或蓝色,所以我会被添加到玻璃以及其他材料中。

铂 PLATINUM

Pt 78

在哪儿可以找到我?

珠宝、汽车排气管、电子设备

我是一种非常不活泼的金属。这意味着我不容易被分解掉,能保持很长时间不变,人们也喜欢我这个特点。奇妙的是,我能够帮助其他化学物质发生反应,比如汽车就用我来处理燃烧汽油产生的废气,让它们尽量安全地排出。

过渡金属的表演!

试着查找一些资料,了解更多过渡金属的知识。

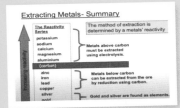

铁是如何提炼出来的?

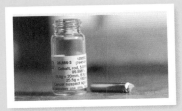

了解钴元素

认识一种坏脾气的金属

了解金元素

钨 TUNGSTEN

W 74

在哪儿可以找到我?

子弹、老式的白炽灯泡

我的单质拥有全部单质中最高的熔点和沸点。我的沸点高到即使在太阳表面也不会变成气态。老式的白炽灯泡通过电流加热我,从而发出光芒。我也非常硬,所以也能用来制造子弹。

镉CADMIUM Cd

在哪儿可以找到我？
老式的电池和电视机

我是一种很重的金属，曾经用来制造性能持久的电池。我给出电子之后，会呈现亮丽的颜色。我还可以把一种颜色的光变成另一种颜色，所以曾被用在老式的、笨重的电视机里。但是我的毒性很大，会让人们生病，所以现在用得很少了。

锇OSMIUM Os

在哪儿可以找到我？
钢笔尖、电子设备

我的单质是所有单质里面最重的（或者说是密度最大的）。我也非常坚硬，所以人们把我用在需要这种硬度的产品上，比如一些电子设备，还有老式墨水钢笔的笔尖。

试一试

证明食物中含铁

你需要

- 富含铁的谷物，比如早餐谷物片
- 一个强磁铁——最好是钕磁铁
- 一个玻璃杯
- 一根棒棒糖的塑料棒或类似物
- 胶带
- 一个小塑料袋（可选）
- 剪刀

步骤

把早餐谷物中的铁拉扯出来！

1 把谷物浸泡在水中
在一个玻璃杯里装上谷物，倒入温水，确保温水能完全浸没谷物。

2 制作一根磁铁搅拌棒
如果不想磁铁沾上食物，可以将它套上一层塑料袋。然后，用胶带把磁铁和棒棒糖的塑料棒捆在一起。

3 搅拌谷物
用你刚制作好的磁铁搅拌棒来搅拌水中浸泡的谷物，持续一两分钟时间，让谷物充分分解。

4 提起磁铁
将磁铁拿出来，把残留的谷物冲干净，你看到磁铁上粘了什么东西吗？

你学到了什么？

在地球的岩石或土壤中，或者在金属物件里，铁原子都是被周围的原子固定住的。但是当你打碎早餐谷物时，它就会释放出黑色的含铁小颗粒，它们能被磁铁吸住。

非金属：
至关重要的生命元素

我们每时每刻都被非金属元素完全围绕着。这是因为它们中的两种——氧气和氮气占据了我们周围空气的绝大部分。你甚至还可以说，一切有生命的物体都是由非金属元素组成的。碳、氢、氧、氮、硫和磷都是构成我们生命的基石，而且就仅仅是这样几种元素而已，真是太神奇了！不过，有点"不光彩"的是，这一群非金属元素与其他元素（也就是金属）的联系更密切，超过了它们之间的相互联系。

这些元素除了能共同完成重要的工作之外，在其他方面也很相似：它们都在相对较低的温度下熔化和沸腾，也大多没有很好的导电性和传热性，不像金属那样坚硬、有光泽。有些非金属单质是气体。这些性质也适用于卤素和稀有气体，因为从原理上讲，它们其实都是非金属，但本书还是把它们分成独立的两节来写了！

固体的非金属单质可以呈现许多种形式，其中最著名的就是碳元素了。它可以组成石墨，你能在铅笔芯里找到它。它也可以组成石墨烯，也就是从石墨上剥离下来的碳原子片，你用铅笔写字时留下的字迹也差不多是这种原子片，这些碳原子片可以卷曲起来，组装成被称作碳纳米管的小管，还可以组装成球形。此外，碳原子可以排列成一个金字塔，变成金刚石（钻石）的形式，闪闪发光，而且非常坚硬。金刚石在固体非金属材料中是一个很重要的例外，因为其他类型的固体非金属一般都倾向于柔性。

从金刚石到有生命的物体，非金属可以表现出惊人的力量和美感。它们的单质可能并不是很有用，但当它们一起工作时，是至关重要的生命元素！

与这组元素见个面！

氢 HYDROGEN

在哪儿可以找到我？

在太空中和恒星里，但是在地球上就需要专门制取出来。

我在宇宙大爆炸过后不久就诞生了。我的原子只有一个质子和一个电子，这使得我组成的氢气比空气要轻得多，很容易漂浮到太空中，这导致我在地球上变得很稀少。我也很容易燃烧，能够和氧紧密地结合在一起，生成水。

碳 CARBON

在哪儿可以找到我？

我无处不在，包括你的身体里，还有所有的木制品中

所有的生命体内都有我。我也存在于所有的远古矿藏中，比如白垩石一类的碳酸盐岩，或者石油和煤炭等化石燃料中。我可以被从化石燃料中提取出来，制成塑料。我还可以形成美丽的钻石。

氮 NITROGEN

在哪儿可以找到我？

随处可见，你呼吸的空气中绝大部分是我

我的单质是一种不容易发生化学反应的气体，这意味着你总是把我吸进去又呼出来，没有任何坏处。但是，我有时也会跟其他元素发生反应，而一旦发生了这些反应之后，所有的生物都需要我。所以，人们会把我从空气中提取出来，用来给作物施肥。

氧 OXYGEN

在哪儿可以找到我？

随处可见，你呼吸的空气中就有一部分是我

在你呼吸的空气中，除去氮气之外，剩下的就几乎全是我了。我的单质在常见的元素单质中是非常活泼的一种，也正是因为我的反应活性，燃烧现象才会有火焰产生！而且，你也需要我的反应活性，它会帮助你的身体从吃下去的食物中释放出能量。

磷 PHOSPHORUS

在哪儿可以找到我？

生命体中，以及在土壤中

我的单质是一种特别活泼的固体，遇到空气就能自己把自己点燃。这就是说，你在自然界中几乎不可能找到我的单质！我对于所有生物来说也是一种必需的元素，因为我能将生物的基因连接起来，而正是基因告诉生命体"要长成什么模样"。

硫 SULPHUR S 16

在哪儿可以找到我？

生命体中，以及土壤和岩石中，特别是火山附近

我最出名的特点是强烈的气味。我可以产生很多种能让人闻到的气味，其中大部分是很难闻的，包括臭鸡蛋的味道。但是，生命体也需要我：我和碳元素都是蛋白质的重要组成部分，可以在生命体内把很多东西连接在一起，扮演一种"小机器"的角色。

硒 SELENIUM Se 34

在哪儿可以找到我？

牛肉、鸡肉等肉类，还有鱼类和核桃之类的坚果里

我与周期表中排在我上面的硫元素很像。我同样很难闻，但也能帮助生物体内的"小机器"运转，有助于维持生命。但是，我更稀有一些，所以这方面的作用没有那么重要。我和其他元素结合起来可以形成漂亮的红色，所以会被用在有色玻璃中。

小测验

1. 哪种元素可以形成金刚石？

2. 我们呼吸的空气的绝大部分是哪两种元素组成的？

3. 如果把磷单质放在空气中，会发生什么？

4. 哪些元素很难闻？

5. 为什么地球上天然存在的氢气很少？

答案：1. 碳。 2. 氮和氧气。 3. 它会自己燃烧起来。 4. 硫磺和硒。 5. 氢太轻了，会漂浮到太空去，同时还往往很容易和氧气一起燃烧并生成水。

大数据

25亿摄氏度

恒星内部具有这么高的温度时，硫元素就可以被制造出来。

4千万亿吨

人们目前认为地球大气中一共有这么多的氮气。

65亿吨

人们目前认为地球上共有这么多包含磷元素的磷酸盐矿石。

试一试！

记忆这些知识，然后合上书，把你还记得的那些默写下来。你最喜欢其中哪个元素？

你可以在元素周期表的这里找到我们

1 H 氢 [1.0078, 1.0082]																	2 He 氦 4.0026
3 Li 锂 6.94 [6.938, 6.997]	4 Be 铍 9.0122											5 B 硼 10.81 [10.806, 10.821]	6 C 碳 [12.009, 12.012]	7 N 氮 14.007 [14.006, 14.008]	8 O 氧 15.999 [15.999, 16.000]	9 F 氟 18.998	10 Ne 氖 20.180
11 Na 钠 22.990	12 Mg 镁 24.305 [24.304, 24.307]											13 Al 铝 26.982	14 Si 硅 28.085 [28.084, 28.086]	15 P 磷 30.974	16 S 硫 [32.059, 32.076]	17 Cl 氯 35.45 [35.446, 35.457]	18 Ar 氩 39.948
19 K 钾 39.098	20 Ca 钙 40.078	21 Sc 钪 44.956	22 Ti 钛 47.867	23 V 钒 50.942	24 Cr 铬 51.996	25 Mn 锰 54.938	26 Fe 铁 55.845	27 Co 钴 58.933	28 Ni 镍 58.693	29 Cu 铜 63.546	30 Zn 锌 65.38	31 Ga 镓 69.723	32 Ge 锗 72.630	33 As 砷 74.922	34 Se 硒 78.971	35 Br 溴 [79.901, 79.907]	36 Kr 氪 83.798
37 Rb 铷 85.468	38 Sr 锶 87.62	39 Y 钇 88.906	40 Zr 锆 91.224	41 Nb 铌 92.906	42 Mo 钼 95.95	43 Tc 锝	44 Ru 钌 101.07	45 Rh 铑 102.91	46 Pd 钯 106.42	47 Ag 银 107.87	48 Cd 镉 112.41	49 In 铟 114.82	50 Sn 锡 118.71	51 Sb 锑 121.76	52 Te 碲 127.60	53 I 碘 126.90	54 Xe 氙 131.29
55 Cs 铯 132.91	56 Ba 钡 137.33	57-71 镧系	72 Hf 铪 178.49	73 Ta 钽 180.95	74 W 钨 183.84	75 Re 铼 186.21	76 Os 锇 190.23	77 Ir 铱 192.22	78 Pt 铂 195.08	79 Au 金 196.97	80 Hg 汞 200.59	81 Tl 铊 204.38 [204.38, 204.39]	82 Pb 铅 207.2	83 Bi 铋 208.98	84 Po 钋	85 At 砹	86 Rn 氡
87 Fr 钫	88 Ra 镭	89-103 锕系	104 Rf 铲	105 Db 𬭊	106 Sg 𬭳	107 Bh 𬭛	108 Hs 𬭶	109 Mt 鿏	110 Ds 𫟼	111 Rg 𬬭	112 Cn 鿔	113 Nh 鿭	114 Fl 𫓧	115 Mc 镆	116 Lv 𫟷	117 Ts 鿬	118 Og 鿫

57 La 镧 138.91	58 Ce 铈 140.12	59 Pr 镨 140.91	60 Nd 钕 144.24	61 Pm 钷	62 Sm 钐 150.36	63 Eu 铕 151.96	64 Gd 钆 157.25	65 Tb 铽 158.93	66 Dy 镝 162.50	67 Ho 钬 164.93	68 Er 铒 167.26	69 Tm 铥 168.93	70 Yb 镱 173.05	71 Lu 镥 174.97
89 Ac 锕	90 Th 钍 232.04	91 Pa 镤 231.04	92 U 铀 238.03	93 Np 镎	94 Pu 钚	95 Am 镅	96 Cm 锔	97 Bk 锫	98 Cf 锎	99 Es 锿	100 Fm 镄	101 Md 钔	102 No 锘	103 Lr 铹

镧系与锕系：稀土和人造元素

在元素周期表的底部，有单独成行的15种元素，科学家当初可是花了一百多年才把它们全部找到——这就是镧系元素。另外有个词叫"稀土元素"，所指的大部分也是镧系元素。我们很难发现镧系元素的单质，但是它们在地球岩石圈中的含量其实并不少。

这些稀土元素的化学性质都太相似了，科学家很难把它们彼此区分开来。进一步来讲，各种稀土元素原子的外部电子排布极为相似，因此很难地用化学方法逐个分辨它们。但是，只要更深入地研究就会发现，它们拥有不同数量的电子，这意味着当它们接受光照时，可以用来做相当不同的事情。

在元素周期表的最后，还有另外15种单列的元素，即锕系元素。注意，几乎所有的锕系元素都很容易在自然界找到，但在锕系元素里面只有2种如此。科学家发现其余的锕系元素，是通过让不同元素的原子束撞击在一起才能够得到的。大多数锕系元素不能在自然界中发现，是因为它们有放射性，会自发地分解并释放能量，最终变成其他元素。

鉴于镧系、锕系这两组元素的成员都比较多，科学家通常把它们写在元素周期表的最下面，但这并不是说它们不重要——它们中的某些元素甚至改变过历史！

与这组元素见个面！

钕 NEODYMIUM

在哪儿可以找到我？

独居石和氟碳铈矿等矿物中，以及一些电子设备和汽车中的超强磁铁里

我并不像其他一些镧系元素那么稀少，这是件好事，因为我太有用了。我可以用来制造人类已知的最强永磁体，这些磁铁会被用在一部分"会动"的电子器件中，比如耳机，还有电脑内存和电动汽车。比如一辆丰田普锐斯混合动力汽车，需要使用多达1千克的我！

钷 PROMETHIUM

在哪儿可以找到我？

几乎哪儿都找不到，只在沥青铀矿和科学实验室中有极少量的存在

我在周期表里和钕是邻居，但我的性质与钕几乎完全相反。我有放射性，会很快衰变，这使得我非常罕见。在任何特定的时间点，我在地壳中的存量都不超过1千克。科学家有时会用其他元素来制造我，但目前我也没有太多用处。

铒 ERBIUM

在哪儿可以找到我？

硅铍钇矿石，以及海底光缆中

我的电子排布方式决定了我可以发出一些特别的光，这些光的颜色非常有用，整个互联网也都依赖于它们！因为计算机和手机上的信息现在都可以通过激光信号传输。这些激光信号需要跨越整个地球时，包含我的细玻璃纤维就可以传输它们。

钆 GADOLINIUM

在哪儿可以找到我？

硅铍钇矿石，以及一些医院里

我的电子是以一种非常特殊的方式排布起来的，这让我在人们使用核磁共振扫描仪进行医学检查时可以发挥很大的作用。因此，医生有时会在检查之前将含有我的液体注入患者的血液，这有助于更好地查看患者身体内部的情况。

钍 THORIUM

在哪儿可以找到我？

独居石矿砂，以及一些核电站

我和所有的锕系元素一样，也是一种放射性金属。我可以通过放射性的分解来释放能量，人们有时候会利用这种能量去发电，尤其是在印度。当人们加热我时，我会发出辉光，所以过去人们也曾用我来做灯具。

HURANIUM S

钚PLUTONIUM Se

认识其他的镧系和锕系元素以及它们的读音

在哪儿可以找到我？
沥青铀矿石、核电站、核弹

我大概是最有名的放射性锕系元素了。每1千克的我产生的能量就可以等于1500吨煤的燃烧。这些能量如果拿来发电当然很好，但它也可以拿来制造核弹伤害人类。包含我的所有废弃材料必须认真封存，埋藏在大量的混凝土下面。

在哪儿可以找到我？
核电站、核弹

我是一种放射性锕系元素，自然界中几乎不存在。我最早出现在巨大的原子加速器里，在人们拿一种氢原子来撞击铀原子时，得到了我。在第二次世界大战时期，人们曾想用我来制造核弹。另外，我也可以用于发电。

LANTHANUM（镧）– LAN-THUH-nuHM
SAMARIUM（钐）– SUH-meuH-Ree-uHM
EUROPIUM（铕）– YOUR-ROW-Pee-uHM
TERBIUM（铽）– TUH-Bee-uHM
DYSPROSIUM（镝）– DUH-SPROW-zee-uHM
HOLMIUM（钬）– HOL-mee-uHM
THULIUM（铥）– THOO-Lee-uHM
YTTERBIUM（镱）– UH-TUH-Bee-uHM
LUTETIUM（镥）– LUH-Tee-sHee-uHM
ACTINIUM（锕）– AK-TI-nee-uHM
PROTACTINIUM（镤）– PRO-TAK-TI-nee-uHM
NEPTUNIUM（镎）– nep-CHOO-nee-uHM
AMERICIUM（镅）– A-mer-I-see-uHM
CURIUM（锔）– Queue-Ree-uHM
BERKELIUM（锫）– BUH-Kee-Lee-uHM
CALIFORNIUM（锎）– KA-LUH-FAW-nee-uHM
EINSTEINIUM（锿）– eYe-n-STY-nee-uHM
FERMIUM（镄）– FUH-mee-uHM
MENDELEVIUM（钔）– men-DUH-Lee-vee-uHM
NOBELIUM（锘）– no-Bee-Lee-uHM
LAWRENCIUM（铹）– LUH-Ren-see-uHM

单词搜寻

你能在下面的单词搜寻表格里找到多少种稀土或人造元素？

```
G Y T B Y S S R E Q T I E N Y
I L A W R E N C I U M U A T T
U X C X E B P O S T E D C T A
M A V P H O L M I U M F K E B
T M E O N X A H K R T C X E R
R E V U I A N R E S X U T B B
E R O S Q U T J T B Y R A I I
Y I M T A S H D E F W I X U U
S C T B C E A Y R M O U X M M
A I S X E X N Z U N I M R E S
E U R O P I U M A W T Y A S R
S M D W A S M A P C V O T U P
V T N E P T U N I U M Y U P
A R I U M X P L K E A I B L
```

锕系元素数字三角形！

圆圈里应该填入哪些数字？提示：方框中的数字是由它两侧的圆形数字相加得到的。

7   5

和元素
暂时告别

在大家日常的语言中，"元"和"素"两个字都有"基础""简单"的意思。可是，实际上，化学元素并没有那么简单！即便就目前已知的118个元素而言，人类也还有很多东西需要学习。你刚才读到的这一章也向你说明了这些元素还有很多性质值得关注。

每种元素都有自己的个性，这让元素周期表看起来像一个小村庄。当然，也有些元素之间比较相似，所以我们可以给它们分组。而且，不同元素依照这些规律被排列在一起，看上去就很令人愉悦。你甚至可能喜欢某一些元素胜过其他元素，而你最喜欢的那一种元素可能成为你的钟爱之物。

各种元素之间可能会有相似，但是正如我们在"物质"一章里学到的那样，它们也会有所不同。每一种元素的原子构造都不同，特别是围绕原子核的电子。这些电子如何排布，是决定所有这些相似和不同之处的关键因素。请试着记住这个事实，它可以帮你踏上探索周围的物质世界的旅程。也许有一天，你能解答出一个从来没人知道答案的问题！

这是哪些元素？

请将这些打乱顺序的元素名称破译出来。它们分别属于哪一族？你能说出它们分别是以什么形式存在的吗？固体、液体还是气体？

DROHYGNE =
NORACB =
MINALIMUN =
IUMSECA =
POCPRE =

试一试

你最喜欢的元素是什么?

既然你已经认识过所有种类的化学元素了,那么就和朋友一起讨论一下你最喜欢的元素是什么以及为什么吧。然后,请写出你在地球上的什么地方最有可能找到这种元素。

单词搜寻

哪个元素不见了?

在下面的表格中找出稀有气体元素吧。哪个元素不见了?

```
Y N M S O P F X O M U C I N
A R G O N K V X E X N K K R B
Y A K A S L X G J Y K X R Y
F D G A X H X F U C J Y P
C O Q A X C L E X D O X P D
S N G J O K R V L U X J T O
P X J P X K J C I X L O C Z
Q W O I N H T A X U X X P
G X W O X I G X Q P X M S K
D T N H X E S T X N X F Q
N E X P X D N W X U X V D W
X G L X T M E K L Q A D G W F
L N X D L L O J K S X U T S
X H X B G X J N S F P H G M L
```

元素：头脑大风暴

现在人类知道的元素有118种，很少有人能把它们全部记住！但是，这也意味着可以利用这些元素来出题。试一试吧！

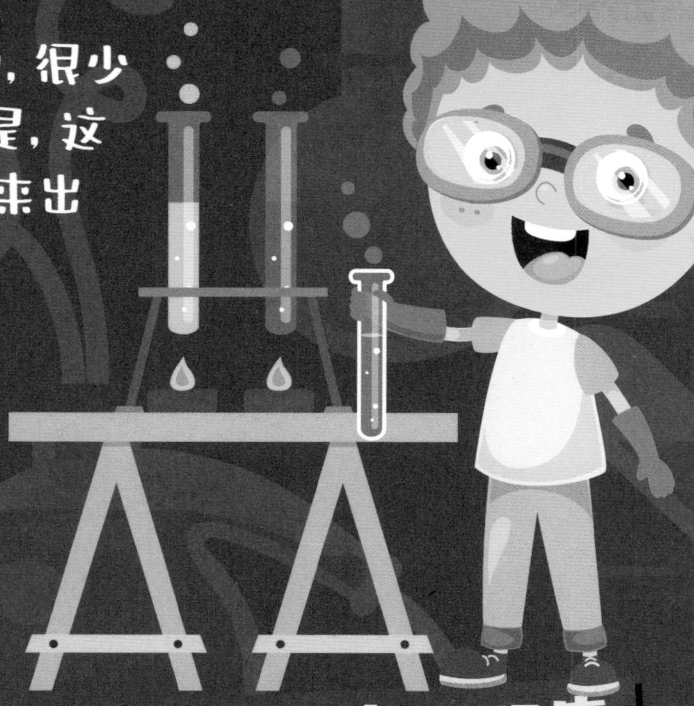

单词破译

这些打乱顺序的单词，其实都是元素周期表中的元素名称，把它们破译出来吧！

ACRESIN □□□□□□□

GXYOEN □□□□□□

AVIANMUD □□□□□□□□

HUMIDOR □□□□□□□

NIT □□□

LODG □□□□

DIEION □□□□□□

HILITUM □□□□□□□

MULACCI □□□□□□□

ANDOR □□□□□

AMISCUE □□□□□□□

KNOTPRY □□□□□□□

答案：ARSENIC（砷）；OXYGEN（氧）；VANADIUM（钒）；RHODIUM（铑）；TIN（锡）；GOLD（金）；IODINE（碘）；LITHIUM（锂）；CALCIUM（钙）；RADON（氡）；CAESIUM（铯）；KRYPTON（氪）。

记住化学元素的顺序

英语国家的人想要记住周期表开头9种化学元素的顺序，有一个很简单的办法：用这些元素符号的开头字母，写成一句有趣的背诵口诀——“HAPPY HENRY LIKES BARBEQUE,BUT COULD NOT OBTAIN FOOD.(开心的亨利喜欢烧烤，但是得不到食物。)”

HAPPY (Hydrogen，氢)
HENRY (Helium，氦)
LIKES (Lithium，锂)
BARBEQUE (Beryllium，铍)
BUT (Boron，硼)
COULD (Carbon，碳)
NOT (Nitrogen，氮)
OBTAIN (Oxygen，氧)
FOOD (Fluorine，氟)

这些元素属于哪一族？

把这些元素与它们归属的族用线连接起来

硅　　钠　　铁

氯　　铀　　碳

铝　　氦　　钕　　锌

第17族　　第1族　　第18族　　非金属

准金属　　镧系和锕系　　贫金属　　过渡金属

单词搜寻

你可以在下面表格中找到这些元素吗？

Bromine（溴）、Platinum（铂）、Gallium（镓）、Lead（铅）、Neon（氖）、Radon（氡）、Copper（铜）、Sulphur（硫）、Cobalt（钴）、Mercury（汞）

```
B C F N X R U Y Z M B O R L   L
Y R E V D U T W Y E M X G A
X C O P P E R G G R M X A V
O D Y M G X J N J C A R L C
U H X K I X Z L I U J U L R
S W I F S N Y K X R K H I O
E V K M R L E A D Y L P U W
T X H K Q M N N P T X P L M
R A D O N P O L X X Q U C I
F B J Y U T A H X N G S X W
J O A T X B X I M O E D U E
B Q G T O G H E G N X O L
K H U C X K I N P X X X N X
L P L A T I N U M M M X O A
```

数和游戏

在下表的格子里填入1到9的数字。每组里面，每行（列）的数字之和都应该等于该行（列）开头的那个数字。每一组内部不允许两次使用同一数字。

小测验

关于元素，你了解多少？

填空：化学元素都被排列成了一张元素周期_____。

A. 圈

B. 山

C. 表

下面哪个词用来形容稀有气体最合适？

A. 爆炸性的

B. 稳定的

C. 有毒的

元素是什么？

A. 通过化学方法不能再分割成更小单位的一类东西

B. 让你能待在地面上的一种力

C. 一种气味

哪一组元素都能与水反应，而且有时候会爆炸？

A. 过渡金属元素

B. 碱金属元素

C. 镧系和锕系元素

一个分子把一些原子给另一个分子，这个化学过程叫什么？

A. 报应

B. 呼应

C. 反应

下面哪个元素不属于贫金属？

A. 铝

B. 氖

C. 锡

元素烧脑题

画出4条直线，把这些元素划分到它们各自的类别中。

找不同

看一看下面这些单词，哪些是元素周期表里的元素？
有哪两个不是？

DELIRIUM　**FLUORINE**　**PALLADIUM**

HYDROGEN　**BACTERIUM**　**SILVER**

CALCIUM　**NITROGEN**

答案：
属于元素周期表的元素：NITROGEN（氮）；FLUORINE（氟）；
PALLADIUM（钯）；HYDROGEN（氢）；CALCIUM（钙）；SILVER（银）。
不属于元素周期表：BACTERIUM（细菌）；DELIRIUM（精神错乱）。

涂涂颜色！

混合物和化合物：把元素混合在一起

现在，你已经认识了化学的基石——元素，那么下一步当然就是要用它们来制造东西啦。这就是化学的初心：用元素制造我们想要的东西。但是，只要你玩过积木，你就会知道，我们可以用很多种不同的方法把它们搭建起来。化学中的“积木”也是如此！在接下来的内容里，你将了解其中的几种方法。

很多非常重要的化学物质都是化合物，也就是说，它们都是不止一种元素的结合。即使其中包含多种元素，我们一般把一种化合物看作一种单一的物质。在前面的章节中，我们已经通过结合不同的元素构建过一些化合物了。水和食盐都是特别重要的化合物。这些化合物中，有一些还呈现出漂亮的形状，我们称之为晶体。

还有一类东西属于“混合物”，比如合金。我们也可以利用化合物中出现的元素，去构建不同物质的混合物。当物质所含的元素没有全部结合在一起的时候，就会形成混合物，它是不同化合物的混合，而不再是一种单一的物质。混合物的一个重要特点是：你通常可以把它们所含的各种物质拆分开来。除此之外，还有许多化合物十分容易混入水中，然后看起来就和消失了一样。这个过程叫作溶解。还有一类混合物被称作酸和碱，它们甚至可以把水给分解掉。

这些化学概念中，有的看起来相当出人意料，有的则显得平淡无奇，当然还有一些很了不起。然而，它们全都很重要。人们每天都在研究这样的化学过程，运用这些概念把化学“积木”组合起来，因为人类需要制造有用的新东西来改善自己的生活，比如有的人正在研制新型的甜味剂，有的人正在开发新药。阅读这部分内容，你可能会朝着这类职业迈进一大步。

在你开始之前

在下面这个字母表格中，你能组合出多少个与“混合物”有关的单词？如果还没找到的话，我们提供了一些提示来帮你。看看你和朋友们在10分钟之内能找出几个！

E	R	M	I
L	S	P	X
A	O	Y	T
W	L	C	B

答案：MIX（混合）；ALLOY（合金）；SALT（盐）；WATER（水）；CRYSTAL（晶体）；BASE（碱）；METAL（金属）。

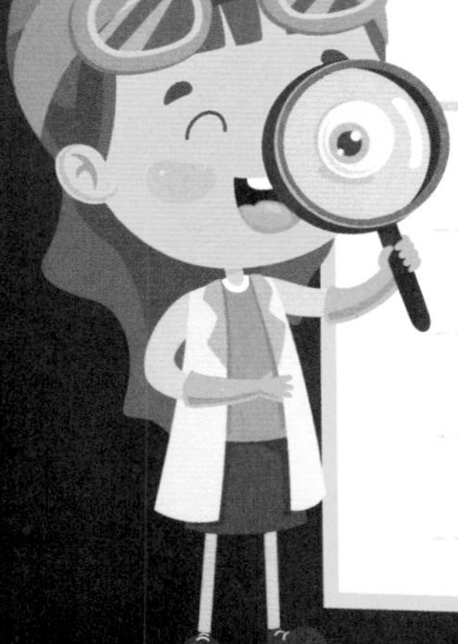

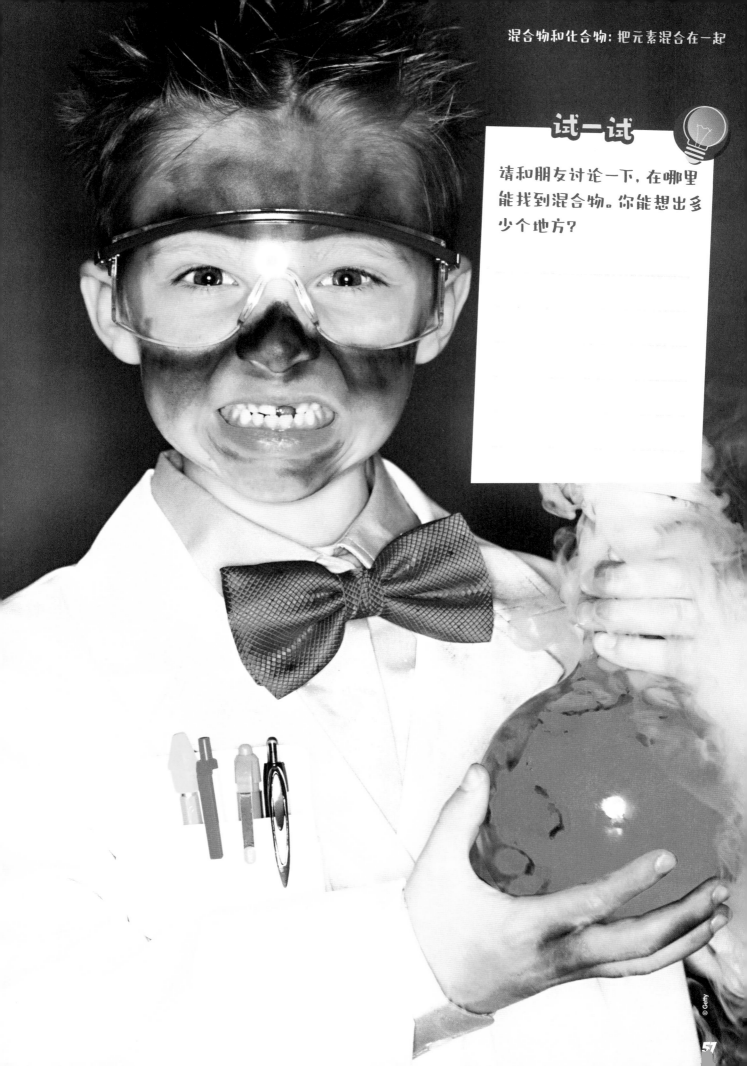

试一试

请和朋友讨论一下，在哪里能找到混合物。你能想出多少个地方？

混合物：当化学物质迷失在拥挤的人群中

如果你去过那种有很多人的地方，大概就不难理解混合物是怎么一回事。也许你曾和同学们一起参观博物馆，也许你曾跟家人进入高速公路的服务区，刚开始你可能和认识的人在一起，但是你周围有很多陌生人。在某个时候，你或许会跟认识的人走散，逐渐混入陌生的人群之中。

这个过程有点像一种化学物质进入另一种化学物质之后的过程。一开始的时候，通常都是同种类型的原子或分子相互紧挨在一起，但这两种化学物质都会逐渐分散开来，然后形成二者的混合物。

你可能已经认识过几类重要的混合现象。如果一种固体和一种液体混合得很好，以至于固体看起来"消失"了，那么这个过程就是溶解，例如你可以把盐溶解到水中。另一种重要的混合过程叫作扩散，它指的是不同物质在漂移中交错到一起的过程，例如把有颜色的果汁倒进一个装满水的杯子里，就会看到扩散。

值得一提的是，物质混合的过程，不等于制造化合物或者分子的过程。化学物质的一个重要特点就是：它们像是用"积木块"搭起来的东西。如果这些"积木块"是聚在一起搭建成了某个东西，那它就是一个分子或说一种化合物；但有时候，这些化学物质只是像积木块装在塑料袋里一样，胡乱地靠在一起，那它就是一种混合物。

一般来说，拥有混合物比拥有某一种分子或化合物更有用。试想，你可以在人群中跟其他人交往之后，再回到你的同学或家人身边。混合物也存在相似的性质——你可以把那些混合了的化学物质再次分离开来，这就好比把积木块从袋子里拿出来，再把它们分门别类地整理好！

关于扩散，你需要了解这些

气体中扩散发生得非常快，因为它们的粒子运动得快

液体中扩散发生得慢，因为它们粒子的运动会互相阻挡

固体中几乎不发生扩散，因为它们的粒子几乎不能移动

正是因为扩散，你烹饪的香味才会飘满整个房间

一滴颜料进入水中就会扩散开来

非均质

"非均质"是一个科学术语，指那种没有混合均匀的状态。固体的化学物质混合时，就常常以不均匀的状态凑在一起形成混合物，你从中可以看到大的团块被小的颗粒包围住的样子。

巧克力豆曲奇饼

鲜榨橙汁中的冰块

石块

牛奶中的谷物

比萨饼

均质

"均质"是一个科学术语，意指均匀混合的状态。

海水

空气

血液

番茄酱

冰块融化过后的鲜榨橙汁

辨别这些混合物

沙拉

非均质 ☐ 或 均质 ☐

番茄汁

非均质 ☐ 或 均质 ☐

一盒玩具

非均质 ☐ 或 均质 ☐

蔬菜汤

非均质 ☐ 或 均质 ☐

茶水

非均质 ☐ 或 均质 ☐

食用油

非均质 ☐ 或 均质 ☐

混合物：头脑大风暴

找出更短的单词

"非均质"这个词的英文是 heterogeneous，你能用这个单词中的字母拼出多少个由3~4个字母组成的短单词？注意，每个字母使用的次数不能超过它在原来单词里出现的次数。

糖果的科学

我有一堆混合在一起的糖果，它们有红、绿、蓝、黄几种颜色。其中，一半的糖果是黄色的。而在不是黄色的糖果中，有一半是绿色的。已知有5颗绿色和5颗蓝色的糖果，请问我总共有多少颗糖果？

科学家的烧杯

一位科学家正在制造一种非常复杂的混合物。她在一张桌子上放了6个装有化学物质的烧杯，第二张桌子上放的烧杯数量是第一张桌上的三分之一，第三张桌子上的烧杯数量是第一张的2倍，第四张桌子上有5个烧杯。当她把所有烧杯里的东西混合在一起时，她掉了一个在地上，那个烧杯摔坏了，里面的化学物质也收不回来了。最终，这位科学家拥有多少个装有化学物质的烧杯？

溶液和溶解：现实生活中的隐形大法

你曾经见过有什么东西会隐形吗？你可能认为，隐形只是人们头脑中的虚构，但科学其实可以让它发生，你甚至可以在家里看到这个现象。比如，把液体倒在粉末状的固体上，然后搅拌一会儿，固体就消失了。事实上，它根本没有去别的地方，而只是和液体混合在了一起。这就是我们所说的溶液。

溶液在厨房里很常见。仔细想想，在食品和饮料中溶液也随处可见。有时候你特别喜欢吃某种食物，但是从外观上看不出它有什么特别，这可能就是因为某种看不见的溶解物让食物变得美味了！

在溶液中消失的那种物质称为溶质，让其他物质消失的那种物质称为溶剂。在大多数情况下，溶质都是固体，溶剂都是液体。但溶质其实也可以是气体或液体：在汽水中，二氧化碳气体就溶解在像水这样的液体里；而商场里卖的漱口水则是一种液体溶解在了另一种液体里面。

因为溶剂的分子或原子可以移动，为溶质的分子或原子腾出了空间，溶液才得以形成。一般来说，如果溶剂和溶质的电子排布方式差不多，就更容易发生这样的过程。这会使溶剂和溶质相互之间有些许的"粘连"。

溶质一旦和溶剂开始混合，就会迅速在溶剂中扩散。很快，溶剂中就有了分布均匀的溶质。例如，在一杯盐水中，杯子顶部、底部或中间的盐含量是相同的，这是一种均质的混合物。

溶液是一门我们常常注意不到的神奇学问，所以你下次享受美食的时候，可以想想溶液的存在，说不定还能弄清楚一种溶液中是否添加了什么看不见的美味！

下面哪些是溶液？

下面列出的东西中，有6种是溶液，2种不是。你知道哪些是溶液吗？

海水	红茶	牙膏
汽水	漱口水	尿液
鲜榨水果汁	柠檬油醋沙拉汁	

1. _____ 2. _____ 3. _____

4. _____ 5. _____ 6. _____

答案：海水、汽水、鲜榨水果汁、红茶、漱口水、尿液——牙膏、柠檬油醋沙拉汁不是溶液。

侦探游戏

根据右边的提示，找到下方对应的图片。

你会将哪种溶液洒在
薯条上？

你会在哪种溶液
中游泳？

哪种溶液可以帮你口
气清新？

哪种溶液可以从水果中榨
出来？

哪种溶液帮我们杀灭
细菌？

哪种溶液能让你温暖？

答案：食醋；海水；漱口水；汽水；橙汁；
洗手液；茶水。

试一试

哪些东西能溶于水？

你需要

- 5种不同的粉末，比如白糖、食盐、沙子、
  面粉、胡椒。（你还能找到别的什么？）
- 5个干净的瓶子
- 温水
- 勺子

步骤

把粉末溶解在水中

1 把粉末放进瓶中

给5个瓶子各放入一勺不同种类的粉
末，注意别把不同种的粉末混合起来！

2 把水放进瓶中

在每个瓶子中都倒入相同体积的温水。
使用温水可以让实验做起来快一些。

3 搅拌混合物

搅拌每个瓶子，然后等待60秒。你认
为会发生什么？

你学到了什么？

这是一个简单的实验，目的在于尝试将不同溶质溶
解在同一种溶剂中——这里的溶剂就是水。有一些
溶质会溶解，也就是会与溶剂均匀混合，然而并不
是每种溶质都能溶解在任何溶剂中。你能否得到溶
液，取决于这些物质中的元素组成等因素。

分离混合物：挑选最爱

吃糖果的时候只喜欢吃一种口味的，而不喜欢其他口味的——你是否有过这样的经历呢？如果是的话，那么你可能会把自己喜欢的口味单独挑出来，然后要么先吃掉它们，要么把它们留在口袋里，等吃完其他不喜欢的口味之后再吃。像这样的事情，在科学上也有很重要的意义：当我们需要某种物质的时候，它通常是处在混合物之中的。有时候，我们很容易就能将其挑选出来，但大多数时候想要把特定的物质分离出来并不那么容易。

例如，想要得到溶解在海水中的盐，可以把海水煮沸，让水以水蒸气的形式离开。想要把铁粉从其他非金属材料中分离出来，可以用一块磁铁轻松实现，因为铁粉会被磁铁吸引，而其他材料不会。如果液体中混合了固体，可以让液体流过一张纸，把固体留在纸上，这就是我们所说的过滤。

但有时，你想分离的东西会跟混合物中的其他成分非常相似。对液体而言，人们常使用蒸馏来实现分离：把液体煮沸，然后将蒸汽冷却，只取其中一种液体收集起来。由于不同的液体拥有不同的沸点，多种液态物质就是可以这样分离开来的。如果足够小心的话，还可以分离出沸点很相近的液体。此外，我们也可以使用"色谱法"来分离混合物。这种方法是这么做的：把混合物放置在某种固体上，然后让液体流过固体，就会把混合物的不同成分带到固体的不同部分。这么做之所以能分离混合物，是因为某些化学物质会黏附在固体上，而另一些则不会。

人们分离混合物，通常是因为只需要其中的一部分，正如一个人只喜欢吃某一种口味的糖果。但奇怪的是，也有的时候，这么做的目的是——把它以不同的方式跟其他化学物质重新混合起来！

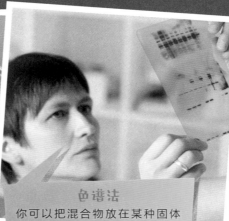

过滤
你可以用过滤的方式把固体从液体中分离出来，也就是把它们倒在一张滤纸上，让固体留在上面。很多人泡咖啡的时候会这么做。

色谱法
你可以把混合物放在某种固体上，然后让液体流过它。有些物质在固体上黏附得比其他物质更牢固。这就叫作色谱法。

关于分离混合物的酷炫知识

你喝的水在到达水龙头之前，会被自来水公司先过滤掉里面的微粒

有一种色谱法是通过气味来识别化学物质的，叫作气味测定法

法医学家可以使用墨水色谱法，尝试匹配嫌疑人留下的字迹与钢笔墨水，以期鉴定犯罪行为

蒸馏工艺已经有至少1800年的历史了

大数据

16 000
"离心法"之所以能把固体从液体中分离出来，是因为它相当于把重力放大了这么多倍。

30 000
在离心机里，样本在1分钟内会转这么多圈！

16 亿
在美国，2019年有这么多桶石油通过蒸馏的方法变成有用的产品。

60 亿
在美国，2019年有这么多桶石油通过蒸馏的方法变成有用的产品。

分离这些混合物

蒸馏
你可以用先煮沸、再冷却的方法来分离混合物。沸点最低的那种物质会最先沸腾，也会最先变回液体。

离心法
如果用过滤方法不能从混合物里分离出固体成分，那么可以将混合物置于可以极其快速旋转的机器中，强行让其中的固体下沉到混合物的底部，这就是离心法。

1 混合物 海水 提示
它尝起来是什么味道？

2 混合物 绿色墨水 提示
彩虹里，绿色的两侧分别是什么颜色？

3 混合物 含果肉的橙汁 提示
有时候你的牙齿就可以帮你分离它

4 混合物 整粒芥末籽酱 提示
你可以轻松地看到它的不同部分

答案：分离为：1. 水和盐；2. 蓝色墨水和黄色墨水；3. 橙汁和果肉；4. 芥末籽和芥末浆。

试一试
厨房卷纸的色谱法

你需要
- 厨房卷纸
- 墨水笔
- 水
- 碗或者杯子
- 剪刀

步骤

1 裁剪厨房卷纸
将一截厨房卷纸裁剪成长条形，宽度大概为2.5厘米。

2 画一个大圆点
选一支墨水笔，在距离纸条底部2～3厘米高的地方画一个大圆点。

3 倒水
在碗里或杯子里倒入一点水，注意不用太深。

4 将纸条放进水里
将纸条的底部放进碗里或杯子里，让圆点位于水面以上，纸条的顶部须越过碗或杯子的边缘。

5 用其他墨水笔重复这个实验
现在，看看如果换用其他的墨水笔，会发生什么事情。

你学到了什么？
墨水笔里的墨水是由多种化学物质混合而成的，其中有些成分在厨房卷纸中移动得更快一些。移动得最快的成分在水中溶解得最好，而待在纸条底部的成分在水中溶解得最差。我们可以用这种色谱法来分离墨水。

试一试
与你的朋友讨论，你们一起来分离混合物需要多少时间。在下面的空白处写下来。

化合物：原子的聚会

除了惰性气体元素之外，其他所有元素都非常"善于交际"，因为它们的原子总是爱与其他原子结合在一起，形成化合物。有时候，原子还可以从一种化合物身上跑到另一种化合物身上，改与新的原子结合，它们结合的方式也有很多种。化合物必须由不止一种元素的原子组成，比如可以是两种元素，就像水分子里面一样，有氢元素和氧元素。但是，其他的化合物往往包含了更多种元素的原子！

在本书的第6页至第22页，我们认识了化学键。化学键是化合物里原子之间的"桥梁"，这些原子可以结合得非常紧密，表现得就像单一的物质一样。不过，化合物的种类也有很多，各不相同：它们可能拥有不同的颜色，可能有轻有重，还可能呈现为固体、液体或气体。这些差异完全取决于化合物中含有哪些元素，以及这些元素的原子具体是怎样结合的。原子之间如果直接通过共价键形成化合物，则称为分子；然而，离子键也可以将化合物结合在一起。

为了说明化合物是由什么元素组成的，科学家会把化合物中所有元素的符号写在一起，这被称为"化学式"。化合物中，不同种元素的原子数量可能不相等。若在每个分子中或每组离子中，有任何一种元素的原子不止1个，化学式就要在对应的元素符号右下角写上一个小数字，来表示该种原子的数量。

有些化合物来自自然界，比如植物当中。化学家也可以在实验室里制造其他化合物，我们称之为合成化学品。比如，他们可能在尝试制作更好的黏合剂，或者是某种更加美味的味道。如果人们发现一种化合物真的有用，其他人就会在工厂里大量生产它们。很多有用的化合物都是用这种方法制成的，所以化学元素"善于交际"真是一件好事！

实验

用钉子生成化合物

你需要

- 4个透明的玻璃杯
- 4个铁钉，必须是没有镀锌的那种
- 可乐
- 水
- 食醋
- 食盐

步骤

1 盛入玻璃杯
将水放到第一和第二个玻璃杯中，可乐放进第三个，醋放进第四个。再在2个装水的玻璃杯中选一个，放进一点食盐。

2 拍一张照片
在实验开始前，拍照记录这些钉子长什么样。

3 将钉子放进玻璃杯中
每个玻璃杯中放一颗钉子。液体需要足够浅，不能完全浸没钉子。

4 每天观察钉子
保持住，观察，每天拍一张照片，如果杯子里的液体快干了就及时补充。你需要坚持至少3个星期。哪个杯子里的反应最快？哪个最慢？

你学到了什么？

你正在让2种元素反应：钉子中的铁、空气中的氧。它们会形成一种叫作氧化铁的化合物，俗称铁锈。液体的不同会导致反应速度不同：其中一种液体应该让反应比其他的都快，而还有一种液体可能永远不会让钉子生锈。

这就是我的名字!

化学物质的命名规则有很多条,但基本的规则很简单。对大多数化合物来说,它们的名字都是由两种元素的名字连在一起,中间加一个"化"字组成的。其中,一种元素的原子因得到电子而变成带负电的离子,它的名称要放在前面;另一种元素的原子因送出电子而变成带正电的离子,它的名称要放在后面。所以,当钠和氯发生反应,产物就是"氯化钠"。

通常,得到电子的那个原子周围,还会附着有氧原子。若是这种情况,那"化"字就要改成"酸"字。比如,氯酸钠中含有钠原子,以及附着了3个氧原子的氯原子;而在碳酸银中,每对应于2个银原子,就有3个氧原子附着在1个碳原子上。

如果同一种元素的2个原子通过共价键连接到另一种元素的1个原子上,你就可以在2个原子的那种元素名字前加上"二"字。例如,二氧化硫拥有1个硫原子和2个氧原子。同理,如果有3个原子都来共享电子,那么就可以加上"三"字。例如,三氟化氮里就有1个氮原子和3个氟原子。

若是主要由碳构成的共价化合物,那它的命名就有更多的复杂规则了!不过,这些规则同样会帮你了解这些化合物。

小测验 BOOM!

你知道关于化合物的多少知识?

我是一种气体,由1个碳原子和2个氧原子通过共价键连接

_____氧化碳

我是由1个钠原子提供1个电子给碘原子形成的化合物

碘_____钠

我是由锂原子提供电子给附带着3个氧原子的1个硫原子而形成的化合物

硫_____锂

我是由1个硼原子和3个溴原子通过共价键连接形成的化合物

_____溴化硼

答案: 二氧化碳; 碘化钠; 硫酸锂; 三溴化硼

完成这张拼图!

晶体：
好看的化学

晶体是这样一种材料：它由规则地重复排列着的原子构成。这些原子排列的方式通常呈现整齐的形状，比如三角形、正方形或矩形等，类似这样的基本形状一共也只有7种。因此，当我们观察晶体时，会发现它通常有笔直的边缘——即使从远处看它们很粗糙，但只要靠近了仔细看，就会看到笔直的边缘。有时，这些晶体太小，用肉眼无法直接看见，这时候我们就需要借助放大镜或者显微镜观察。这些形状正是由晶体的构成方式决定的。

让含有晶体化学成分的液体混合物以非常慢的速度冷却，是获得晶体的一种方式。这种混合物本身可能就是液态的岩石，它出于某些原因变得很热，以至于熔化了。熔化了的岩石称为岩浆。如果温度降低，液体混合物中能够容纳的物质就会变少，因此新的固体就"生长"出来了。物理学的规则告诉我们：原子排列自己的最简单方式，就是规则的、重复的方式。

形成晶体还有另一种方式，即液体混合物中的液体有一部分变成气体。这种变化有时候发生得很缓慢，像一杯水慢慢变干一样，也有时候发生得很快，比如烧开水并产生水蒸气。

欣赏到漂亮的晶体，本身就是一件美好的事情。而且，化学知识还可以帮我们理解"晶体为什么如此美丽"，从而让这件很好的事情变得更好！

去寻宝吧！

这里列举了一些能找到晶体的地方。你能去找其中几个？

你家的冰箱或冷柜中

水的温度降低到凝固点以下，就会形成固体的冰晶体。

天然岩石或瓦片中的板岩

板岩是一种能当瓦片建材的岩石，它可以包含多种片状的二氧化硅晶体，这种晶体名叫云母。

天然岩石或建材中的砂岩

砂岩经常被用作建筑的石料，它包含浅色的二氧化硅晶体，这种晶体名叫石英。

石灰岩、天然的钟乳石和石笋

在洞穴里，你可以在锥状的钟乳石或者石笋中找到方解石，也就是碳酸钙晶体。

河边和海边

玛瑙是一种很漂亮的石英，你可以在河边或海边的砾石中找到它。

你家的盐瓶

食盐就是细小的氯化钠晶体颗粒。下面介绍的实验可以制造更大的食盐晶体。

你家的浴室

浴盐的主要成分是硫酸镁晶体，可以帮助人们在浴盆中放松下来。

天然岩石中的花岗岩、建筑石材以及一些厨房台面

花岗岩包含了有光泽的二氧化硅晶体，名叫长石。你可能会在郊外找到它。

关于晶体的酷炫知识

我们在地球表面上能找到的已知最古老的物质，是来自澳大利亚的44亿年前的锆石晶体。

人类已知的最大晶体是巨型石膏晶体，直径达1.8米，长度达11米，重量达55吨，位于墨西哥的奈卡水晶洞。

雪花也是水的晶体。

一些公司会制造巨大的硅晶体，重量差不多相当于2~3个成年人的体重。这些晶体最后会被制作成微小的电子芯片，用在计算机和手机中。

传说在1000年之前，北欧的维京人船员用一种叫"太阳石"的晶体在阴天确认太阳的位置，以帮助他们掌握方向。

试一试

培育一块食盐晶体

你需要

- 食盐——氯化钠
- 热水
- 干净、透明的玻璃容器
- 细绳
- 搅拌用的勺子

步骤

1 将开水倒进玻璃罐
寻求成年人帮助：将勺子放进玻璃罐中预防其炸裂，然后倒入开水。

2 加入食盐
寻求成年人帮助：往水里加入食盐并搅拌，持续一边加盐一边搅拌的动作，注意不要触摸发烫的玻璃罐。

3 让盐水饱和
寻求成年人帮助：当食盐晶体在容器底部堆积起剩余的时候，停止加盐。依然注意不要摸到发烫的玻璃罐。

4 悬挂细线
将细线系在勺子上，然后把勺子平放在玻璃罐口，让细线垂挂浸入盐水中。

5 保持不动，等待生长
将玻璃罐放在安全的地方，第二天再来看。此后每天都可以来看，观察发生了什么。

你学到了什么？

热水可以溶解食盐，让钠离子和氯离子散布在水分子之间。当混合物冷却、一部分水变成气体蒸发后，离子就会在细绳附近重新结成晶体。你也可以用明矾代替食盐来做这个实验。

合金：如何让金属变得更有用

找一件金属的东西来看看——它可能包含了不止一种元素，而是两种或更多种的金属元素混合在一起的，还有可能是由一种金属和一种非金属混合在一起的。这些都叫作合金。合金可以让金属材料更多样、更有用。

你可能听说过一种很强的合金：钢。它通常由铁和碳制成，我们可以把它用在很多地方。从饮料罐到平底锅，都可以用钢制成。我们还用不锈钢制造刀叉，而不锈钢是混合了铁、碳和铬的合金。牙医使用汞、银、锡、铜的合金作为牙齿填充物。青铜是人们早期就开始使用的合金，它混合了铜和锡。但即便在青铜之前也不是没有合金，因为有些合金是来自太空的，陨石就含有铁与其他元素的混合物，陨石也是一种合金。

与水之类的物质不同，合金中的原子大多不是靠化学键连接的，它们只是并排靠在一起罢了。要像这样把不同的金属原子混合在一起，必须将至少一种金属熔化——由于这通常只能发生在高温下，所以合金很难制造。但人们仍在不断想办法制造合金，因为合金的性能可以比未经混合的金属更好。

金属以单质形式存在的时候，通常都相当软。这是因为同种金属原子之间很容易发生滑移。如果想用金属来做锤子或刀具之类的耐磨工具，那么这种性质就是我们要避免的。而把不同大小的原子混合在一起，就可以有效阻止滑移，因为较小的原子不能轻易地绕过较大的原子，而是会插入较大原子之间的缝隙里。

我们通常认为金属都是非常坚固的，但这种认识其实有很大的问题。人们喜欢利用的这种混合物——合金，才是最强韧的东西！

怎样才能回收金属

物资回收者是怎么区分不同合金的？

你需要

- 一些金属制成的食物或饮料罐、一些硬币
- 其他金属物体、一块磁铁
- 台秤、量杯

步骤

1 这些金属是能被磁铁吸引的吗？
将磁铁靠近不同的金属物体。如果磁铁吸上去了，表明它可能是铁的合金，也许是钢。

2 称重量
称量一个金属物体的重量，把数字记下来，一般以克为单位。将这个数字记作A。

3 在量杯中装水
给量杯中装上一些水，记下来装了多少毫升的水。将这个数字记作B。

4 把物体放进量杯
把一个金属物体放进量杯，记下水和物体总共占的毫升数。将这个数字记作C。

5 算一算
从数字C里面减去数字B，然后将答案除以数字A。得到的最后结果记作数字D。

6 重复测试不同物体
对于不同物体，重复步骤2至5。比较一下它们得到的数字D有什么不同。

你学到了什么？

回收者需要知道，各种东西是由什么物质制成的。我们可以利用合金的性质来研究这个问题。其中一种方法是测试它们是否有磁性，比如钢铁就是有磁性的。另外一种方法是测量一块特定体积的合金有多重，这叫作它的密度，也就是这里的数字D。

大数据

4500
大概这么多年之前，人们就开始制造最早的合金，也就是青铜了。它是由铜和锡混合得到的。

20 亿
在2019年，全世界一共生产了大概这么多吨的钢。

30 亿
英国的皇家造币厂每年用合金制造至少这么多的硬币。

1 亿
全美国的牙医每年至少要补这么多颗牙，这会用到汞合金。

单词搜寻

在下面的表格里，你能找出哪些用合金制成的日常物品？

```
A P A N S T Q N M W X O C
F J D R I N K C A N S W H
I W E S T O X O I H P R A
L O L I D X W I Q A L O M
L B T H Y F G N U C L T M
I H D U J H J S I O V L E
N L G Q R H K A D E E B R
G Q I K C P A N C H N O S
S N I V E S A T U R E Y G
K S K M F K M K N I V E S
P J W N N H F Y I R G N S
```

答案：DRINKSCANS（饮料罐）；COINS（硬币）；KNIVES（刀）；PANS（平底煎锅）；FILLINGS（补牙填料）；HAMMERS（锤子）。

小测验

关于合金，你了解多少知识？

1. 哪种合金被用来制造刀叉？

_____

2. 在来自太空的陨石中，你可能会发现哪种合金？

_____

3. 青铜是由什么制成的？

_____

4. 要制造合金，你需要做什么？

_____

5. 为什么纯金属一般比合金更软？

_____

方块拼图

这个垃圾桶是用金属制成的。利用下面的方框，把左边的图片排好，画进来。

B2   C1   A1
C3   A2   B3
B1   A3   C2

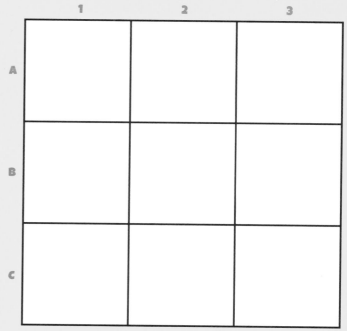

	1	2	3
A			
B			
C			

水：
日常的奇迹

只要你感受过口渴，你就会知道水是多么重要。它是所有饮料的主要成分，我们需要它来维持生命。这似乎已经足够重要了，但水还有很多别的重要意义，即使它只是这么简单的一种化合物。每个水分子中，有2个氢原子和1个氧原子连接在一起，所以水的化学式是H_2O。然而，这也正好说明它为何非常特别。

有意思的是，水的重要性，缘于氧原子对电子非常贪婪。在水分子的化学键中，氧原子很乐意与氢原子共享中间的电子，但其实，被共享的电子在大多数时候都离氧原子更近一些。这使得水有点像"小磁铁"。

磁铁在其周围产生的磁力，通常会使它们按某种方向整齐排列。你可能会发现，磁铁在某些方向上会吸在一起，而在相反方向上会强烈地相互排斥。水分子之间也是这样，而且水分子对其他化学物质的离子和分子也会有类似的作用。这就是为

什么有些东西在与水混合之后看上去消失了（我们称这个现象为溶解）：水中的电子表现出类似小磁铁的性质，这让它可以"抓住"其他某些化学物质，只要那些物质也有点像小磁铁就行。水就是以这种方式，在我们体内携带了许多重要化学物质的。

当水冻结成固体时，也会发生一些特殊的事情。在冰里，所有的水分子"小磁铁"都对齐成一条线，这就解释了冰为什么可以形成一个完美的立方体。这个原理还导致冰可以在水上漂浮，这算是一件不寻常的事——大部分物质的固体形式，都会在其自身的液体形式中下沉到底部。

我们都知道水是如此重要，可奇怪的是，我们却常常忽视它。我们只是啜饮一小口水，然后继续我们的生活。所以，下次喝水的时候，请你花点时间——至少几秒——来体会一下这日常的奇迹吧。

地球的海洋
地球有超过一半的表面都被水覆盖，其中绝大部分是海洋。

彗星
我们有时候能看到像扫帚一样从太空中飞过的彗星，它们的成分大多数是冻住的水。

你为什么应该喝水！
我们的身体出汗降温时，会丢失水分。我们小便的时候也会以排出水分为代价，带走身体中的废弃物。所以我们需要喝更多的水，来补充流失掉的水分。

北极和南极的冰川
地球上除了海洋之外的水，绝大多数都凝固在北极和南极的冰川里。

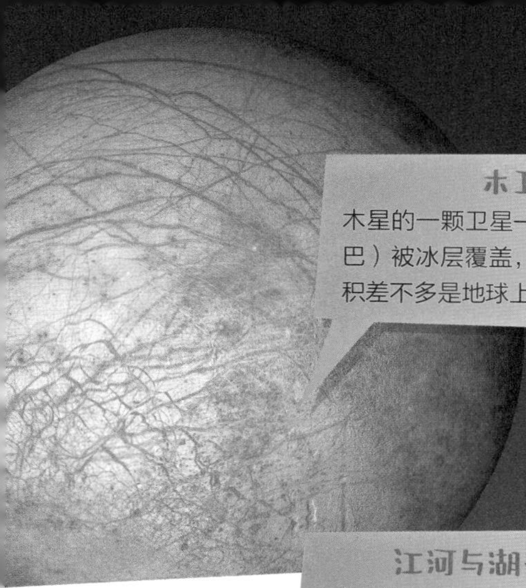

木卫二

木星的一颗卫星——木卫二（欧罗巴）被冰层覆盖，它拥有的水的体积差不多是地球上液态水的2倍。

江河与湖泊

我们饮用的水来自江河湖泊里的水，但冰川和海洋中的水量至少是其165倍。

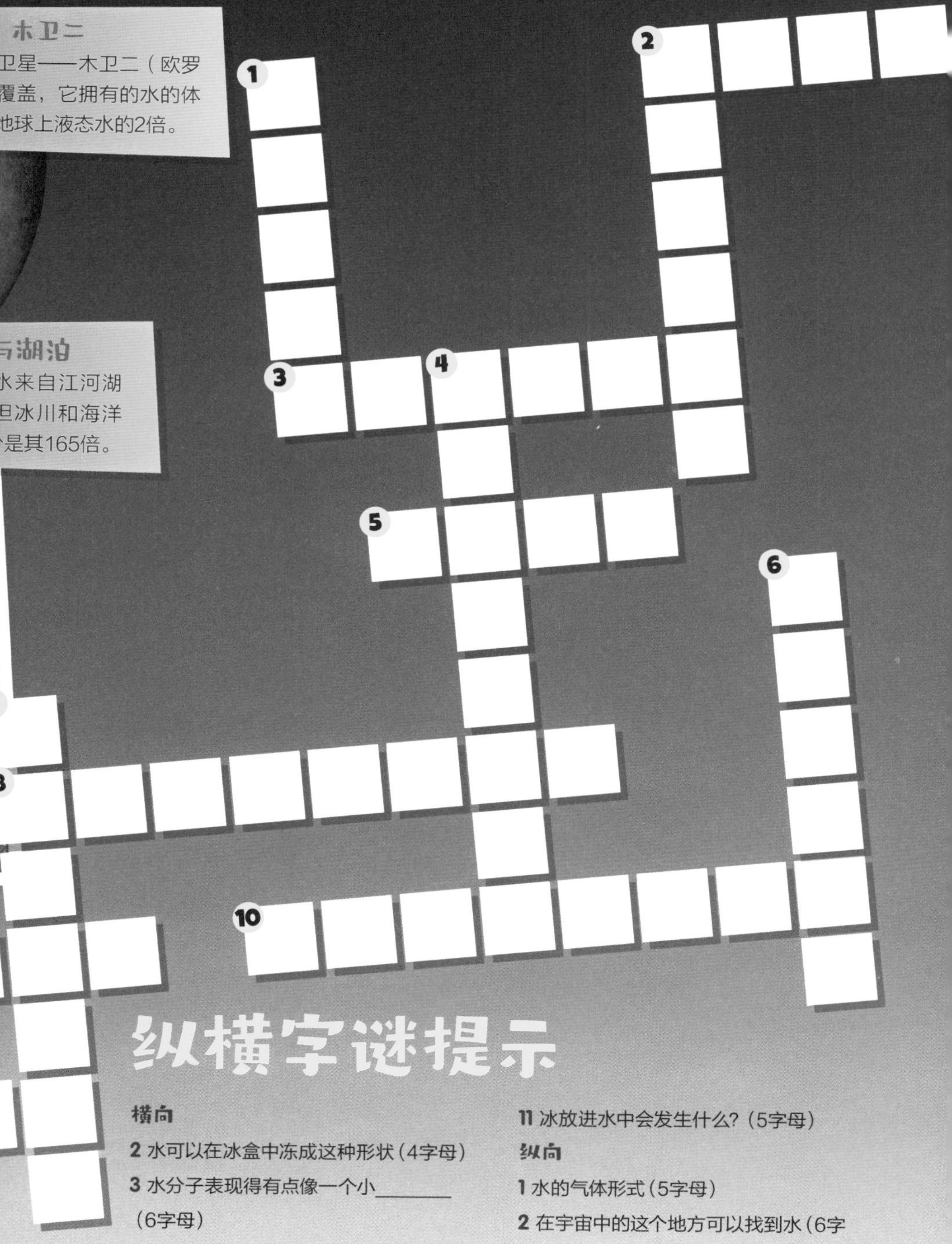

纵横字谜提示

横向

2 水可以在冰盒中冻成这种形状（4字母）

3 水分子表现得有点像一个小_____（6字母）

5 地球表面超过_____都覆盖着水（4字母）

8 在水分子里有两个这种原子（8字母）

9 你可以得到饮用水的地方之一（6字母）

10 当其他化学物质进入水中并"消失"，它们_____入水中（8字母）

11 冰放进水中会发生什么？（5字母）

纵向

1 水的气体形式（5字母）

2 在宇宙中的这个地方可以找到水（6字母）

4 地球上的水以冰的形式固定在这里（8字母）

6 水分子里对电子更贪婪的那种元素（6字母）

7 你什么时候会喝水？（7字母）

为什么水尝不出任何味道？

实际上，水也能触发我们舌头上的味蕾，引起一点点感觉，所以你其实也可以尝到它。但是"味"除了包括尝到的味道，也包括闻到的气味，而水闻起来更没有什么气味。

试一试

请和你的朋友或家人讨论讨论，为什么水对地球上的生命如此重要。

答案：横向：CUBE（立方体）；MAGNET（磁铁）；HALF（一半）；HYDROGEN（氢）；RIVERS（河）；DISSOLVE（溶解）；FLOAT（漂浮）。纵向：STEAM（蒸汽）；COMETS（彗星）；GLACIERS（冰川）；OXYGEN（氧）；THIRSTY（口渴）。

酸和碱：把水一分为二

你最近喝了什么？除非是白水，否则你喝掉的东西可能是一场"化学大战"的结果。这些"战斗"把饮料分成了两个阵营，根据"战斗"的结局，你喝的饮料应该变成以下两种物质之一：酸或者碱。比如，橙汁是酸性的，而牛奶是碱性的。这中间到底发生了什么事呢？

你现在已经知道，水的化学式是H_2O。记住，这意味着一个水分子是由2个氢原子、1个氧原子组成的。而放入水中的化学物质，会把水分成两种离子：一种只有1个氢，另一种则是1个氢和1个氧。这两种离子结合时，它们就再次形成水。

水中如果有其他的化合物，就会影响这些离子之间的平衡：当氢离子较多时，液体呈酸性；当以氢和氧组成的那种离子更多时，液体呈碱性。纯净的水本身既不是酸性的，也不是碱性的——我们称之为中性。酸和碱通常是液体，但也不一定要有太多液体。

我们用"pH值"来衡量酸性的大小。pH值与氢离子的含量有关：氢离子越多，pH值越低，这意味着液体的酸性越强；而在pH值越高的时候，则那种由氢和氧组成的离子越多，这意味着液体的碱性越强。

多数情况中，我们很难见到这场战斗能以平局收场——液体通常要么是酸性，要么是碱性。现在，你可以知道在每场"战斗"中是哪一方获胜了！

柠檬汁
柠檬的汁水里含有大量的柠檬酸，这让柠檬汁成了一种天然的强酸性溶液，也使得柠檬吃起来是酸味的。人们有时会用柠檬汁来清洁物品。

番茄汁
番茄是一种包含一些天然酸性化合物的食物。它的中等强度酸性让我们感到一股浓烈的酸甜风味。

黑咖啡
食物和饮料中存在着多种多样的化合物，所以经常呈现酸性或碱性，这是人们可以品尝出来，并且可能还有所偏爱的。咖啡里面也存在一些酸性化合物。

蒸馏水
如果把酸和碱放在一起，让它们通过反应来"中和"，它们就会形成水。所以，不含任何酸和碱的水就是完全中性的。

胃酸　柠檬汁　苹果汁　番茄汁　黑咖啡　牛奶　纯

胃酸
我们的胃里面有一种强酸，它叫胃酸。它能帮我们把吃下去的食物分解掉。但是，胃酸过多也会让人感到胃部难受。

橙汁
你如果找来一个橙子并切开它，大概就能感受橙汁那种中等强度的酸性了。这种酸性也来自柠檬酸，在柠檬里也很常见。

尿液
你可以叫它"小便"，但它在科学上的名字就是"尿液"！如果你吃了肉，那么尿液通常会有点酸性，尿的酸碱度也常会因为吃了不同的东西而有所改变。

1 2 3 4

酸性 ←

中

当它是……的时候，意味着什么？

酸性
液体中含有酸性物质，就意味着含有大量的氢离子。这种物质要么是直接往水中加入氢离子形成的，要么就是有什么过程把水分子分开了。

碱性
液体中含有碱性物质，就意味着里面有大量由一个氢原子和一个氧原子构成的离子。

小苏打

小苏打是一种弱碱，经常用在点心烘焙中。它在分解的时候，或者与酸发生反应的时候会释放出气体，这种特性非常有用（用来"发面"）。

肥皂水

虽然碱可以帮我们把脏东西分解掉，但它在肥皂的去污功能里并不是最主要的。肥皂呈碱性，是由它的生产过程决定的。

氨水

氨是一种由氮和氢组成的重要化合物。它也是一种比较强的碱，可以用来清洁东西。但是为了安全起见，使用的时候一定要开窗通风。

漂白剂

在很多清洁橱柜中都能找到漂白剂。漂白剂是一种强碱，pH值很高。它可以和大多数物质很快地发生反应，这意味着它能分解脏东西，但是也能伤到人。

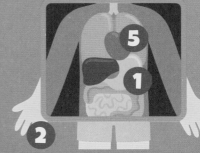

Baking soda

Ammonia solution

BLEACH

小苏打　　肥皂水　　氨水　　漂白剂　　碱的浓溶液

海水

海水有一点点碱性，因为它不断侵蚀那些碱性的碳酸盐岩石。有的海洋生物会需要这种碳酸盐来构成自己的外壳，比如牡蛎。

镁乳

镁乳是由镁、氢、氧3种元素组成的化合物。当人们胃酸过多的时候，就把它当作一种碱吃下去，用来减少胃酸。

13　14

➡ 碱性

你身体中的酸和碱

1. 胃
提示：食物在我这里分解
酸性或碱性：酸性

2. 皮肤
提示：我让你的身体内外分明
酸性或碱性：酸性

3. 嘴
提示：食物从我这里进去
酸性或碱性：碱性

4. 鼻子
提示：你用我来打喷嚏
酸性或碱性：酸性

5. 血液
提示：我是一种红色的液体
酸性或碱性：碱性

6. 耳朵
提示：你用我来听
酸性或碱性：酸性

关于酸和碱的酷炫知识

有一种强酸叫王水，它厉害到可以溶解金和铂

超强酸和超强碱可以用来进行不寻常的化学反应——其中一种叫作"魔酸"（氟锑磺酸）

人们最早在700多年前就制造出了氢氧化钠，这可是一种超强的碱

氢氧化钠是一种碱，可以与水反应并将水分子完全分离开来，所以也能被用来干燥东西

有些强酸中的化学物质可以从液体中挥发出来，形成危险的酸雾

中性

氢离子的数量，正好完美地等于那种由氢原子和氧原子构成的离子数量，它们反应生成了水。

试一试

阅读这一页，然后在3分钟的时间内默写一下你还记得哪些东西。不允许偷看！

盐类和肥皂：酸和碱的孩子

酸和碱真是一对奇怪的"夫妻"：它们是唱反调的，但只要结合在一起，就又平衡了。它们的离子聚集在一起，会产生我们赖以生存的水，但同时也可以制造出其他东西。它们结合之后，除去形成水的那一部分，剩下的离子会聚集在一起成为盐类。所以我们也可以说，盐类就是酸和碱这对"夫妻"的"孩子"，它们几乎和水一样重要！

以盐酸这样的强酸为例。我们可以让它与氢氧化钠等强碱发生化学反应。盐酸是氯化氢的水溶液，氢离子的那部分会和氢氧化物的那部分一起形成水，剩下的就是钠和氯——是的，那就是氯化钠，是我们放在食物里的食盐！氯化钠是一种化合物，它由钠和氯两种元素组成。所有的盐类也都是化合物。

跟大多数盐类物质一样，钠离子和氯离子也会整齐地堆叠在一起，形成规则的晶体。这些晶体通常是坚硬而又易碎的固体，在温度很高的时候才会熔化。你可能已经知道，食盐也会在水中溶解。事实上，就是氯化钠让海水变得很咸！其他盐类物质的味道会很不同，而且从它们的组成来看，有些盐很危险，绝对不能用舌头去尝。

有一些种类的盐不易碎，这里以肥皂为例。制造肥皂要用碱液，这种碱液中就含有极强也极危险的碱——氢氧化钠。此外还需要使用脂肪酸，它可以来自植物或动物的脂肪，而且会吸引其他脂肪类的物质。作为一种盐，肥皂是可以溶于水的。脂肪和水通常不会融合，但是，肥皂是一种一半是脂肪、一半是盐类的东西，因此它可以清除我们皮肤、衣服或脏盘子上的脂肪污渍。

所以很明显，当酸和碱这样相反的东西结合在一起时，有可能做出一些很厉害的事情！

寻找盐类

你可以在日常生活中找到这些盐类

一块肥皂
盐：硬脂酸钠

食盐
盐：氯化钠

浴盐
盐：硫酸镁

小苏打
盐：碳酸氢钠

除臭剂
盐：水合氯化铝

花园肥料
盐：硝酸铵，硫酸铵，磷酸铵，硝酸钾

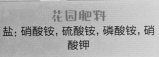

哪条线连接了哪种盐类或者肥皂？

关于盐类和肥皂的酷炫知识

在古罗马，盐是非常珍贵的东西，士兵甚至用它来换别的东西。

肥皂至少被使用了4700多年了。古埃及人使用的一种物质就跟我们现在的肥皂差不多。

2013年，美国航天局的"凤凰号"火星车在火星表面发现了高氯酸钙这种盐——它在地球的土壤中是不存在的。

在我们的身体中，盐类会帮助细胞之间传递消息。这也解释了我们为什么要吃盐。

有些盐在遇到水之后会改变颜色，人们利用这种性质来判断某种东西够不够干燥。

试一试
把你的玩具铸进肥皂里！

你需要

- 硅胶模具。下面的配方可以填充大概12个小模具，所以你可能不需要太多模具。而如果你的模具比较少的话，可以少用一些皂基。
- 皂基
- 食用色素（可选）
- 类似薰衣草或者橘子香味的精油（可选）
- 小玩具
- 玻璃罐

步骤

1 将皂基切成小块
寻求成年人帮助：把皂基切成小块，放到玻璃罐里，这样能熔化得更快。

2 将皂基熔化
寻求成年人帮助：把玻璃罐加热，既可以把它放进微波炉里，也可以放在装着水的锅里隔水加热。

3 加入颜色和香味
可选：在熔化的皂基里加入两滴食用色素，再加几滴各种香味的精油，混合均匀。

4 填入模具
寻求成年人帮助：把小玩具放在模具里，然后把熔化的皂基倒进去。

5 等待硬化
把模具放在安全的地方，然后等待几个小时。当肥皂硬化了，就可以用啦！

你学到了什么？

为了制造肥皂，人们会让酸和碱发生反应。酸来自脂肪，而碱通常是氢氧化钠这类强碱构成的碱液，这是一种很强的碱，非常危险。不过，在熔化并倾倒皂基的时候，酸和碱的反应早已经发生完了，因此你不必面临上述这种风险。

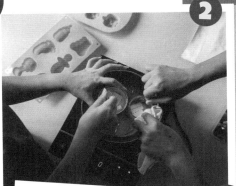

寻找更多的化合物和混合物

就像元素和物质一样，化合物和混合物也无处不在！元素是我们制造化合物和混合物的"积木块"，元素的原子就像小机器人，在物理定律的指导下结合在一起，形成化合物或混合物；混合物可以通过扩散的方式分离开来，或者漂移到一起；物质在混合物中可以发生溶解的现象，变得好像消失了一样；原子可以通过化学键紧密地结合在一起，形成化合物……这些性质中的每一项，都可以在许多方面发挥作用。化合物和混合物可以用来做很多事情，以至于有些科学家终其一生都在思考它们。

我们已经讨论了很多复杂的化学问题，如果你没有全部看明白，那也没关系。在剩下的部分，我们会介绍许多实验，它们会用到前面讲过的这些概念，这应该会对你的理解有所帮助。今后，你也会逐渐在生活中的其他事务里发现这些概念。而从你在这本书里学到的内容出发，还可以提出很多其他概念。未来的科学家也会从这些知识中发展出更多全新的想法——说不定，其中一个好点子就是你想出来的！

试一试

你学到了些什么?

请再通读一遍这个章节，然后合上书。想想这一页中提到的各个概念，把你能记住的那些全都写下来。你有5分钟的时间，所以要自己计时！

晶体

这些可以在岩石中找到。跟一位朋友或家人一起去搜寻它们吧！

小测验

关于化合物和混合物，你知道哪些知识?

是什么让化合物中的原子结合在一起?

A. 魔法
B. 化学键
C. 万有引力

盐被放进水里混合之后，会发生什么?

A. 爆炸
B. 飞翔
C. 溶解

下面哪种是合金?

A. 铁
B. 钢
C. 洋葱

哪种化合物的化学式是 H_2O?

A. 水
B. 氯化钠
C. 硫酸铅

下面哪个选项是一种能在很多不同类型的岩石里找到的晶体?

A. 石英
B. 石墨烯
C. 阿司匹林

一些东西混合很均匀，被称作是

A. 优质的
B. 均质的
C. 非均质的

答案: B; C; B; A; A; B.

涂涂颜色！

图中有些人正在从事关于化学的工作，将他们涂上颜色吧。请问他们正在做什么？

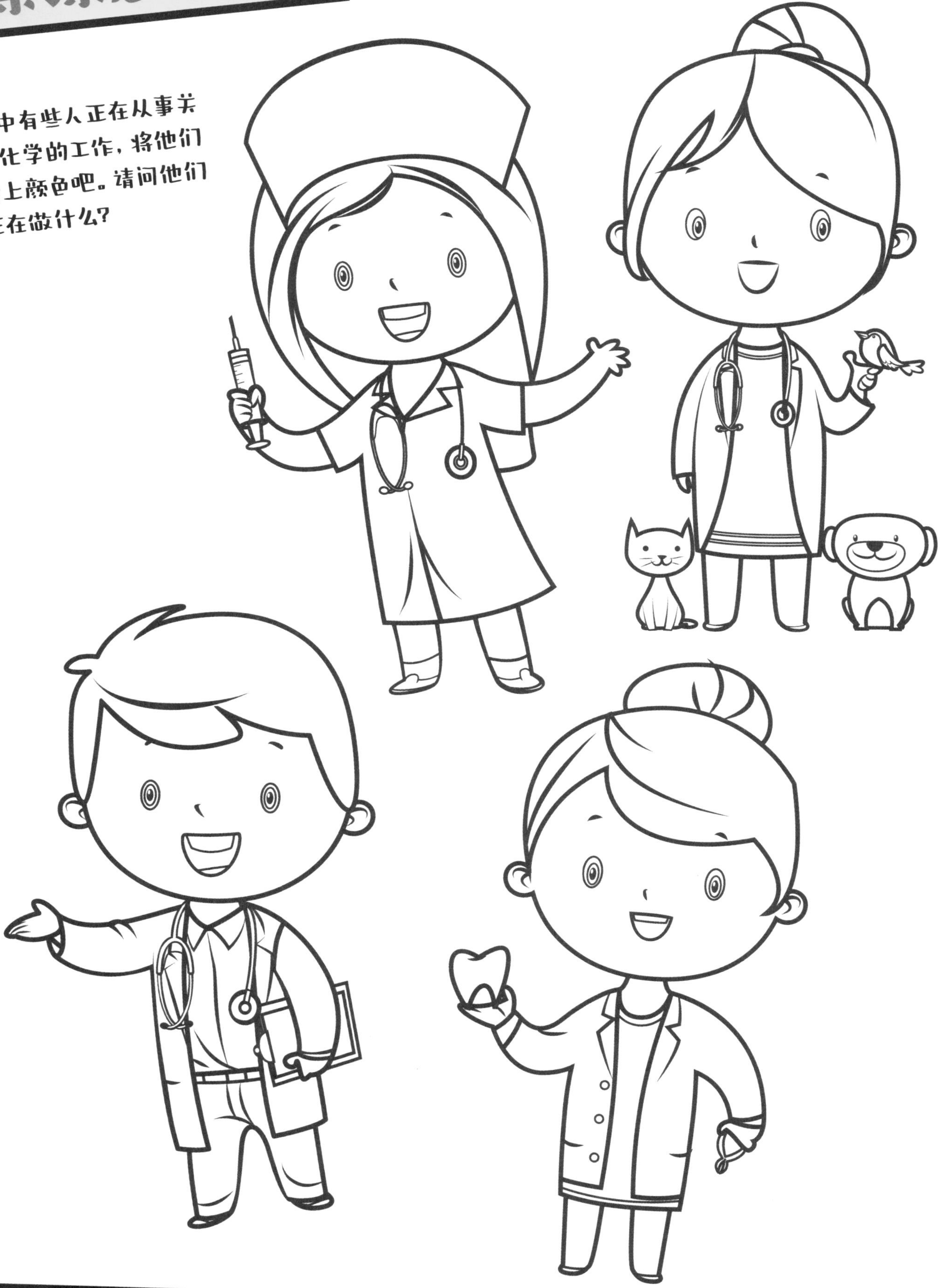

答案：（从上至下，从左至右）护士；兽医；医生；牙医。

化合物和混合物：头脑大风暴

在化合物和混合物中，各种元素都混在了一起。你解完这些题目之后，头脑是不是也会变得混乱呢？

从五角星开始，根据下面的算式来移动，收集所有的宝石。

收集晶体

1. 向上移动3 + 4 =
2. 向左移动8 - 5 =
3. 向下移动10 - 5 =
4. 向左移动4 - 2 =
5. 向上移动9 - 3 =
6. 向右移动4 + 6 =
7. 向下移动9 - 2 =
8. 向左移动3 - 1 =
9. 向上移动4 + 2 =
10. 向左移动9 - 8 =

单词接龙

针对每一条提示，填入一个合适的单词，且使得下一个单词的开头字母正好是上一个单词的末尾字母。所有单词都应该是与混合物相关的！

这里应该填什么：海水是氯化 ▢ 在水中的混合物。

合金里面至少要包含一种 ▢ 元素。

你可以通过离心法把固体和 ▢ 分开。

当你把盐和水混合，它 ▢ 。

当你把海水煮沸时，水会变成 ▢ 。

18

单词大转盘

给自己计时，看看你能在这个大转盘里找出多少个与"化合物和混合物"相关的单词。跟你的朋友、家人比比看，谁找得更多？

单词数独

规则跟普通的数独一样，只是这里要用字母！请记住，你只能从 A、B、C、D、E、F、G、H、I 这几个字母里挑选，而且在全部 9 行、9 列以及 9 个小方格里，每个字母都能且只能用一次。

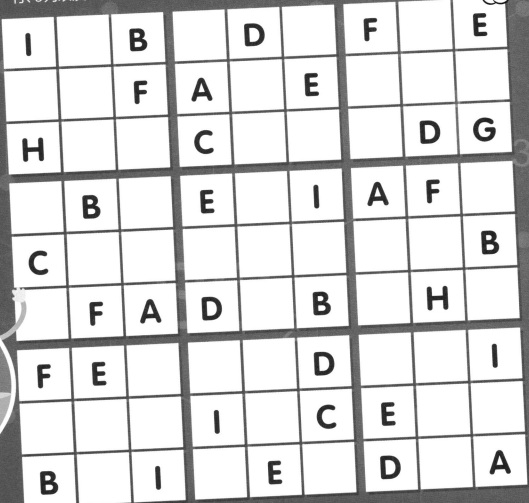

I		B		D		F		E
	F	A		E				
H			C				D	G
	B		E		I	A	F	
C								B
	F	A	D		B		H	
F	E				D			I
			I		C	E		
B		I		E		D		A

你能解出下面这两个幻方吗? 记住, 你只能使用1到9的数字各一次, 每行、每列、每个对角线内的数字总和都要相等。

		8
9		1
	7	

	9	
3		
8		6

纵横字谜

下面是一些这一章中出现过的化合物和混合物的名称, 你能将它们填入纵横字谜吗?

WATER (水)

CARBON DIOXIDE (二氧化碳)

SODIUM CHLORIDE (氯化钠)

STEEL (钢)

BRONZE (青铜)

BORON TRIBROMIDE (三溴化硼)

MAGNESIUM SULPHATE (硫酸镁)

试一试

猜猜是什么晶体!

你可能注意到了, 在纵横字谜中, 有些方格是黄色的。把这些字母找出来, 重新整理顺序, 你就能得到一种晶体的名字。它是一种由碳酸钙形成的、让人印象深刻的锥形晶体。

写在这里: _ _ _ _ _ A _ _ IT _

答案 STALACTITE (钟乳石)。

完成下面的句子

当一种酸和一种_____相遇，就会变成_____和一种_____。

从中选择　　碱　　　盐　　　水

制造肥皂时，你需要使用_____，其中包含了一种_____的碱叫作_____化钠。

从中选择　　　氢氧　　　碱液　　　危险

晶体是由_____形成_____样式的一种_____。

从中选择　　　重复　　　原子　　　物质

水是由3个_____构成，其中有2个_____和1个_____。

从中选择　　　氢　　　氧　　　原子

我们用一种叫pH值的标准来衡量_____，它是由_____ _____的多少所决定的。

从中选择　　酸碱性　　　离子　　　氢

化合物是由超过一种的不同_____的_____通过化学_____连接起来的物质。

从中选择　　　键　　　原子　　　元素

钢是一种由_____和_____制成的合金，若想生产不锈钢，还需要添加_____。

从中选择　　　铬　　　铁　　　碳

扩散过程在_____中进行得很快，因为它们的_____移动得_____。

从中选择　　　粒子　　　气体　　　快

过滤是一种让混合物通过_____来分离不同物质的方法，可以从_____中分离_____。

从中选择　　　液体　　　滤纸　　　固体

在汽水中，二氧化_____溶解在水一样的_____中。

从中选择　　　气体　　　液体　　　碳

ESBA
A ----------------------------------

RAWET
A ----------------------------------

TOUSLE
A ----------------------------------

ERIXTIM
A ----------------------------------

SIDELVOS
A ----------------------------------

YOTGAPCMHOHRAR
A ----------------------------------

酸素：BASE（碱）；WATER（水）；SOLUTE（溶质）；MIXTURE（混合物）；DISSOLVE（溶解）；CHROMATOGRAPHY（色谱法）。

可以在家尝试的实验

接下来的几页中有很多小实验。我们尽量把实验说明写得简单一些。在开始实验之前，请先猜猜实验的现象和结果，并且写下来。等你完成实验之后，再将你写下的内容与实际情况做个比较。

实验不仅很重要，而且常常很有趣。触摸、移动甚至制造各种东西，都会令人愉悦。但请注意，有时它们也可能让人失望。实验很可能失败，尤其是对已经成年的科学家来说，他们测试自己的新想法时更是经常如此。你必须非常小心，每一步都要做得恰到好处，而即使这样，实验仍可能没有效果，因为还会有其他问题存在。我们希望你做实验时都能一次成功，但如果不能，没关系，这正是科学的常态。遇到问题反而是个机会，它会促使你动脑思考：怎样才能让实验顺利进行下去。

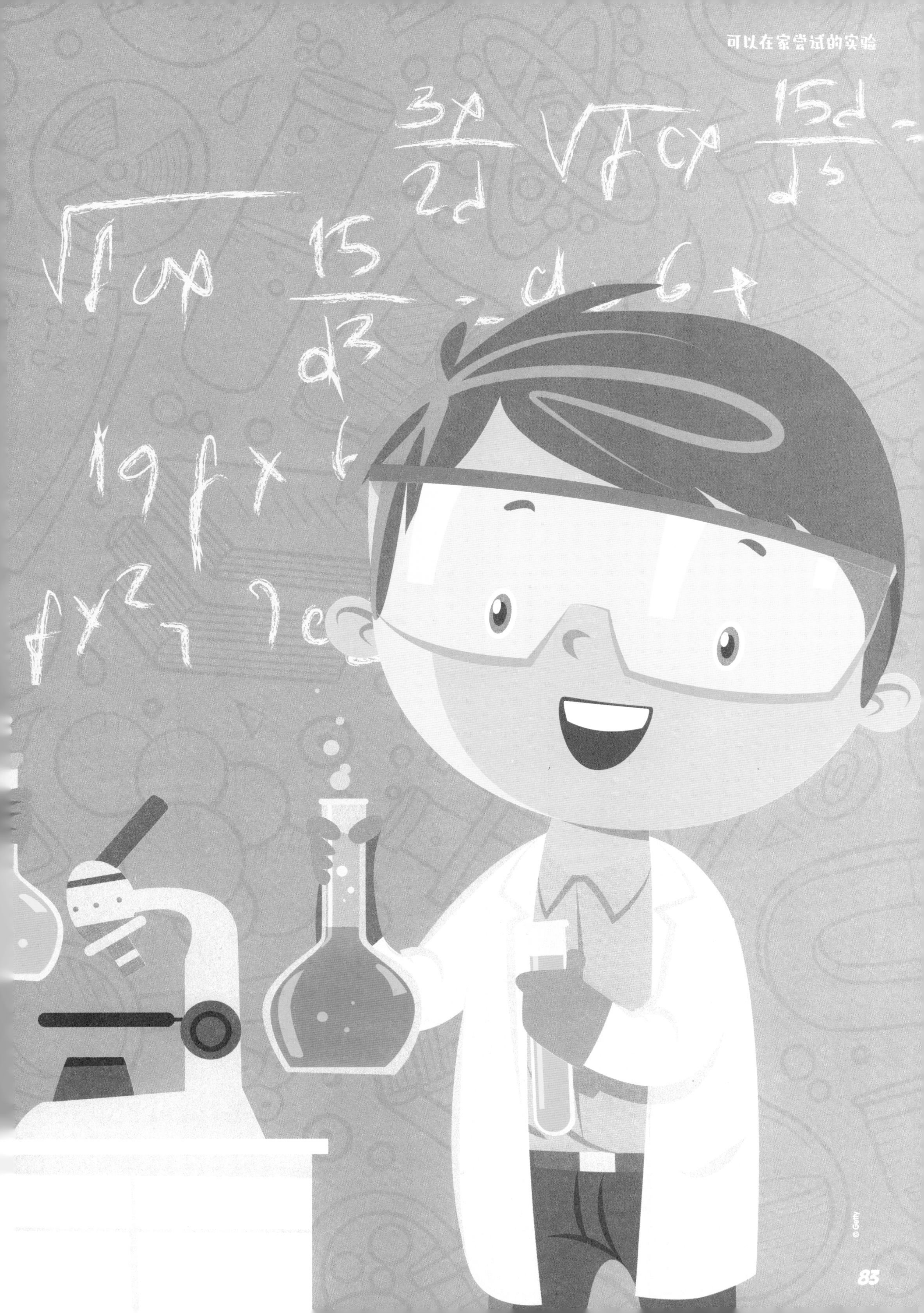

可以品尝的实验

食醋和苏打的爆炸

你需要

- 塑料自封袋
- 足够的食醋
- 小苏打（碳酸氢钠）
- 玻璃杯或马克杯
- 汤匙

步骤

1. 去室外：这是一个会让场面"乱成一片"的实验，所以一定要去室外做。
2. 检查自封袋：确认自封袋没有任何裂缝或破洞。
3. 在容器中加入食醋：在玻璃杯或马克杯中装满食醋。
4. 倒进袋子里：将食醋从杯子里倒进自封袋中。
5. 把袋子放下：将自封袋放在地上。
6. 加入小苏打：在自封袋中加入满满一勺小苏打，然后快速封上口袋，封得越紧越好。
7. 退到安全的地方：迅速远离自封袋，观察接下来的现象。

你学到了什么？

正如我们在蜡烛熄灭实验中展示的那样，在食醋中加入碳酸氢钠会产生二氧化碳气体。在这里，自封袋中会逐渐积累气体，如果积累太多，自封袋最终会突然炸开！

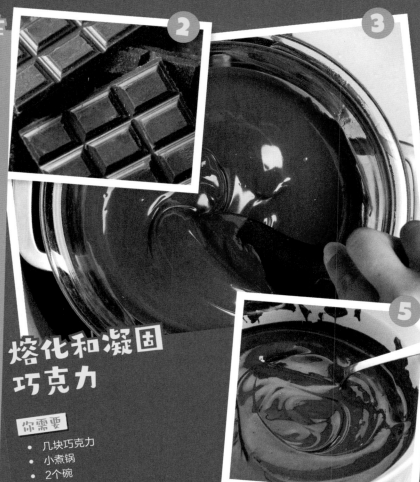

熔化和凝固巧克力

你需要

- 几块巧克力
- 小煮锅
- 2个碗
- 水

步骤

1. 把水加热：将水放进煮锅里，然后放在炉子上，但是这时先别加热。
2. 把巧克力放进碗里：把巧克力掰成小块，放进碗里，然后把碗放到锅里。注意不要让水和巧克力混合了。
3. 把巧克力加热：现在，在成年人的帮助下，用炉子来加热锅里的水，然后利用水的温度来加热碗，以及碗里的巧克力。
4. 在巧克力熔化之后停止加热：当巧克力熔化了，关掉炉子，让它冷却。
5. 把巧克力分成两份：把一半的巧克力放进另一个碗里，然后放进冰箱。等待两个碗里的巧克力都变回固体。
6. 尝一尝巧克力：当两个碗里的巧克力都完全凝固了，分别看看、摸摸、尝尝它们，注意一下都有什么不同。

你学到了什么？

炉子提供的热量能够让巧克力里的分子不再紧密相连，从而熔化成液体。当它冷却的时候，巧克力里的分子会重新互相牵手，凝成固体。但与快速凝固相比，分子之间在缓慢凝固时有更多的机会归位。

蜡烛的灭火器

③

你需要

- 小圆蜡烛
- 茶匙
- 小碗
- 食醋
- 火柴或打火机，用来点燃蜡烛
- 小苏打（碳酸氢钠）

步骤

1. **安放蜡烛**：把小圆蜡烛放在碗的正中间。
2. **加入小苏打**：用汤匙把小苏打撒在碗里小圆蜡烛的周围。
3. **点燃蜡烛**：在成年人的帮助下，用火柴点燃小圆蜡烛。
4. **加入食醋**：往小苏打上缓慢地加入食醋。小心不要碰到火焰，观察发生了什么。

你学到了什么？

往碳酸氢钠上面加食醋会产生二氧化碳气体。二氧化碳气体比空气重，所以会待在碗底。但是火焰需要空气才能燃烧，当二氧化碳"淹没"火焰，赶走了空气的时候，蜡烛就熄灭了。

紫甘蓝汁指示剂

你需要

- 小煮锅
- 大玻璃瓶
- 4个小玻璃瓶
- 紫甘蓝，切成小片
- 待测的食醋、水、柠檬汁、小苏打（碳酸氢钠）

步骤

1. **煮沸紫甘蓝**：请求成年人帮助你将剁碎的紫甘蓝放煮锅里。将它完全用水淹没，然后煮沸15分钟。
2. **收集蔬菜水**：等锅里的水凉下来，把它过滤后转移到大玻璃瓶中，再加入一些水稀释一下。
3. **分装到不同瓶子**：将稀释后的紫甘蓝汁分装到4个小瓶子里。
4. **测试食醋**：滴加少量食醋到第一个装着紫甘蓝汁的小瓶子里，观察发生了什么。
5. **测试其他物质**：重复步骤4，每次分别用一小瓶新的紫甘蓝汁，来测试水、柠檬汁和小苏打。

你学到了什么？

紫甘蓝汁的颜色会根据物质的酸性、碱性和中性而发生改变。食醋和柠檬汁是酸性的，小苏打是碱性的，水是中性的。

培养一颗钟乳石

⑥

①

⑤

你需要

- 短毛线或细绳
- 温水
- 两枚回形针
- 盘子
- 勺子
- 2个玻璃瓶
- 小苏打（碳酸氢钠）

步骤

1. **在瓶子里装水**：在两个玻璃瓶里都装上温水。
2. **加入小苏打**：分别给两个瓶子加入小苏打，搅拌，直到其不再继续溶解。这样得到的溶液称作"饱和溶液"。
3. **增重细绳**：在细绳的两端分别系一枚回形针。
4. **悬挂细绳**：将细绳系着回形针的两端分别放进玻璃瓶中，让细绳的中段悬挂在两个瓶子的瓶口之间。
5. **承接液滴**：在两个玻璃瓶中间的细绳下方放一个盘子，以承接沿着细绳滴出来的溶液。
6. **让晶体生长**：把整套装置放在一个没人去碰的地方，等待一两周时间，观察发生了什么。

你学到了什么？

碳酸氢钠溶液会浸润细绳或毛线，沿着细绳流到中间。然后，溶液滴下来，有些碳酸氢钠会留在绳上，缓慢地形成晶体。晶体的形状取决于其中的原子如何结合在一起。类似的过程也会在洞穴中发生：当水缓慢地从洞顶上滴下，其残留物就会缓慢地形成钟乳石。

可以品尝的实验

制作你能吃的"玻璃"

你需要

- 烤盘
- 大号的煮锅
- 烹饪用温度计
- 380克糖霜（精白糖）
- 40毫升葡萄糖浆
- 60毫升水
- 一小撮塔塔粉
- 黄油
- 烘焙纸

步骤

1. **准备烤盘**：撕下一截大小合适的烘焙纸放进烤盘里，在烘焙纸表面擦一些黄油，以便后续脱模。
2. **混合调料**：称取糖霜、葡萄糖浆、水，加上塔塔粉一起放进大煮锅里。
3. **加热混合物**：请大人来帮忙，在炉子上缓慢加热这些混合糖到150℃。不要加热太快，以免它变焦。
4. **倒进烤盘**：请大人来帮忙，把混合糖倒进烤盘里。将它尽量铺展开，但小心不要直接碰到它！很烫！
5. **让"玻璃"冷却**：将混合物平放，冷却一个小时。然后你可以将它取出来，透过它来看到别的东西。
6. **打碎"玻璃"**：把它扔在烤盘上，让它碎掉。你可以吃掉这些碎屑了！吃剩下的记得放进冰箱。

你学到了什么？

糖类熔化时会从固体变成液体。冷却时，它会回到固体，但是固体的种类已经改变了，不再是以前那种小颗粒，而是整块透明的。这种状态叫作"无定型固体"，其中的原子并不是像通常的固体那样整齐排列的。

制作冰淇淋

你需要

- 茶巾
- 汤匙
- 玻璃杯
- 大碗
- 巧克力冲调粉
- 食盐
- 奶油
- 大量冰块
- 牛奶

步骤

1. **混合乳状物**：把一汤匙巧克力冲调粉、两汤匙牛奶和一汤匙奶油在玻璃杯里混合起来。
2. **充分搅拌**：用力认真搅拌混合物，让巧克力粉溶解。
3. **准备低温材料**：把冰块放进大碗里，然后在上面撒上很多食盐。
4. **放入玻璃杯**：把盛放冰淇淋混合物的玻璃杯放进碗里，搁在加盐的冰块上面。
5. **进一步制冷**：再在碗里多放几层冰块和盐，围绕在玻璃杯周围。
6. **盖上并等待**：用茶巾盖在碗上面，等它再冻一个小时。
7. **现在可以品尝**：拿开茶巾，取出玻璃杯。找一把勺子来尝尝自制的冰淇淋吧！

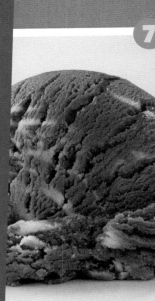

你学到了什么？

低温能够让液体变成固体。有意思的是，盐水的凝固温度要比纯水更低。在这个实验中，我们往冰块上撒盐，就是为了让它变得比平时还冷，这样可以为制作冰淇淋提供最好的环境，不需要冰箱也能把原料冻住！

神奇牛奶的爆炸色彩

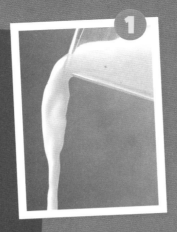

你需要

- 牛奶（或者豆奶、豆浆）
- 洗涤剂
- 棉签
- 棉球
- 4种食用色素
- 浅盘子或大口碗

步骤

1. **倒入牛奶**：在浅盘子或大口碗里倒入牛奶，不需要倒太深。
2. **加入颜色**：4种食用色素，每种在牛奶上滴加至少2滴。
3. **让颜色"炸开"**：用棉签蘸取一些洗涤剂，然后放在食用色素滴的旁边。
4. **形成"颜色的河流"**：在其他几种食用色素点的周围重复上一步，然后用棉签在这几个点之间环绕搅拌。

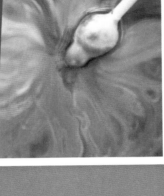

你学到了什么？

洗涤剂是一种类似肥皂的东西，一部分是盐，一部分是脂肪。牛奶里面也混合有脂肪。洗涤剂里的脂肪部分想要和牛奶中的脂肪分子混合：它们一开始混合得很快，像爆炸一样地移动；过一会儿就会慢下来，混合过程慢慢停止。

制作黄油

你需要

- 一盒高脂厚奶油，在室温下放置12~24小时
- 干净的小果酱罐，带盖子

步骤

1. **装入奶油并摇晃**：在果酱罐里装上一半的奶油。将盖子盖好，密封严实。使劲摇晃几分钟。
2. **等待发生变化**：当奶油不再粘挂玻璃表面时，观察里面的情况。如果还没有出现黄油，就继续摇。
3. **清洗黄油**：当黄油出现时，倒掉多余的液体。在瓶中加入一点冷水，然后轻轻摇晃。
4. **尝尝黄油**：倒掉水，加入更多的水然后再摇晃，再倒掉这些水，然后就可以把这些黄油抹在面包或者别的什么东西上尝尝了。

你学到了什么？

奶油是一种脂肪和水的混合物。脂肪在里面以小小团块的形式存在，就像小气球那样。使劲摇晃奶油会让这些气球爆裂，所有的脂肪随后会逐渐聚集，水被分离开。多加摇晃之后，脂肪就变成了黄油，接下来把水状混合物倒掉即可。

连成一串的糖果

你需要

- 微波炉
- 可微波加热的大玻璃容器
- 小玻璃容器，比如小玻璃罐
- 380克糖霜（精白糖）
- 235毫升水
- 食用色素
- 干净的细绳
- 铅笔
- 烘焙纸
- 勺子

步骤

1. **装填玻璃容器**：首先，将糖霜放进大玻璃容器中，然后加入水。充分搅拌！
2. **加热糖水**：请成年人帮忙，在微波炉里用高火力加热两分钟。取出来，搅拌，然后再加热两分钟。
3. **加入色素**：请成年人帮忙，在热糖水中加入几滴食用色素，搅拌均匀，然后倒进小容器里。
4. **倒出**：请成年人帮忙，将着了色的热糖水倒进小容器里。小心不要溅洒出来！它非常烫！
5. **准备细绳**：把细绳系在铅笔上，然后剪短到只比小玻璃罐短一点儿的长度。
6. **悬挂细绳**：请成年人帮忙，把铅笔横放在玻璃罐口，让细绳垂下去。放置一分钟。
7. **晾干细绳**：请成年人帮忙，把细绳取出，放在烘焙纸上，让它冷却到室温。
8. **再次放回细绳**：请成年人帮忙，把细绳放回糖水中。这次放进去的时候应该会更硬一些了。
9. **等待生长**：盖住它，然后放置起来，等待至少一周，再取出来放在烘焙纸上。学一学，然后尝一尝！

你学到了什么？

这个实验与熔化不同，它是关于溶解的。在这里，糖（溶质）溶解在了水（溶剂）中。水越热，越能溶解更多的糖；当水冷却，就不再能容纳这么多糖。多余的糖只能离开溶液，所以在细绳上结成了晶体。

酸和碱的实验

有美丽颜色的硬币

你需要
- 盘子
- 食醋
- 厨房卷纸
- 各种硬币

步骤
1. 给厨房卷纸倒上食醋：在盘子里放2张厨房卷纸，小心地把食醋倒在纸上。
2. 盖住"硬币"：放几枚不同的"硬币"在盘子中央，然后把它们夹在纸张中间。
3. 加入更多食醋：用食醋浸泡整张纸巾，然后放置24小时。拿开纸巾，看看"硬币"变成了什么样。

你学到了什么？
有些硬币都是含铜的，特别是色彩在橙与棕之间的那种硬币。在空气中，铜可以和酸反应。这个实验用的是食醋里的酸，它和铜在一起可以生成一种美丽而有趣的蓝绿色物质——铜绿，这种物质是由不同种类的铜盐混合而成的。

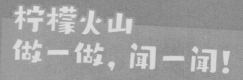

柠檬火山
做一做，闻一闻！

你需要
- 2个柠檬
- 小苏打
- 水彩画颜料或食用色素
- 棒棒糖的塑料棒
- 洗涤剂
- 托盘
- 杯子和勺子
- 小刀

步骤
1. 准备一个柠檬：请成年人帮忙切掉一个柠檬的底部，让它可以立起来，然后去掉它的果心。
2. 挤出柠檬汁：挤出另一个柠檬中的柠檬汁，装进杯子里，放在旁边备用。
3. 穿过正立的柠檬：把去了果心的那个柠檬放在托盘上，用一根棒棒糖的塑料棒穿进去，让柠檬汁留在里面。
4. 加入色素：把几滴食用色素或者水彩画颜料放入去心的柠檬中。
5. 加入洗涤剂：在柠檬里挤入一些洗涤剂。这步不是必需的，但可以让实验更好玩！
6. 让它冒泡：现在，把一勺小苏打放到柠檬里面。用塑料棒搅拌它。
7. 让反应继续：加入更多的原料让这座火山继续"喷发"——这就是那些备用柠檬汁的用处。

你学到了什么？
在这个反应中，柠檬汁里的柠檬酸与作为一种碱的小苏打（或叫碳酸氢钠）发生了反应。该反应会释放出二氧化碳气泡。在这个实验中，二氧化碳可以把洗涤剂吹出大泡泡，所以制造出了一座柠檬味的"泡沫火山"——它闻起来也很好闻呢！

溶解鸡蛋壳

你需要

- 生鸡蛋
- 食醋
- 干净的玻璃或塑料罐

步骤

1. 把鸡蛋浸泡在食醋中：将鸡蛋放进罐子里，然后用食醋完全浸没它。放着不动就行，但别忘了随时回来看！
2. 更换食醋：一天之后，把原来的食醋倒掉，换上新的食醋。
3. 放置一个星期：把它们放在一个不会被人碰到的地方，等待一个星期。每天观察鸡蛋壳发生了什么变化。
4. 倒掉食醋：一个星期之后，倒掉食醋，然后用水小心地润洗鸡蛋。轻轻地触摸一下它吧。

你学到了什么?

鸡蛋壳就和贝壳一样，是由碳酸钙组成的。作为一种碱，它可以和食醋里的酸发生反应。把鸡蛋在食醋里放置一个星期之后，它的外壳就会被完全溶解掉！剩下的则是蛋白（即蛋清）外面那一层薄薄的膜。

舞动的大米

你需要

- 干净的容器
- 水
- 小苏打
- 食醋
- 大米
- 勺子
- 可选：食用色素

步骤

1. 溶解小苏打：在干净的容器中装入一半的水。加一勺小苏打，然后搅拌。
2. 加入大米和食醋：往小苏打溶液中撒入一些大米，然后加入一勺食醋，观察几分钟。
3. 加入食用色素（可选步骤）：如果你想看的话，可以加入几滴食用色素来展示水中发生了什么。

你学到了什么?

和我们学过的一样，酸和碱互相发生反应。在这个实验中，食醋是酸，小苏打是碱。小苏打又叫碳酸氢钠，它在和食醋反应后，会释放出二氧化碳气体。这些二氧化碳的气泡会让大米在水中舞动起来。

贝壳和酸

你需要

- 食醋
- 海水，或者自己配制的盐水（大约每升水放6勺盐）
- 干净的玻璃罐或塑料罐
- 贝壳

步骤

1. 摆放贝壳：把每一个贝壳都放在不同的罐子里。如果有不同类型的贝壳，那就更有趣了。
2. 将一个贝壳置于海水中：将一个贝壳完全浸没于海水或盐水中，让它就像在海里一样。
3. 将其他贝壳放入食醋中：将其他贝壳完全浸没在食醋里，然后把它们放在一边，每隔几个小时回来看看发生了什么。

你学到了什么?

贝壳是海洋生物的骨骼，是由一种碱性的固体物质——碳酸钙组成的。它能和食醋里的酸发生反应，然后溶解掉。令人悲伤的是，我们燃烧煤和天然气产生的二氧化碳进入空气之后，也会进入大海，然后形成一种弱酸，这对海洋生物来说是一个大问题。

© Getty

享受视觉盛宴

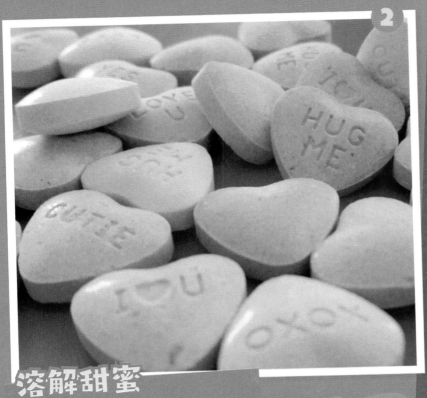

溶解甜蜜

你需要

- 干净的玻璃罐
- 压片糖果
- 各种液体，比如食用油、食醋、水、牛奶、橙汁
- 计时器
- 钢笔
- 纸

步骤

1. **倒入液体**：把每种液体分别倒入一个干净的玻璃罐中。注意，每种液体都量取差不多的量。
2. **加入糖果**：准备往各种液体中加入糖果。先思考一下可能发生什么，然后再加进去。
3. **观察发生了什么**：设置好计时器。等待，观察糖果发生的变化。每10分钟记录一次观察到的现象。

你学到了什么?

糖果是由很多种可安全食用的化学物质组成的。为了让它能给大家带来美味体验，这些化学物质必须能很容易地溶解在一些液体中。在这个实验里，你可以观察它容易溶解在哪种液体中。有些罐子里最后会出现很好看的颜色!

五颜六色的液滴

你需要

- 小瓶子
- 植物油
- 泡腾片
- 食用色素
- 水
- 托盘

步骤

1. **在瓶中装入植物油**：在瓶中装入四分之三的植物油。如果你找的瓶子很小的话，那么这步做起来会很简单。
2. **加入水和食用色素**：往瓶中剩下的空间里倒水，然后加入食用色素，直到你对水的颜色满意为止。
3. **放入泡腾片**：先把瓶子放在托盘上，因为接下来的操作可能会让瓶中的液体溢出。然后，往瓶中放一片泡腾片。

你学到了什么?

你可以看到，油和水不能混合。食用色素可能只会和其中一个混合——通常来说是和水混合。泡腾片穿过油层进入水中之后，滋滋冒泡的反应就开始了。它可以让染了色的泡泡上升并穿过油层，不受油和水不能混合的影响。

鸡蛋壳里的晶体

你需要

- 至少3只马克杯
- 至少3个干净的鸡蛋壳
- 100克精盐
- 100克粗盐
- 100克明矾（可以在中药店作为药材买到）
- 其他可以用来试着结晶的物质，比如白糖、塔塔粉或者小苏打。可以把刚才说的食盐和明矾换成它们，也可以加入更多的鸡蛋来尝试。
- 水
- 食用色素

步骤

1. 洗净鸡蛋壳：轻轻地用水润洗鸡蛋壳，把里面的薄膜洗掉。
2. 加热一些水：把一些水煮热，但不用煮沸。在3只马克杯里各装入一半的温水。
3. 溶解盐：在3只马克杯里分别溶解精盐、粗盐和明矾。
4. 加入色素：在每只马克杯里滴入几滴食用色素。你可以在不同的杯子里加入不同的颜色。
5. 把液体倒进鸡蛋壳：把3只马克杯里的液体分别倒进3个鸡蛋壳里。
6. 等待晾干：现在，把这些鸡蛋壳放在安全的地方——比如找个鸡蛋杯来装。放置至少5天时间，等待它完全晾干。

你学到了什么？

有些盐（但也不是所有的盐）会溶解在水中。溶液晾干之后，这些盐会在鸡蛋壳内外重新留下晶体。不同的盐结晶看起来也会不一样。如果你还没有做过这个实验，可以试试配料表里提到的那些盐。

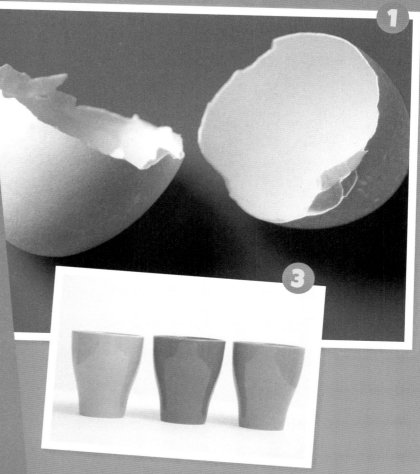

隐形墨水

你需要

- 碳酸氢钠
- 白纸
- 水
- 温暖的东西，比如电暖炉
- 棉签、画笔或烧烤刷
- 马克杯

步骤

1. 制造隐形墨水：将一勺碳酸氢钠和一勺水放进马克杯里混合。
2. 写"秘密消息"：用棉签、毛笔或者烧烤刷，蘸上刚才制成的液体，在白纸上写字。写完放在一边，等它自然干燥。
3. 重现文字：当你想读"秘密消息"的时候，将纸加热即可——既可以用电暖炉，也可以放在太阳下晒。

你学到了什么？

碳酸氢钠是一种碱。用碱性的碳酸氢钠在纸上写字，会让它和纸发生化学反应，对纸张表面产生轻微的破坏。当你加热这张纸的时候，已破坏的部分会比未破坏的部分先被灼伤，这样字就显现出来了。

制造一些好玩东西的实验

制造你自己的温度计

你需要

- 透明的塑料吸管
- 刻度尺
- 细笔尖的记号笔
- 带盖的细颈小塑料瓶
- 1/4杯（60毫升）水
- 1/4杯（60毫升）医用酒精——要在开窗通风处使用，且不要让瓶盖长时间打开
- 1勺食用油
- 几滴食用色素
- 黏土

步骤

1. **混合液体：** 把食用色素、水、医用酒精、食用油都放进瓶子里，将它们混合。
2. **给吸管画刻度：** 用一支记号笔在吸管上画出小刻度。从上到下，每间隔0.5厘米画一个。
3. **塑形黏土：** 将黏土塑成一个球，然后把它捏扁。用吸管在它中间插一个洞。
4. **放置吸管：** 把吸管中间的黏土残渣清理掉，再插回洞中，固定在瓶口。
5. **移动吸管：** 把吸管底部插到液面下方，但是不要接触到瓶底。吸管的大部分会伸出瓶外。
6. **使用温度计：** 将温度计放在冰箱里，再拿出来，看看液体表面高度会怎么变化。

你学到了什么？

瓶中的混合物可以当成温度计使用。液态的水并不适合用来测量低温，因为它们会冻成冰。因此，我们加了医用酒精，它的熔点/凝固点更低。液体变暖时，液面就会上升，因为热量可以让这些混合物占据更大一点儿的空间。

7 制造非牛顿流体

你需要

- 碗
- 勺子
- 一杯（160克）玉米淀粉
- 半杯（120毫升）水
- 食用色素
- 带盖的塑料容器，用来储藏

步骤

1. **将玉米淀粉和水混合：** 把玉米淀粉和食用色素放进碗里，然后缓慢地加水，用手混合它们。
2. **当感觉差不多时就停止：** 你应该得到了非牛顿流体——如果你轻触它，它就像是一种液体；如果你猛击它，它就会很坚固。
3. **有需要的话可以调整：** 如果你的非牛顿流体水分过多，就多加点玉米淀粉。你可以把它储存起来。如果它干了，再加点水就好！

你学到了什么？

把玉米淀粉和水混合在一起，就能得到一种不寻常的混合物，通常叫作非牛顿流体。这种混合物根据你对待它的方式不同，会有不同的反应：如果你轻轻地接触它，它就像水一样散开；如果你又快又猛地击打它，它就会像一只橡胶球那样坚韧。

制作"冰"袋

你需要

- 小自封袋
- 大约一勺碳酸氢钠
- 大约1/4杯/60毫升食醋
- 图钉或安全别针
- 水

步骤

1. 戳个洞：在自封袋的顶部附近戳个洞。这可以让气体从袋子里释放出去，保证袋子不至于炸开。
2. 装填自封袋：将食醋和碳酸氢钠放进袋子里。把袋口密封上。
3. 抓住袋子：摇晃袋子，用手感受它。你会感到气体从里面逸出，然后手掌变凉。

你学到了什么？

这个实验跟我们前面提到的让自封袋爆炸的实验差不多。它的反应是在醋酸和碱性的碳酸氢钠间发生的。这个反应不太寻常，因为它吸收热量，把你手中的热量带走了，所以你会感到凉了下来。

制造一场"风暴"

你需要

- 剃须泡沫
- 大玻璃杯
- 水
- 食用色素
- 勺子

步骤

1. 装入玻璃杯：在玻璃杯中装上半杯水，然后在上面铺上剃须泡沫，大概到杯子四分之三的高度。
2. 抹平顶部：用你的手指来涂抹水面上的那层剃须泡沫，将其顶部抹平。
3. 加入染色的水：将食用色素和1/2杯（60毫升）水混合，然后一勺一勺地倒进剃须泡沫中。请观察"风暴"的诞生吧！

你学到了什么？

泡沫是一种有意思的混合物，它是液体和气体的联合体。剃须泡沫可以"抓住"一些液体（这里就是染色的水），但是无法"抓"得太多。液体超过一定的数量之后，就开始"下雨"了。天上的云朵虽然不是泡沫，但是它的含水方式跟这里的泡沫很相似。

玻璃罐里的云朵

你需要

- 带盖的玻璃罐
- 1/3杯/80毫升热水，不用煮沸
- 冰
- 发胶

步骤

1. 加热玻璃罐：将热水倒进玻璃罐中，稍微摇晃一下玻璃罐，把罐体加热。
2. 让盖子冷却下来：将盖子倒置在玻璃罐口，放上冰块，等待20秒。
3. 在玻璃罐里喷发胶：抬起盖子，往罐子里喷一些发胶，然后把盖子和冰块放回罐口。
4. 观察并放出"云朵"：你应该能看到一朵"云"在罐子里出现。当它足够大的时候，揭开盖子，让它从罐子里飘出来。

你学到了什么？

这里有一些温水变成了气体，然后又在罐子的上方遇冷，准备变回水滴。但是，变回水滴需要一些东西帮忙——这就是为什么要使用发胶：发胶是微小的液滴，水蒸气可以依附在这些液滴上形成水珠，于是"云朵"就出现了。

© Getty

尝试一些生动的实验

蜡烛能燃烧多久？

你需要

- 小蜡烛
- 能点燃蜡烛的东西
- 各种大小的玻璃罐
- 计时器
- 笔
- 纸

步骤

1. 点燃蜡烛：请成年人帮忙点燃蜡烛。点蜡烛时要注意清空桌面！不要有其他会被烧着的东西。
2. 盖上玻璃罐：把玻璃罐倒扣在蜡烛上（注意避开火焰不要被烫到）。计时，记下火苗用了多久熄灭。
3. 重新点燃，再试一遍：让成年人帮忙再次点燃蜡烛，然后换一个不同大小的玻璃罐再试一遍。可以多试几个不同的玻璃罐。

你学到了什么？

火焰，是空气中的氧气与蜡烛中的蜡发生化学反应的现场。当反应把氧气用完的时候，火焰就熄灭了。不同大小的玻璃罐装有不同数量的氧气，所以你应该会发现，大罐子里的火苗燃烧时间更长一些。

制造不喜欢水的沙子

你需要

- 沙子
- 织物防水剂
- 一次性盘子或容器
- 塑料勺
- 干净的塑料杯
- 水

步骤

1. 喷洒沙子：在一次性盘子或容器中倒入少量沙子。喷上一些织物防水剂，直到沙子表面变湿。
2. 搅拌过后再喷洒：用塑料勺子搅拌沙子，然后再喷洒一次织物防水剂。等待沙子晾干。
3. 将沙子放进水里：沙子干燥之后，把它放进塑料杯里，然后加入水。搅拌、挑动一下沙子，观察它。
4. 留住沙子：你做完这个实验后，可以把水倒掉，留着沙子以后再玩。

你学到了什么？

水和沙子通常不会混合，然而水可以和沙子表面有密切的接触，让沙子变湿润。在这个实验中，我们在沙子表面加了一层油膜，阻止了水和沙子的那一点点接触。沙子本来应该是粉末状的，但现在它在水中聚集成块了，还有可能浮在水面上。

制造密度瓶

你需要

- 植物油或葵花油
- 水
- 洗涤剂
- 蜂蜜
- 糖浆
- 乐高积木、硬币、螺钉，以及其他小东西
- 玻璃罐

步骤

1. 简单的密度瓶：把水小心地装进玻璃罐里，然后更加小心地在上层加入相同数量的食用油。
2. 放入小物件：小心地往瓶中扔进一些小物件。你能发现它们都浮在哪一层吗？
3. 稍复杂一些的密度瓶：在一个干净瓶子里，底层装上糖浆，然后装一些蜂蜜，接下来装一些洗涤剂，然后装水，最后再装食用油。

你学到了什么？

我们经常讨论物体是"更轻的"还是"更重的"。在这里，有一个更适合用来描述此事的科学术语——"密度"。在大小相同的情况下，重的东西密度大，轻的东西密度小。实验中，密度大的液体会沉到底部，密度小的液体会浮在顶部。物体则会漂浮在跟它密度相同的那一层液体里。

水的隐藏力量

你需要

- 洗涤剂
- 干燥的香料，比如辣椒片或者粗粒的黑胡椒
- 带边缘的浅盘子
- 家中常用的液体，例如食醋、牛奶、食用油、洗手液、洗发水、护发素、酱油等
- 制冰格
- 空的果汁盒或者塑料牛奶瓶
- 棉签
- 烤盘

步骤

1. 准备液体：在制冰格的小格子中，各装入一点点上述常用液体，注意每个小格子只装一种。

2. 让香料漂浮起来：在浅盘子里放一些水，然后在上面轻轻撒上干燥的香料碎。

3. 加洗涤剂：用棉签的一端从制冰格里蘸取洗手液，然后滴到盘子里的水中央。

4. 用其他液体重复：把制冰格洗干净。然后用棉签蘸取其他各种液体，重复这个实验。

你学到了什么？

这个实验展示了水分子是如何表现得像"小磁铁"的：每个水分子都会拉住周围的水分子，但它不会用这种方式去拉住洗涤剂类的分子。当你加入洗手液，这种作用力就被破坏，水就被拉走了，香料则会跟着水一起移动。

酵母吹气球

你需要

- 糖霜（精白糖）
- 4个空的1~2升瓶子，带盖子
- 4个相同大小的气球
- 4包酵母
- 茶匙
- 漏斗
- 温度计
- 38~43℃的水
- 记号笔

步骤

1. 给瓶子编号：用记号笔在四个瓶子上分别编号：0、1、2、3。

2. 量取温水：在4个瓶子中，各倒入250毫升温水。水的温度一定要在38~43℃。

3. 加入酵母：在每个瓶子里倒入一小袋酵母。有必要的话，可以借助漏斗来加入。

4. 加入糖霜：用漏斗往瓶子里加糖霜。瓶子上的编号写的是几，就加几勺糖霜。

5. 盖住并摇晃瓶子：现在，盖上这4个瓶子，摇晃它们直到里面的配料全部混合均匀。

6. 套上气球：揭开盖子，给每个瓶口紧紧地套上一个气球，观察会发生什么。

你学到了什么？

酵母是一种微小的生物，我们用它来制造食物和饮料。它和我们人类一样，也用氧气来分解糖类，制造二氧化碳。本实验就在展示这个化学反应：糖加得越多，就会有越多的二氧化碳被酵母制造出来，气球也就被吹得越鼓。

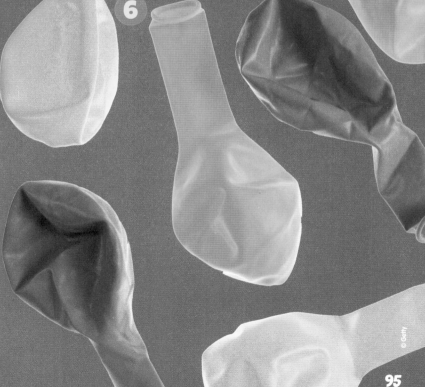

图书在版编目（CIP）数据

炫酷的化学 / 英国Future公司编著 ；黄滕宇译. --
北京 ：人民邮电出版社，2023.4
　　（未来科学家）
　　ISBN 978-7-115-59963-6

　　Ⅰ．①炫… Ⅱ．①英… ②黄… Ⅲ．①化学—青少年
读物 Ⅳ．①06-49

中国版本图书馆CIP数据核字(2022)第206670号

内 容 提 要

　　本书共 3 册，主题分别为炫酷的化学、人体的奥秘、神秘的古埃及。书中包含大量精彩照片和图表，使用可爱的卡通人物形象讲述趣味科学知识，并与现实生活结合，科学解答孩子所疑惑的问题，让孩子在轻松的阅读中掌握科学原理。同时融入 STEAM 理念，通过挑战、谜题、测验，以及在家或学校都能进行的科学实验和实践活动，帮助孩子更加深刻地理解知识和运用技巧，学会解决问题的方法。

◆　编　　著　　[英]英国 Future 公司
　　译　　　　　黄滕宇
　　责任编辑　　宁　茜
　　责任印制　　马振武

◆　人民邮电出版社出版发行　　北京市丰台区成寿寺路 11 号
　　邮编　100164　　电子邮件　315@ptpress.com.cn
　　网址　https://www.ptpress.com.cn
　　北京盛通印刷股份有限公司印刷

◆　开本　880×1230　1/16
　　印张：6　　　　　　　　　　2023 年 4 月第 1 版
　　字数：208 千字　　　　　　2023 年 4 月北京第 1 次印刷
　　著作权合同登记号　图字：01-2021-5734 号

定价：199.00 元（共 3 册）
读者服务热线：(010)81055493　印装质量热线：(010)81055316
反盗版热线：(010)81055315
广告经营许可证：京东市监广登字 20170147 号

5

Future Geneus
未来科学家

人体
的奥秘

Human Body

〔英〕英国 Future 公司◎编著   吕毅◎译

人民邮电出版社
北京

这本书里有什么

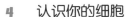

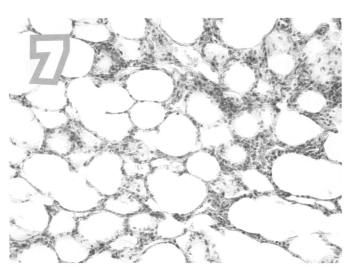

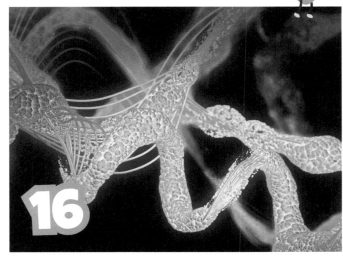

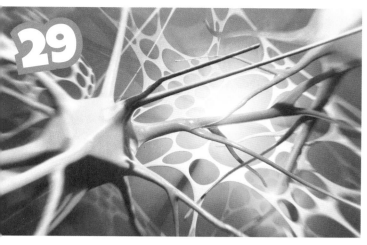

29

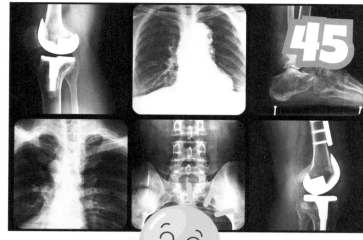

45

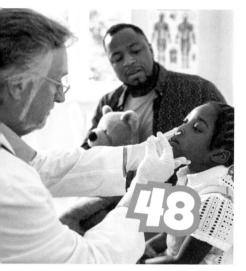

48

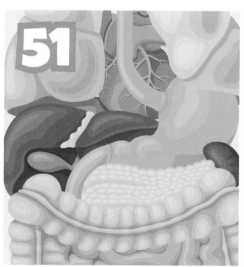

51

58

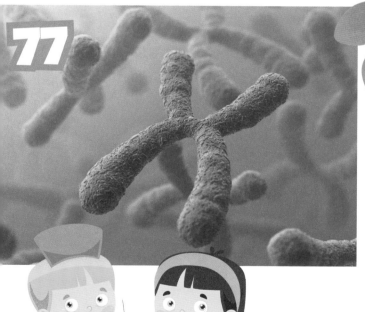

77

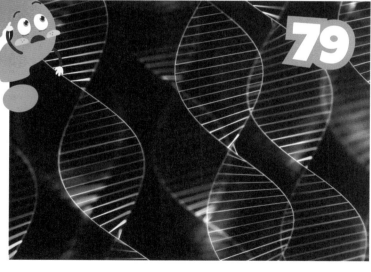

79

认识你的细胞

你有没有想过你的身体是由什么组成的？答案是细胞！它们组成了身体的每个部分，从肌肉和骨骼，到肝脏和大脑。

细胞有点像建房子用的砖块，又有点像工厂的生产车间。它们塑造身体，制造你生存所需要的一切。

大多数细胞太小了并且几乎是完全透明的，以至于你用肉眼根本看不见！为了更仔细地观察细胞，你需要用显微镜以及一些特殊的粉色和紫色染料。

在用显微镜拍摄的细胞照片上，你会看到很多粉红色的小斑点。不同类型的细胞有不同的形状和大小。有些细胞喜欢排成整齐的直线生长，有些细胞喜欢成簇生长，还有一些细胞按照自己的喜好自由生长。

在显微镜下，大多数细胞都有一个共同点，就是细胞中心有一个深紫色的小点。稍后你会发现，那个点是细胞最重要的部分。

如果你能看到体内的所有细胞，你可能会注意到有些细胞并不属于人体。

你体内的许多细胞实际上是细菌！这听起来似乎很可怕，但并非所有的细菌都会让你生病。你体内的这些细菌正在帮助你保持健康。它们大多数住在你的肠道里，帮助你从食物里获得营养和能量。事实上，如果没有它们，你会感到非常饥饿。

在接下来的几页中，你会了解到更多有关人体细胞的知识，包括它们的内部结构、功能，以及它们如何帮助你健康成长！

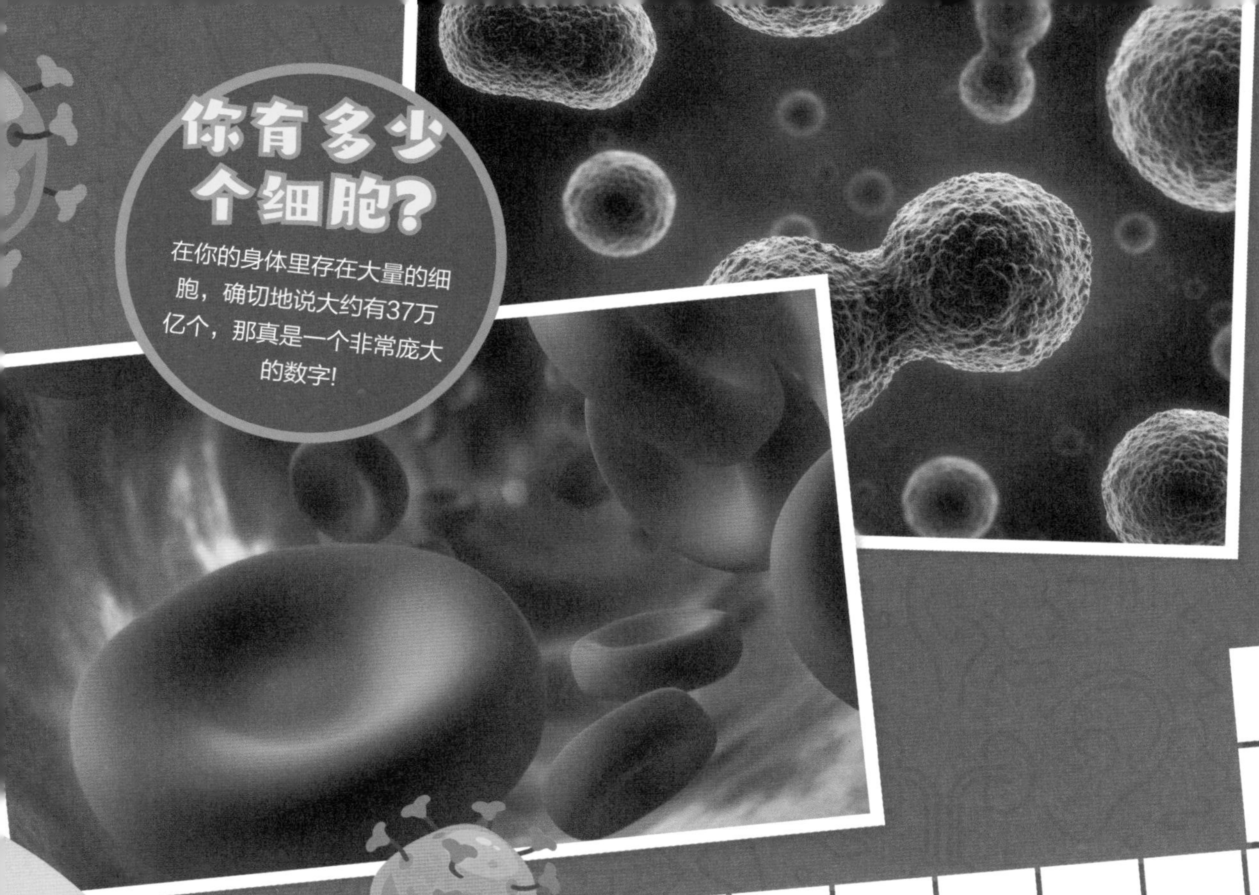

你有多少个细胞?

在你的身体里存在大量的细胞,确切地说大约有37万亿个,那真是一个非常庞大的数字!

纵横字谜

在本章中有一些与细胞有关的单词。你能在左侧的纵横字谜中填入它们吗?

NUCLEUS (细胞核)

CHROMOSOME(染色体)

CYTOPLASM(细胞质)

MEMBRANE(细胞膜)

DNA(脱氧核糖核酸)

DIVIDE(细胞分裂)

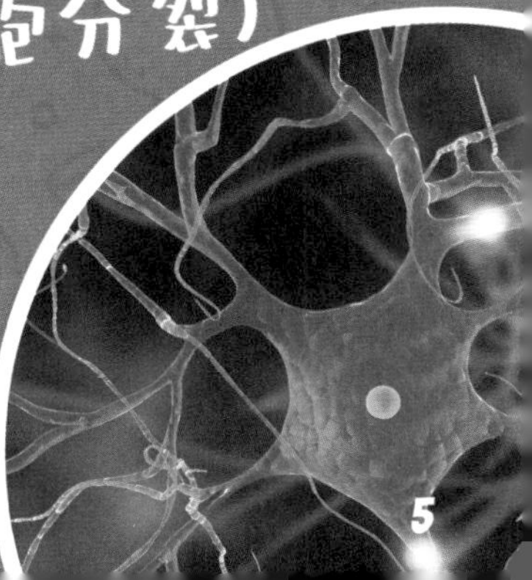

5

细胞：身体的基本组成单元

你由数以亿计的细胞组成！它们是构成人体这座大厦的基石。人体有超过200种不同类型的细胞，每一种细胞都各司其职。腋窝里有分泌汗水的细胞，眼睛里有分泌眼泪的细胞，耳朵里有产生耳垢的细胞！

你的大脑和神经系统由神经细胞组成，它们就像一部微型电话，将信息从身体的一个部位传递到另一个部位。一些神经细胞可以从你的脊椎骨向下延伸到脚趾顶端！想象一下，等你长大了，它们会有多长。

你的胳膊和腿由皮肤细胞、脂肪细胞、肌肉细胞和骨细胞组成。皮肤细胞保护你不受外界细菌病毒的入侵，脂肪细胞负责储存能量，肌肉细胞负责收缩运动，而骨细胞则使你骨骼强健。

你的消化系统由腺细胞、内壁细胞和肌肉细胞组成。腺细胞产生消化液，把食物分解成各种营养物质；内壁细胞负责吸收营养物质；而肌肉细胞则负责从口腔到肛门整个消化系统的运动（如胃肠道的蠕动）从而更好地转运吸收营养物质。

你的血液也是由细胞组成的！红细胞负责向全身各处运输氧气，而白细胞则负责与使你生病的细菌或病毒战斗。

大多数细胞在你出生之前就决定了它们的细胞类型，但有些细胞则要等你出生之后才进行选择，科学家称这些细胞为"干细胞"，它们几乎可以变成身体里的任何细胞！当你受伤时，它们会帮助你的伤口愈合，替代发生故障的旧细胞。

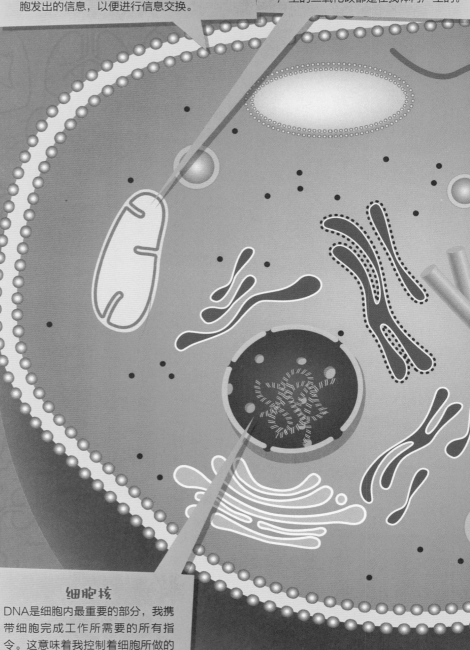

细胞膜

我是一道坚固的城墙，是保护细胞的天然屏障。我就像一个有弹性的袋子，用来装细胞内的各种东西。我决定什么可以进入细胞，什么可以从细胞内出去，以保证细胞内环境的相对稳定。当然，我也会留意附近其他细胞发出的信息，以便进行信息交换。

线粒体

我是一个小小的能量工厂。一个细胞里可以有几百个我！我用糖和氧气来制造细胞所需要的能量。同时，我也是细胞进行有氧呼吸的主要场所，在我体内会产生大量的废物。你呼吸所产生的二氧化碳都是在我体内产生的。

细胞核

DNA是细胞内最重要的部分，我携带细胞完成工作所需要的所有指令。这意味着我控制着细胞所做的一切。我就像一座堡垒，有两堵坚固的城墙来保护DNA的安全。

自我测评 ③

合上书，看看你能在3分钟内记住多少内容呢？

关于细胞，你需要知道的5件事

以下有关细胞的事实中有多少让你和朋友感到惊讶？

自己跳动的心脏细胞

心脏里的细胞可以自己跳动，而不需要大脑的任何指令。

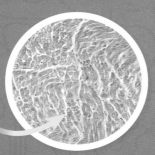

可以清洁血液的肝细胞

肝脏中的细胞从血液中吸收化学物质，并将其分解清除。

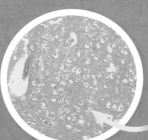

会发电的脑细胞

大脑中的细胞就像有生命的电线，可以产生电流。

可以产生酸的胃细胞

胃里的细胞产生的酸比柠檬汁还酸。

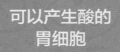

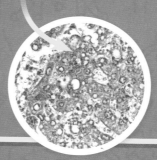

可以让空气透过的肺细胞

肺部细胞的细胞膜非常薄，空气可以透过它们直接进入血液。

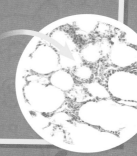

试一试！

在家发现DNA！

你需要

- 1个塑料袋
- 1颗草莓
- 2小勺洗涤液
- 1小勺盐
- 100毫升水
- 湿咖啡滤纸
- 20毫升冷敷用酒精
- 2个杯子
- 1个勺子

操作说明

1 把草莓放在塑料袋里，然后碾碎它。

2 在杯子里按比例将洗涤液、盐和水混匀。

3 向塑料袋中加入两小勺混匀后的洗涤液、盐和水混合物。

4 再将它们好好研磨压碎。

5 把湿的咖啡滤纸放进另一个杯子里。

6 将碾碎的草莓混合物倒在湿咖啡滤纸上，过滤。

7 将湿咖啡滤纸以及滤出的渣从杯子里拿出。

8 把酒精轻轻倒入过滤后的清澈液体中。

9 你看到液体中逐渐出现的白色的丝线了吗？

10 用勺子把它们舀出来。这就是草莓的DNA！

细胞质

细胞依靠化学反应运转。我的工作就是确保这些化学反应在正确的时间和地点发生。我的大部分组成成分是水，细胞内的一切物质都漂浮在我的体内。细胞骨架也是我的组成成分，它可以帮助细胞保持稳定的形态。

你学到了什么？

你刚刚从草莓里提取了DNA！洗涤液破坏了草莓细胞，盐释放了草莓细胞的DNA，而酒精让这些释放的DNA聚集在一起，因此你可以看到它们。如果第一次没有成功，不要灰心，再试一次！

细胞是如何经历细胞周期的

你的身体最初是1个细胞，然后由1个变成了2个，2个变成了4个，4个又变成了8个。它们不断加倍，直到有足够的细胞组成完整的你。终于有一天，你长大成人了，这时你体内会有超过100万亿个细胞。与最初相比，你的细胞数已经翻倍了超过1000万次！

那么，1个细胞是如何变成100万亿个细胞的呢？答案是细胞周期。这是科学家给细胞分裂时一分为二的方式取的名字。因为细胞可以分裂不止一次，所以科学家称其为细胞周期。它们在一个循环中经历了所有的步骤，从准备分裂，到分裂、生长，然后准备再次分裂。

在细胞分裂之前，它需要确保分裂后的子代细胞拥有和自己一样的DNA。如果没有DNA，子代细胞就不知道应该做什么，所以细胞在分裂时的第一步就是复制自己的DNA，将一份复制给一个子细胞，将另一份复制给另一个子细胞。

这个步骤很难。DNA又长又细，所以如果细胞试图把它分开，DNA很容易打结！细胞通过将DNA压缩成小的X形状（即染色体）来解决这个问题。它会在每个染色体上系上一根绳子，然后把它们拉到需要它们的地方。

当一切就绪后，细胞终于可以开始分裂了。为了做到这一点，它在细胞的中间位置拼命挤压自己，然后像肥皂泡一样一分为二。

拼图

试试看，把这些写了字母的拼图片拼起来，创造一些与细胞相关的单词

DAUGHTER SOMES CELLS NUC CHROMO LEUS OOD BL

答案：NUCLEUS（细胞核）；CHROMOSOMES（染色体）；BLOOD（血液）；DAUGHTERCELLS（子细胞）。

剔除

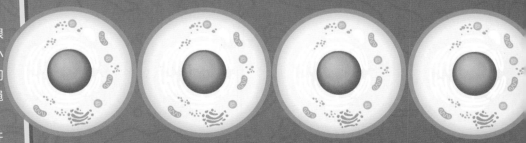

找出最独特的那个细胞

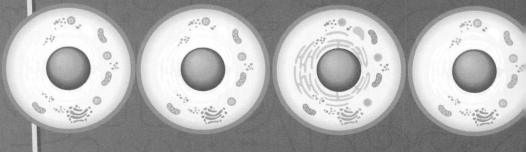

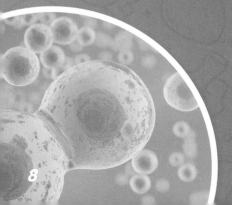

休息
一些细胞停止分裂并从细胞周期中休息。

子细胞
细胞分裂成两个新的"子细胞"。它们就像同卵双胞胎。

生长和工作
大部分时间细胞都在生长，并在体内完成正常的工作。

复制DNA
在即将分裂时，细胞会复制所有的DNA。

一分为二
细胞围绕每一组染色体建立一个新的细胞核。

把染色体分开
细胞将染色体分开，两边各取一组。

继续生长
细胞逐渐变大，直到大得足够分裂成两半。

将染色体排成一行
细胞将染色体拉成一条线，横在细胞中间。

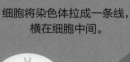

形成染色体
细胞将DNA压缩成小的X形状（即染色体）。

释放DNA
细胞核断裂，微丝抓住染色体。

大数字

100万亿
你的体内有100万亿个细胞。

6900万
你的身体每分钟会产生6900万个新细胞。

1000亿
新生儿已经拥有1000亿个脑细胞。

2000亿
你每天会产生2000亿个新的红细胞。

细胞核: 细胞的大脑

还记不记得在本章开始时，你了解到细胞中心有一个非常重要的深紫色小点？那个紫点就是细胞核。它是细胞的大脑！

细胞核包含你的DNA，它的工作原理有点像一本说明书。它携带着基因，这些基因拥有构建细胞所需要的所有信息。

你的DNA如果展开成一条直线，会有两米多长，包含超过20 000个基因。这是一个很强大的指令集。

你可能会想，整整两米长的DNA怎么可能装在一个小小的细胞核里？很神奇，不是吗？为了把它全部装进去，细胞把它缠绕在被称为组蛋白的特殊颗粒上，有点像把缝纫线缠绕在线轴上。

细胞核通过打印DNA中的遗传指令来控制细胞。首先，它把DNA的遗传信息复制成一种叫作RNA的代码。然后将这些RNA代码通过细胞膜上的小孔发送到细胞质中。

在细胞质中，被称为核糖体的机器读取这些RNA代码，制造蛋白质。这些蛋白质改变了细胞的生长活动，一些促使细胞生长，一些促使细胞分裂，还有一些让它做特殊的工作，比如分泌荷尔蒙。

细胞核是细胞中最重要的部分之一。但有一种细胞没有细胞核！你能猜到是哪一种细胞吗？

那就是红细胞！它们忙于携带氧气，以至于没有空间来容纳细胞核。这意味着当它们坏了的时候，它们不知如何修复自己。你的身体必须一直制造新的红细胞来替换那些受损的红细胞。

试 一 试!

说出一些有细胞核的细胞，并把它们写在下面的空白处。

人体细胞

肝细胞
肝细胞的正中间有一个小而圆的细胞核。

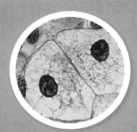

血液细胞
白细胞的细胞核并不总是圆的，有些白细胞的细胞核甚至会分成了3部分！

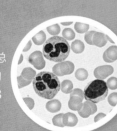

脂肪细胞
脂肪细胞的细胞核被挤压到边缘。

肌肉细胞
肌肉细胞有不止一个细胞核。看看这张照片上的黑点，那些黑点都是细胞核。

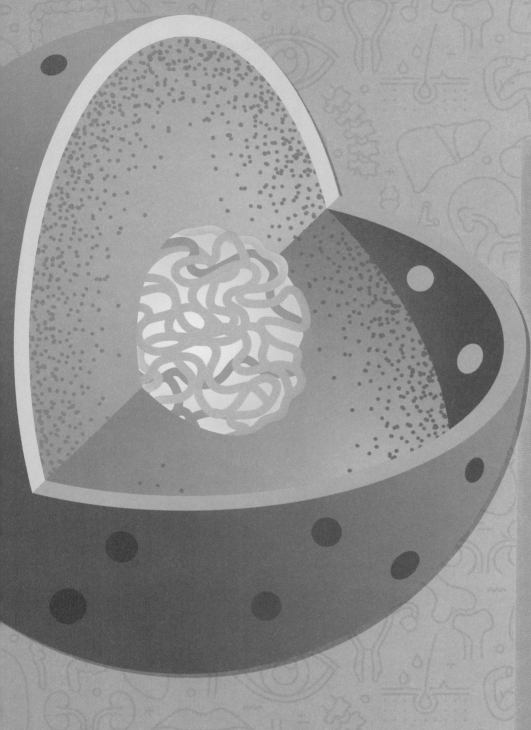

随堂测验

关于细胞核，你了解多少？

细胞核里有什么？

A: 血液

B: DNA

C: 脂肪

在哪里可以找到细胞核？

A: 细胞中间

B: 细胞外

C: 在大脑里

细胞核有什么功能？

A: 消化食物

B: 控制细胞

C: 制造能量

哪种细胞有一个以上的细胞核？

A: 皮肤细胞

B: 红细胞

C: 肌肉细胞

哪种细胞没有细胞核？

A: 皮肤细胞

B: 红细胞

C: 肌肉细胞

细胞核内的DNA有多长？

A: 两毫米

B: 两厘米

C: 两米

答案：B; A; B; C; B; C。

核糖体：蛋白质工厂

线粒体

核糖体是蛋白质工厂！它们的工作是制造维持你体内的细胞运行的蛋白质分子。它们看起来有点像汉堡包，将两部分合在一起，一部分在另一部分上面。

蛋白质是由一串氨基酸组成的，核糖体的工作是制造这一串氨基酸。核糖体按照细胞核的指示，将氨基酸以正确的顺序黏在一起。

细胞核使用一种加密的化学代码编写制造蛋白质的指令！这种代码被称为信使RNA，它由4个字母组成：A、C、G和U。

核糖体曾经是宇宙中唯一能够阅读信使RNA的机器。但是在20世纪60年代，科学家们也破解了信使RNA！他们发现，这4个字母可以拼出64个不同的三字母单词，每个单词对核糖体都意味着特别的信息。

最重要的一个三字母单词是AUG，它的意思是"开始"。它告诉核糖体开始制造一个新的蛋白质。

另外有3个三字母单词，分别为UAG、UAA和UGA，意味着"停止"。它们告诉核糖体蛋白质制造已完工。

其他60个单词则告诉核糖体接下来要添加什么氨基酸。

人体内只有20种氨基酸，为什么代码里有60个表示氨基酸的3字母单词呢？答案很简单：每一种氨基酸对应的3字母单词都不止一个。

核糖体阅读这些代码的速度非常快。它们每分钟可以把200个氨基酸黏在一起！而你的每个细胞内有1000万个核糖体，所以细胞制造蛋白质的能力非常强大。

真或假？

以下关于核糖体的信息是对还是错？

核糖体比细胞大

核糖体可以读取密码

核糖体从不疲倦

答案：错，对，对。

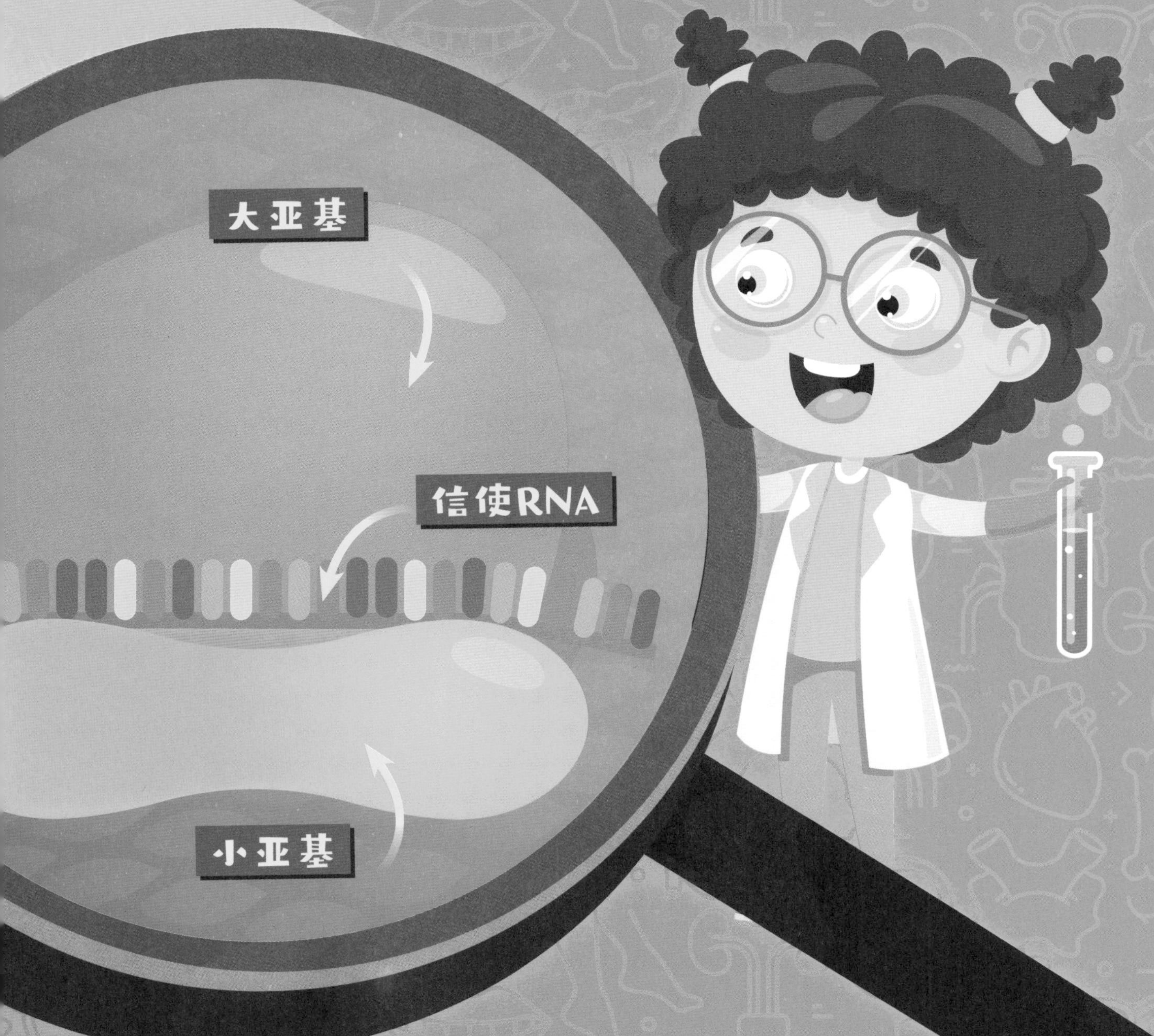

大亚基

信使RNA

小亚基

线粒体：
能量工厂

线粒体是细胞内的微型发电厂！它们把食物和氧气混合在一起，制造能量从而维持身体运转。

它们有点像发电站，但它们不燃烧天然气，而是燃烧糖为化学电池充电。科学家称这些电池为ATP，即三磷酸腺苷。

为了使用ATP电池中的能量，细胞必须使ATP的一部分断裂！为了给ATP电池充电，线粒体必须把断裂的部分重新粘在一起，而这需要大量的能量。

线粒体通过燃烧糖和氧气来获得所需要的能量，从而为离子泵提供动力，这些离子泵将离子从一个地方转移到另一个地方。

然后这些离子会回到它们的来源地，而唯一的路径是通过一个特殊的门。这个特殊的门会捕获它们的能量，并利用这些能量来给ATP电池充电。

线粒体有很多的工作要做，但它们很小。它们只有0.001毫米长，大小是一个细胞的1/100。它们也是完全透明的，所以用普通的显微镜很难发现它们。所以为了看到它们的样子，科学家必须使用强大的电子显微镜。

通过观察这些显微镜拍摄的照片，科学家发现线粒体的形状和芸豆一样。它的内部有很多小褶皱，科学家称之为嵴。这些褶皱是离子泵存在的地方。

从电子显微镜拍摄的图片还能看到，不同的细胞有不同数量的线粒体。一些细胞，如脂肪细胞，不需要很多能量，所以它们只有几个线粒体。但有一些细胞非常活跃，例如你的心脏和肝脏中的细胞，这些细胞有成千上万个线粒体！

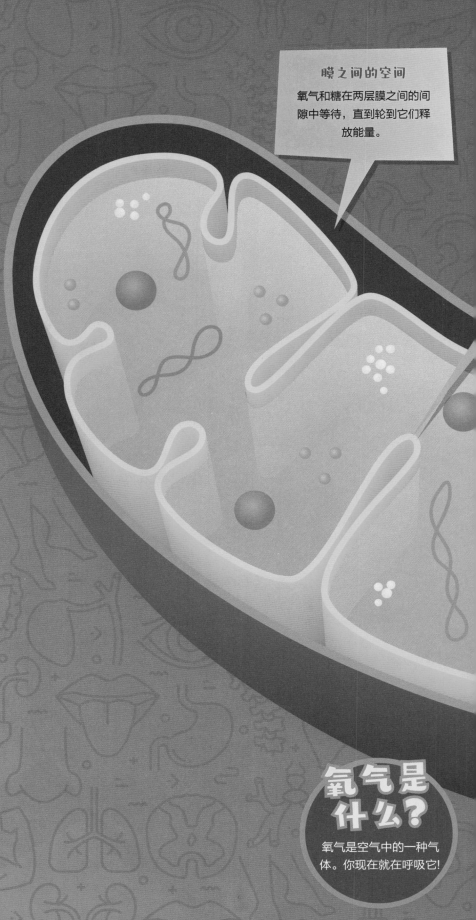

膜之间的空间

氧气和糖在两层膜之间的间隙中等待，直到轮到它们释放能量。

氧气是什么？

氧气是空气中的一种气体。你现在就在呼吸它！

碳水化合物是什么？

碳水化合物是将许多糖分子粘在一起组成的长分子。

我的其他工作

我自己生长，自己分裂！

我有自己的DNA和基因。当细胞需要更多的能量时，我就会生长和分裂，从而产生更多的线粒体。

我帮助细胞传递信息！

细胞利用化学信息来跟踪细胞内部发生的事情。我帮助传递这些信息。

我保护你的身体不受生病细胞的伤害！

当一个细胞生病时，它会伤害身体。如果细胞生病了，我会帮忙清除生病的细胞，以确保身体保持健康。

写出下面的碳水化合物

线粒体吸收食物分子，并将其与氧气结合来产生能量。线粒体最喜欢的食物是碳水化合物。你能写出下面的碳水化合物叫什么名字吗？

嵴

线粒体内膜向线粒体基质折褶形成的一种结构，上面有很多褶皱，因此它可以在一个很小的空间里聚集数千个离子泵，从而产生更多的能量。

内膜

线粒体内膜上有质子泵，可将质子（氢离子）逆浓度梯度泵到线粒体内外膜间隙，大部分质子（氢离子）通过特殊的结构回流至线粒体基质，同时驱动ATP合成。

外膜

线粒体有两层膜，线粒体外膜包含被称为"孔蛋白"的整合蛋白，以便让氧气、二氧化碳和糖等分子通过外膜进入线粒体。

线粒体基质

线粒体基质含有许多与有氧呼吸有关的酶，是有氧呼吸的主要场所，细胞在这里释放糖和氧气中的能量。这些能量为内膜的泵提供了动力。

答案：米饭；意大利面（空心粉）；蜂蜜；燕麦片；面包；方糖。

15

蛋白质和氨基酸：细胞的微型机器

蛋白质是人体内负责完成各种工作的分子。它们就像微型机器！你的细胞可以制造80 000到400 000种不同类型的蛋白质，这些蛋白质各自做着不同的特殊工作。

有些蛋白质可以读取DNA，有些蛋白质可以在细菌上打孔，还有一些蛋白质可以止血。有些蛋白质像门一样工作，有些蛋白质像火车一样工作，还有一些蛋白质像橡皮筋一样工作。

仔细观察这些蛋白质的微观结构，你会发现它们都由长线包裹成了三维形状。如果你把这些线解开，再仔细看看，你会发现它们是由很多微小的分子组成的，这些分子被称为氨基酸。

身体里有20种氨基酸。每一种都有一个3字母缩写和一个单字母代号。

最小的氨基酸叫作甘氨酸。它的3字母缩写是gly，单字母代号是G。最大的氨基酸被称为色氨酸。它的3字母缩写是trp，单字母代号是W。

每种氨基酸都有不同的特性。有些喜欢待在蛋白质的中间，有些则喜欢待在外面。有些亲水，有些亲油。有些会粘在其他分子上，有些则不会。正是因为这些不同化学特性的氨基酸互相结合，你的蛋白质才以不同的方式工作。

为了制造蛋白质，细胞要做的就是把一串氨基酸按正确的顺序排列在一起，然后折叠起来。要想做到这一点，指令来自你的基因。如果你想学习更多关于细胞如何使用指令制造蛋白质的知识，请翻到关于核糖体的那一页。

我身体里的蛋白质在哪里？

在每一个细胞里！

消化系统

血液

唾液

汗液

黏液

DNA

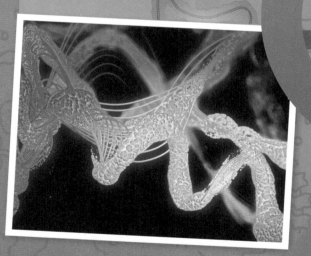

关于氨基酸，你需要知道的5件事

1 有500种氨基酸
自然界中有数百种氨基酸，但身体只使用其中的20种。

2 氨基酸来自食物
可以通过摄入植物和动物蛋白来获得氨基酸。

3 你身体的氨基酸是左旋
氨基酸可以是左旋或右旋。人体里几乎所有氨基酸都是左旋的。

4 身体不储存氨基酸
身体会为将来储存脂肪，但不会储存多余的氨基酸。

5 身体不能制造所有的氨基酸
身体只能制造11种氨基酸，所以我们必须从食物中获取其他氨基酸。

制造蛋白质

下一步就是所谓的翻译。这是RNA转化为构成蛋白质的氨基酸的过程。

氨基酸

A 螺旋

多肽链

蛋白质分子

复制DNA

合成蛋白质的主要步骤之一是转录。这是细胞复制DNA的地方。通过复制旁边空间的图像来帮助开始制造蛋白质。我们称之为RNA复制。

酶：催化反应

身体就像一个巨大的化学装置。体内充满了各种分子物质，必须将它们混合在一起并产生化学反应，才能维持生命。问题是，大多数化学反应发生得非常缓慢，而身体需要它们快速发生。

如果你不得不等着你的晚餐自己分解，然后你才能获得晚餐中的能量，那么你会饿坏的。

这就是酶的作用所在：它们能使化学反应更快发生。有的酶将分子分解，有的酶将分子固定在一起。

如果你在一个功能非常强大的显微镜下观察酶，你会看到它的表面有类似孔的三维结构。这些孔抓住不同的分子，使它们发生反应。

体内有很多不同的酶，但你最常听说的是消化系统中的酶。它们的工作就是尽可能快地从你的食物中获取营养。

消化系统中的第一种酶叫作淀粉酶，你可以在你的唾液中找到它。它的工作是将被称为碳水化合物的分子分解成更小的被称为糖的碎片。你可能知道的碳水化合物包括面条、面包和麦片。

你有没有注意到这些食物在咀嚼时会变得更甜？那是因为淀粉酶正在分解它们，让它们的糖分子全部释放出来。

食物还含有蛋白质（如肉、蛋和豆类）和脂肪（如黄油和油）。你的消化系统也制造对应的酶来分解这些物质。

蛋白酶将蛋白质分解成被称为氨基酸的碎片；脂肪酶将脂肪分解成被称为脂肪酸的小块。

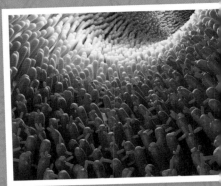

酶像一把锁
你可以把酶想象成一把锁，它有一个锁孔，可以让特定的分子进入。

字母数独游戏

和普通的数独游戏一样，只不过是使用字母。
请记住，你只能使用E、N、Z、Y、M和E，也就是酶的英文enzyme。下图中的每一行、每一列，以及每个粗线框住的长方形区域，都必须包含E、N、Z、Y和M这5个字母，除了E可以使用两次，其他的字母在每一行、每一列以及每个长方形区域只能使用一次。

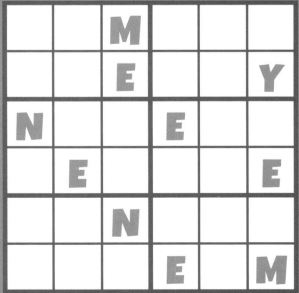

酶有两个主要作用
一些酶使分子分裂，另一些酶使分子结合在一起。这两种类型酶的工作就像锁和钥匙一样。

数字魔方

你能解开这些数字魔方吗? 记住, 一个魔方中你只能使用1到9的数字一次, 魔方的每一行、每一列以及对角线的和必须相等。

	7	6
9	5	
4		8

都是15

	8	1
2		6
7	0	

都是12

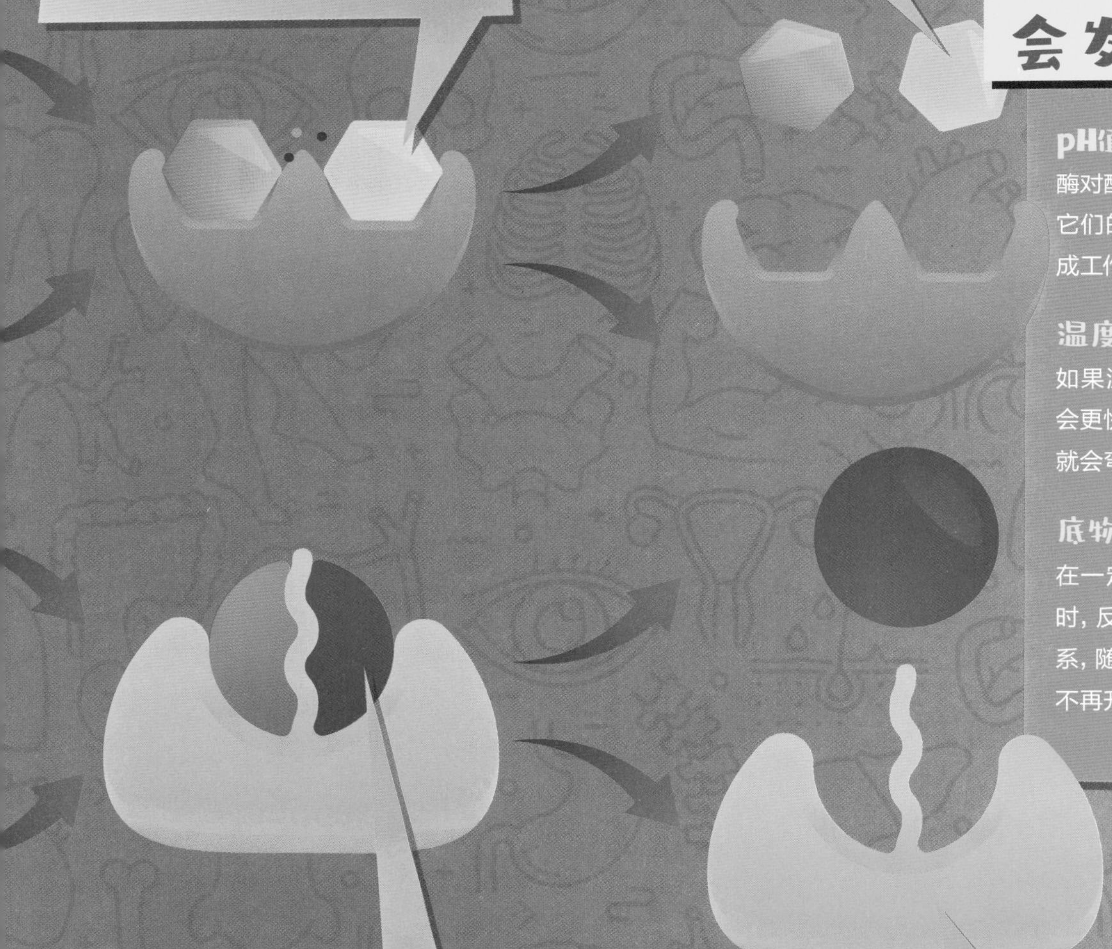

分子像钥匙
分子必须完美地嵌入酶的锁孔中, 才能产生化学反应。

一些酶将分子分解
当酶 (锁) 遇到正确的分子 (钥匙) 时, 它们就会合在一起, 分子就会被"打开"。

当pH值、温度、底物浓度发生变化时, 会发生什么?

pH值
酶对酸很敏感。如果酸太多或太少, 它们的形状都会改变, 从而无法完成工作。

温度
如果温度上升一点, 酶的工作速度会更快。但如果温度上升太多, 它们就会弯曲变形, 再也无法恢复。

底物浓度
在一定的酶浓度下, 底物浓度较低时, 反应速度与底物浓度呈正比关系, 随着底物浓度的增加, 反应速度不再升高。

一把"锁"可以装两个分子
如果一个酶将两个分子连接在一起, 两个分子必须同时插入锁中。

有些酶将分子结合在一起
当这两个分子在酶内相遇时, 它们结合在一起, 形成一个新的分子。

细胞小结

你的细胞有多神奇？它们虽然很小，却能做很多事。

每个细胞都有身体的DNA操作手册的副本。细胞利用这些指令可以做到需要它做的一切事情，从在你的大脑中发送信息到在你的胃中消化晚餐分子。细胞坏了它们修理自己，如果细胞衰老了，也会有新的细胞替代它。

细胞的所有部分，如细胞核、核糖体和线粒体，共同工作以保持一切顺利运行。你身体里所有的细胞都在一起工作以维持你的生命。

细胞总是很忙。你脸颊上的细胞每天会产生1升的唾液。你头上的细胞每个月会长出1厘米的头发。当你还在生长的时候，你骨骼中的细胞每年会让你长高5厘米！

为了完成所有这些事情，你的身体每天必须制造数十亿个新细胞，而这些细胞每一个都必须制造数千种新蛋白质。

大多数情况下，你都没有意识到这些变化。在你阅读这篇文章的时间里，你的身体已经产生了30 000个新的皮肤细胞。

自我测试！ ⑤

记住本章的内容，合上书，把它们写下来。

你能在5分钟内记住多少？

用所提供的单词填空，完成这10个句子。

1 细胞会经过 _____ ，从 _____ 到 _____ 。

2 你体内有 _____ 万亿个细胞。你每分钟产生 _____ 亿个新细胞。

3 在 _____ 分裂之前， _____ 必须 _____ 所有的 _____ 。

4 _____ 是细胞的液体部分。它被 _____ 包围着。

5 _____ 将 _____ 和 _____ 混合并制造能量。

6 核糖体是 _____ 工厂。它们遵循 _____ 的指示生产 _____ 。

7 遗传密码有 _____ 个字母。它们能拼出64个不同的 _____ 字母单词。

8 科学家使用 _____ 和紫色染料对细胞进行 _____ 后，可以在 _____ 下更清晰地观察细胞。

9 细胞从 _____ 中获得能量。 _____ 可以给ATP "充电"。

10 蛋白质就像一台微小的 _____ ，各自做着不同的工作。它们由 _____ 制成。

线粒体	粉色	氧气
蛋白质	细胞核	细胞周期
染色	生长	氨基酸	糖
机器	显微镜	细胞
核糖体	ATP	69
细胞膜	复制	细胞质	100	分裂
电池	4	脱氧核糖核酸	3

© Getty Images

细胞谜题

你多快能解出这些谜题？

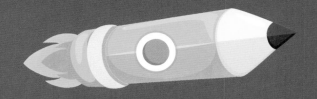

多少细胞？

据说人体内有30万亿个细胞。下面的数字中你能数出几个零？

答案
☐

30 000 000 000 000

这些是什么？

看看这些图，写下它们是什么，以及它们在"细胞"章节中的位置。试着记住它们的位置。如果你被卡住了，就翻翻书，看看你是否能找到它们的位置，然后把它们记下来。

测试自己！

记住这些，合上书，并写下你能记住的关于细胞的内容。

页码 ☐

这是什么？ ☐

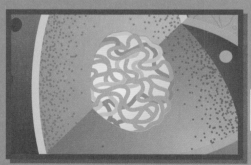

页码 ☐

这是什么？ ☐

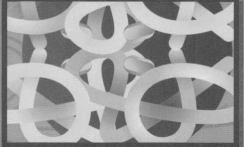

页码 ☐

这是什么？ ☐

词汇搜索

在词汇搜索中查找以下的单词

细胞骨架
CYTOSKELETON

细胞质
CYTOPLASM

血浆 **PLASMA**

细胞核
NUCLEUS

细胞膜
MEMBRANE

线粒体
MITOCHONDRIA

U	C	Y	T	O	P	L	A	S	M	R	F	E	C
H	H	N	L	M	P	J	L	N	P	U	I	H	Y
L	G	H	J	K	L	M	P	Q	R	M	S	U	T
F	A	N	C	B	F	L	H	Y	W	E	X	Z	O
R	M	W	B	E	R	N	D	S	X	M	K	D	S
A	S	D	O	N	B	S	U	R	S	B	T	F	K
S	A	U	I	O	X	E	K	P	P	R	S	G	E
E	L	C	F	E	L	K	M	K	S	A	D	Y	L
I	P	A	X	C	V	A	S	J	C	N	H	P	E
R	T	N	U	R	A	M	H	L	N	E	P	N	T
B	U	N	I	E	N	L	P	L	N	U	X	K	J
O												U	
T	J	X	Y	E	D	X	M	O	Q	L	X	U	N
M	I	T	O	C	H	O	N	D	R	I	A	J	X
S	Q	T	V	H	O	S	O	N	J	S	L	U	I

有多少？

数一数每个方框里有多少个东西，将答案写在右下角的方格中。

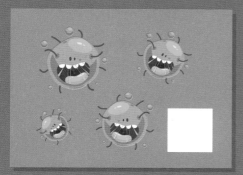
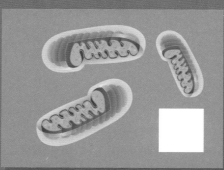

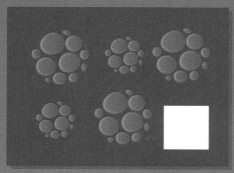
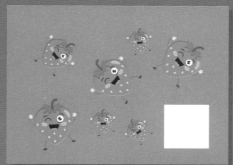
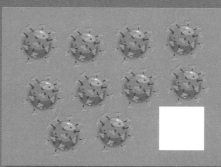

给病毒上色

想一想你或你的朋友在什么时候会感到不舒服。如果你感冒了，你会把病毒染成什么颜色？

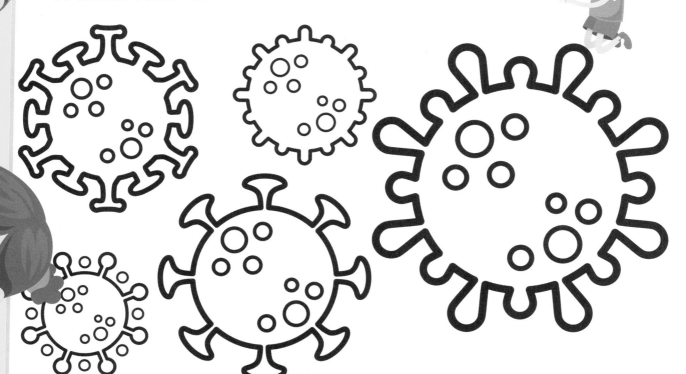

你的身体

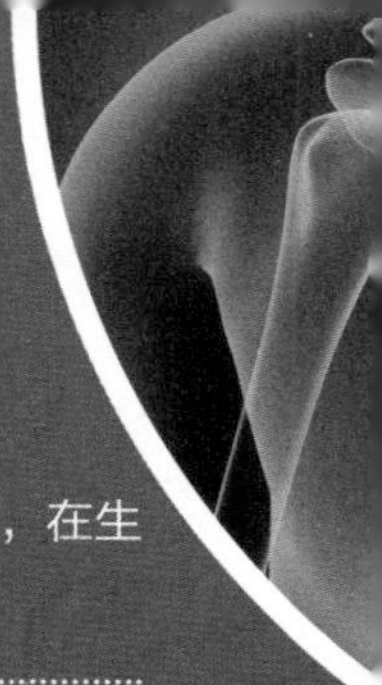

你准备好认识那些一起工作、共同维持你生命的组织和器官了吗？你的身体是一台不可思议的"机器"，有许多紧密联系的部件，它们做着不同的工作。这些部件属于10个主要系统。因此，在我们开始学习之前，是时候进行身体系统的倒计时了。

10. 循环系统：胸腔内的强大的"水泵"，通过许多有弹性的"管道"将血液推到身体的每一个角落，它将营养物质和氧气输送到所有细胞。

9. 消化系统：一根从嘴巴一直延伸到臀部的"管道"。它消化食物，吸收食物中的营养成分，并清除在此过程中产生的废物（如尿液，大便）。

8. 内分泌系统：激素"工厂"。它告诉身体要生长、睡眠和制造能量。

7. 皮肤：一个完全独立的系统。它保护身体不受外界的影响，帮助保持体温稳定。

6. 免疫系统：身体内的"军队"。它可以抵抗感染，在生病的时候帮助你恢复健康。

5. 肌肉系统：附着在骨骼上的肌肉，能帮助你移动你的骨骼，也能让你走路、微笑和呼吸。

4. 神经系统：你的"个人计算机"和"电线"。它告诉身体什么时候应该做什么事情。

3. 泌尿系统：净化血液的过滤器。它的主要工作就是制造尿液。

2. 呼吸系统：肺、嘴和鼻子。它们将新鲜空气带入体内并排出废物，如二氧化碳。

1. 骨骼系统：你的骨头。身体的形状由骨骼支撑，骨骼帮助你完成移动。

现在你已经完成了身体各大系统的倒计时，你已经准备好进入身体的内部世界了。我们开始吧！

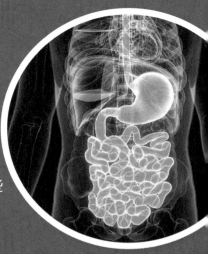

英文单词

看看你能否从下面打乱的单词中找出代表人体某些部位的英文单词。把它们和图片匹配起来

1 KEOSTENL

---

2 ANBIR

---

3 STHOMCA

---

4 ENIKYD

---

5 GNLSU

---

6 REAHT

答案：1. skeleton（骨骼）；2. brain（大脑）；3. stomach（胃）；4. kidney（肾）；5. lungs（肺）；6. heart（心脏）。

25

大脑：
头部的超级计算机

大脑是大自然发明的最强大机器。它几乎控制着身体的一切，从胳膊和腿的运动，到心跳速率，甚至你的体温。它是头部的超级计算机!

它有3个主要的工作：其中一些工作你可能已经意识到，但更多工作是在沉默中进行的。

大脑的首要任务是管理你的思想、情绪和感官。这个过程发生在你大脑的最外层，也就是大脑皮层。这里有数万亿个脑细胞。每个脑细胞都与成千上万的其他脑细胞相连，它们总是在来回传递信息。

大脑皮层是大脑中最大的部分，是它使人类与其他动物区别开来。它是使人类真正聪明的大脑区域。请看这一页的图片，看看大脑皮层的每个部分是做什么的。

大脑的第2项工作是控制你的意识活动——那些你决定要做的活动。这些动作包括走路、跑步、挥手、微笑和说话。这项工作发生在你的大脑中一个叫作小脑的区域。小脑区告诉你的肌肉该做什么，并确保它们以正确的顺序一起工作。

大脑的第3个也是最重要的工作是让你活着。它发生在你大脑的正中央，一个叫作脑干的区域。大脑的这一区域控制着呼吸和心跳，让人体入睡和醒来，并告诉消化道消化食物。

关于大脑，你需要知道的 5件事

1 大脑有数十亿个细胞
在你的大脑中有860亿个神经细胞，以及同样数量的辅助细胞!

2 大脑很轻!
你的大脑重1.5公斤。

3 大脑是五彩缤纷的
大脑的外部看起来是粉红色的，但内部却是灰色和白色的。

4 大脑非常节能
你的大脑使用的能量和一个灯泡差不多——只有20W!

5 人类的大脑不是所有生物中最大的
人类可能是最聪明的动物，但鲸鱼、海豚和大象都有更大的大脑。

大脑额叶
帮助思考
这是大脑用来思考的部分，用它来做选择和计划未来。

颞叶
帮助听和记忆
这是大脑处理文字的部分。它能分析你听到的内容，帮助你学习。

脊髓
帮助和身体对话
这是一组连接大脑和身体其他部分的神经。它们在脊椎上下传递信息。

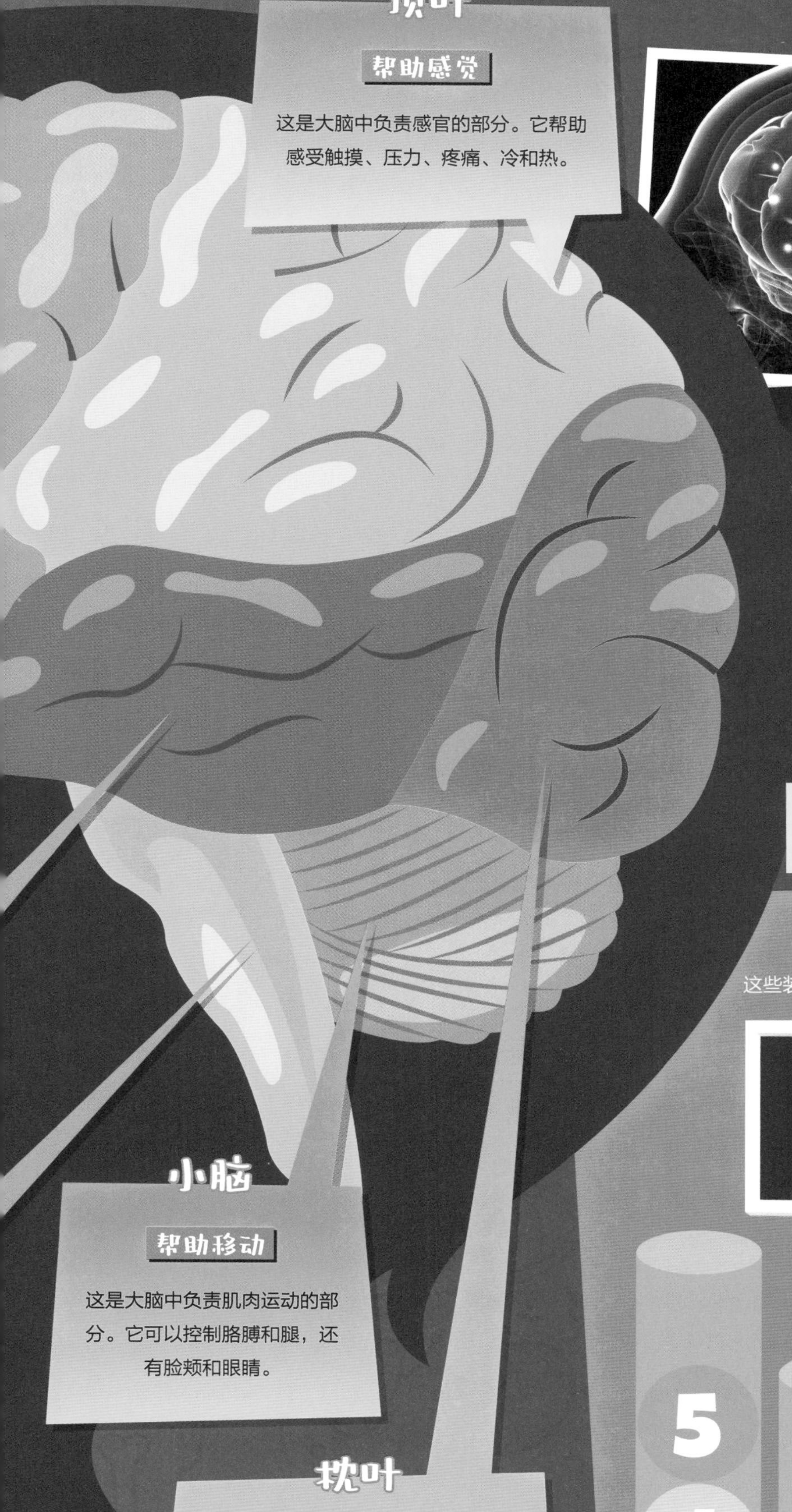

顶叶

帮助感觉

这是大脑中负责感官的部分。它帮助感受触摸、压力、疼痛、冷和热。

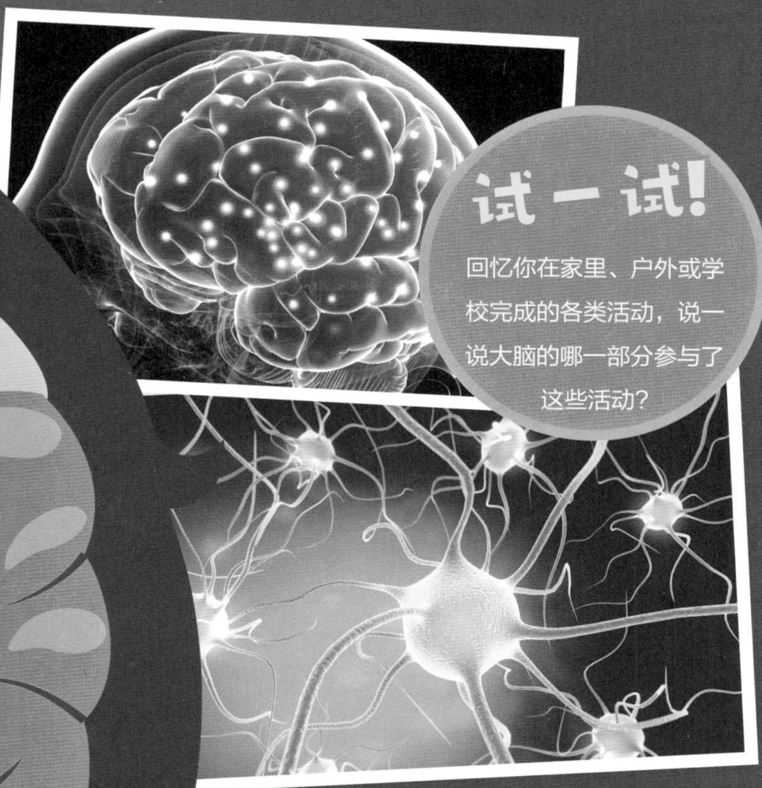

试一试！

回忆你在家里、户外或学校完成的各类活动，说一说大脑的哪一部分参与了这些活动？

大脑训练：匹配球

这些装在长圆管中的球需要怎样移动才能与小图一致？

```
3
4   2
5   1
```

```
3
5   1
4   2
9
```

小脑

帮助移动

这是大脑中负责肌肉运动的部分。它可以控制胳膊和腿，还有脸颊和眼睛。

枕叶

帮助观看

大脑的这部分区域负责向你展示世界的样子。它帮助你把眼睛里的信息转化成图片。

神经系统：
帮助感受和感知

神经系统控制着整个身体。它通过像电线一样工作的细胞向大脑发送信息。

这些细胞被称为神经细胞，由3部分组成：细胞体、树突和轴突。

细胞体在中间，它看起来和大多数普通细胞一样。它有一个细胞核，也拥有细胞存活所需要的所有机制。

树突在一侧，看起来有点像树枝。它们的工作是倾听来自其他神经细胞的信息。

轴突在另一侧，看起来像一条又长又细的电线。它的工作是将信息传递给下一个神经细胞。

当树突接收到来自另一个神经细胞的信息时，它们就会发出一波电流，通过细胞体并沿着轴突传递。当电流到达轴突末端时，神经细胞会释放出大量的化学物质。这些化学物质漂浮到下一个神经细胞，将信息传递给它的树突，这又引发了另一波电流。

神经系统中有很多不同类型的神经细胞，它们主要做两项工作。第一项工作是控制身体的自主运动，如跑步、跳跃和说话。第二项工作是控制身体的内部活动，如心跳、消化和呼吸。

控制运动的神经群被称为躯体神经系统。它将信息从大脑传递给肌肉，告诉肌肉何时收缩，何时放松。

控制身体内部的神经群被称为自主神经系统。它将信息从大脑传递到身体的各个器官。

大脑

思考和感受

大脑是神经系统的控制中心。它倾听来自身体的信息，并将信息发送回来。

脊髓

帮助将信息从大脑传递到身体

这束神经在脊椎里面。它是信息进出大脑的主要高速公路。

神经

帮助感觉和移动

成千上万的神经往返于脊髓之间。它们将身体的每个角落与大脑连接起来。

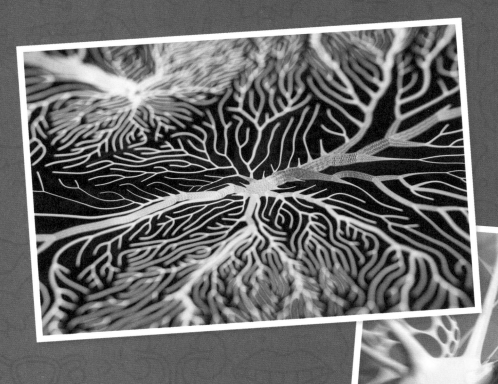

试一试!

不用大脑就做出反应!

你需要

- 一把椅子
- 一个朋友

操作说明

1 找一把椅子
坐在椅子上，一条腿跷到另一条腿上。

2 放松腿
确保你的大腿完全放松。

3 找到你膝盖下的韧带
找到膝盖骨下的柔软空间。

4 找个朋友帮忙
让你的朋友用手的侧面快速地敲一下膝盖下的韧带。

你学到了什么?

腿竟然自己弹起来了，这就是膝跳反射! 这很神奇，因为它的发生不需要经过大脑。膝盖上的神经感受到这种敲打，并向脊髓发送信息，接收到信息的脊髓会直接向腿上的肌肉发送信息，让你不经过大脑思考就踢腿。

消化系统：
身体如何处理食物

测验

你对自己的消化系统了解多少？

消化系统的哪个部分产生酸？

消化酶从何而来？

胆囊主要生产什么？

哪部分肠道能把食物中的所有营养和能量都提取出来？

哪部分肠道负责处理废物？

答案：胃；胰腺；胆汁；小肠；大肠。

消化系统有9米长！它是一个巨大的空心管，从嘴一直到屁股，中间有很多弯曲。它每时每刻都在忙着分解你所吃的食物，并将其转化为供细胞使用的能量和营养物质。

当你想到食物时，消化系统就开始工作了。想象你最喜欢的食物，你的嘴会开始流口水。那是唾液，一种特殊的液体，有助于使食物更容易吞咽。

当你开始咀嚼时，嘴巴会与牙齿和舌头一起工作，产生更多的唾液，以便把每一口食物变成一个滑溜溜的球，可以滑进喉咙。

当你吞下一口食物时，它会进入叫作食道的管道。这根管子将食物从你的脖子、肺部之间挤压到胃里。

你的胃在左手边的肋骨的下面。它空的时候只有拳头大小，但可以像气球一样膨胀，装下一顿饭和几杯水。它将食物与酸和酶搅拌在一起，混合成糊状。

当晚餐几乎完全成糊状时，胃开始一点点地把它喷进肠道。

首先，它通过小肠，完成食物分解，并获得所有的营养和能量。这需要几个小时！

然后它穿过大肠，大肠会吸干所有的水，留下棕色的固体废物。这需要更长的时间，通常超过一天！

最后，当所有的食物消化吸收都完成后，就该去厕所了。

大数字

800毫升
胰腺每天会产生800毫升的消化液。

36小时
食物在大肠中通过需要3天的时间。

4000毫升
胃可以容纳4000毫升的食物和饮料。

900千克
一个人平均每年要吃掉900千克的食物。

1. 食管

帮助吞咽食物

消化系统之旅的第一步是食物沿着食道滑下去。这个有弹性的管子会帮助人体把食物从嘴推到胃。

2. 胃

把食物碎成小块

当食物到达食道末端时，会进入胃。胃里充满了酸和酶，可以充分搅拌食物，使之变成糊状。

3. 小肠

帮助吸收营养

一旦食物全部变成糊状，它就准备好了开启小肠的漫长旅程，小肠负责吸收食物中的营养和能量。

4. 胆囊

分泌和储存胆汁

胆囊会向食物分泌一种叫作胆汁的绿色液体，胆汁排入十二指肠，有助于将大块的脂肪分解成小块脂肪。

5. 胰腺

把食物分解成更小块

胰腺会分泌酶。这些酶会将食物大分子分解成小肠可以吸收的小分子。

6. 大肠

处理身体的废物和垃圾

消化系统之旅的最后一步是穿过大肠，大肠会吸干所有的水，然后处理掉废物。

自我测验 ③

记住所学内容，合上书本，把它们写下来。你能在3分钟内记住多少？

眼睛：你如何看见颜色

眼睛的工作原理几乎和照相机一模一样！有一个允许光线进入的开口，一个聚焦光线的镜头，还有一个制作图像的传感器。

当光线照射到物体上时，一些光线会被物体吸收，而另一些则会被反射回来。一些反射的光线照射到你的眼睛，让你看到物体。

光线首先照射到的是角膜。它是你眼睛前面的一层透明组织。它的作用是使光线折射到你的瞳孔。

瞳孔是眼睛正中间的黑色部分。它的周围环绕着一圈叫虹膜的彩色环。光线通过瞳孔进入叫作晶状体的透明组织。

晶状体的工作是弯曲光线并使其照射到眼睛后部的传感器上。光线需要弯曲的程度取决于物体距离的远近。晶状体是有弹性的，有点像软糖。这意味着它可以改变形状。它变短变粗，使光线更容易弯曲，从而帮助你看清附近的物体；它变长变细，使光线更不易弯曲，从而帮助你看清远处的物体。

眼睛后部有两种感光细胞：视杆细胞和视锥细胞。当光线照射到它们时，它们会变得兴奋，并开始向你的大脑发送信息。

视杆细胞会被任何一种光激发，而视锥细胞只会被特定颜色的光线激发，有些被红色光线激发，有些被绿色光线激发，其他的则被蓝色光线激发。

大脑会接收这些信息，并用它们来制作图片。将红色、绿色和蓝色的信息混合在一起，构成了彩虹中的所有其他颜色。

虹膜

控制进入眼睛的光线量

我是眼中最色彩斑斓的部分。根据你的基因，我可以是棕色、褐色、绿色、灰色或蓝色。我有微小的肌肉可以使我变大或变小来改变进入眼睛的光线量。

晶状体

使光线折射到视网膜上

我就像一副眼镜上的镜片，我可以改变形状。我的工作是偏折光线，让光线在同一位置照射到你的眼睛后部。这就是"聚焦"。我要确保你看到的图片清晰不模糊。

视网膜

检测光线

我是你的后视眼。我身上覆盖着视杆细胞和视锥细胞，它们是微小光传感器。当光线照射到这些传感器时，它们就会打开。视杆可以接收任何光线，帮助你看清黑白。视锥细胞识别红色、绿色或蓝色的光线，从而帮助你看清颜色。

角膜

弯曲光线进入眼睛

我就像眼前的一扇窗，遮住虹膜和瞳孔。我的工作是让射入眼睛的光线发生弯曲，确保它穿过瞳孔。

瞳孔

让光线进入眼睛

我是眼睛前面的黑色圆孔。我的工作是让光线进入。当你在黑暗中时，虹膜使我变大；而当你在明亮的光线下时，虹膜使我变小。

巩膜

保护你的眼睛

我是你眼睛的白色部分。我很强壮，保护眼睛是我的职责。我几乎覆盖了眼球从前到后的所有部分。

关于眼睛你需要知道的 5件事

眨眼的速度 超级快
它只需要1/10秒（即100毫秒）就能完成眨眼。

眉毛是 眼睛的"伞"
眉毛有助于防止汗水和雨水进入眼睛。

有些动物的 瞳孔不是圆的
猫的瞳孔是狭缝形的，山羊的瞳孔是长方形的。

眼泪是咸的
眼泪的主要成分是水和少量的盐、油脂和蛋白质。

你经常眨眼
平均来说，你每分钟眨眼15~20次

试一试！

测试你的瞳孔！

你需要
- 放大镜
- 镜子
- 手电筒

操作说明

1 把放大镜放在镜子上。

2 用一只眼睛看它的中间。

3 你能看到瞳孔和虹膜吗？

4 现在，请一个成年人用手电筒照你的眼睛。

5 会发生什么呢？

6 现在试着把所有的灯都关掉。

7 你的虹膜和瞳孔会发生什么？

你学到了什么？

你可能已经注意到你的瞳孔大小在改变。当光线变强时，你的瞳孔会变得非常小。这可以阻止过多的光线进入你的眼睛。当光线变弱时，你的瞳孔会变得非常大。这会让更多的光线进入你的眼睛，这样你在黑暗中仍然可以视物。

请看下面的图片。你能看到它在动吗？

视觉幻象

视神经

发送信息给大脑

我是连接眼睛和大脑的电线！我收集所有来自视杆细胞和视锥细胞的信号，并将它们直接发送到大脑。大脑将这些信号转化为图像。

耳朵：
你如何听见声音

耳朵接收到头部周围空气分子的振动，并将其转化为电信号。大脑将这些电信号转化为声音。

你可以听到50~20 000Hz的振动，如雷声的轰鸣，蚊子翅膀上下振动空气产生的嗡嗡声，以及介于两者之间的一切声音。但耳朵是如何工作的呢？

耳朵的外部，称为耳郭，它像卫星天线一样接受声音。它将声音送入你的耳道，也就是你头部一侧的洞。在这个洞的深处，有一块叫作鼓膜的组织开始振动。

在鼓膜的另一侧，3块小骨头也开始振动。它们的工作是将振动传递给耳蜗，耳蜗看起来很像蜗牛壳。

耳蜗里充满了液体，当耳骨晃动时，液体开始流动。耳蜗里有数以千计的毛细胞，它们的顶部长有很细小的纤毛。当液体流动时，这些毛细胞的绒毛随耳蜗内液体的流动而弯曲，从而产生了电位差，从而产生通过听神经传至大脑的电信号。

耳蜗将电流传递到被称为耳蜗神经的神经束中。这会将信息发送到大脑的听觉皮层。这里的脑细胞会计算出声音有多大，音调是高还是低。

你的听力相当好，但在自然界中却不是最好的。鲸鱼和大象能听到极低的声音，能听到低至7Hz的频率。海豚和蝙蝠可以听到极高的音调，被称为超声波，频率高达100 000Hz。

真或假

在以下陈述旁写下关于耳朵和听力的描述是真还是假。

耳蜗是蜗牛壳的形状	真	☐
	假	☐
耳骨撞击鼓膜	真	☐
	假	☐
耳朵把声音变成电	真	☐
	假	☐

为什么我的耳朵让我晕头转向？

耳朵里有3个叫作半规管的平衡传感器。每个半规管都指向不同的方向，它们都充满了液体。当你移动时，这些液体会四处流动，帮助你的大脑确定你的头朝向哪个方向。当你旋转然后停下来时，液体会继续流动，这会让你感到眩晕。

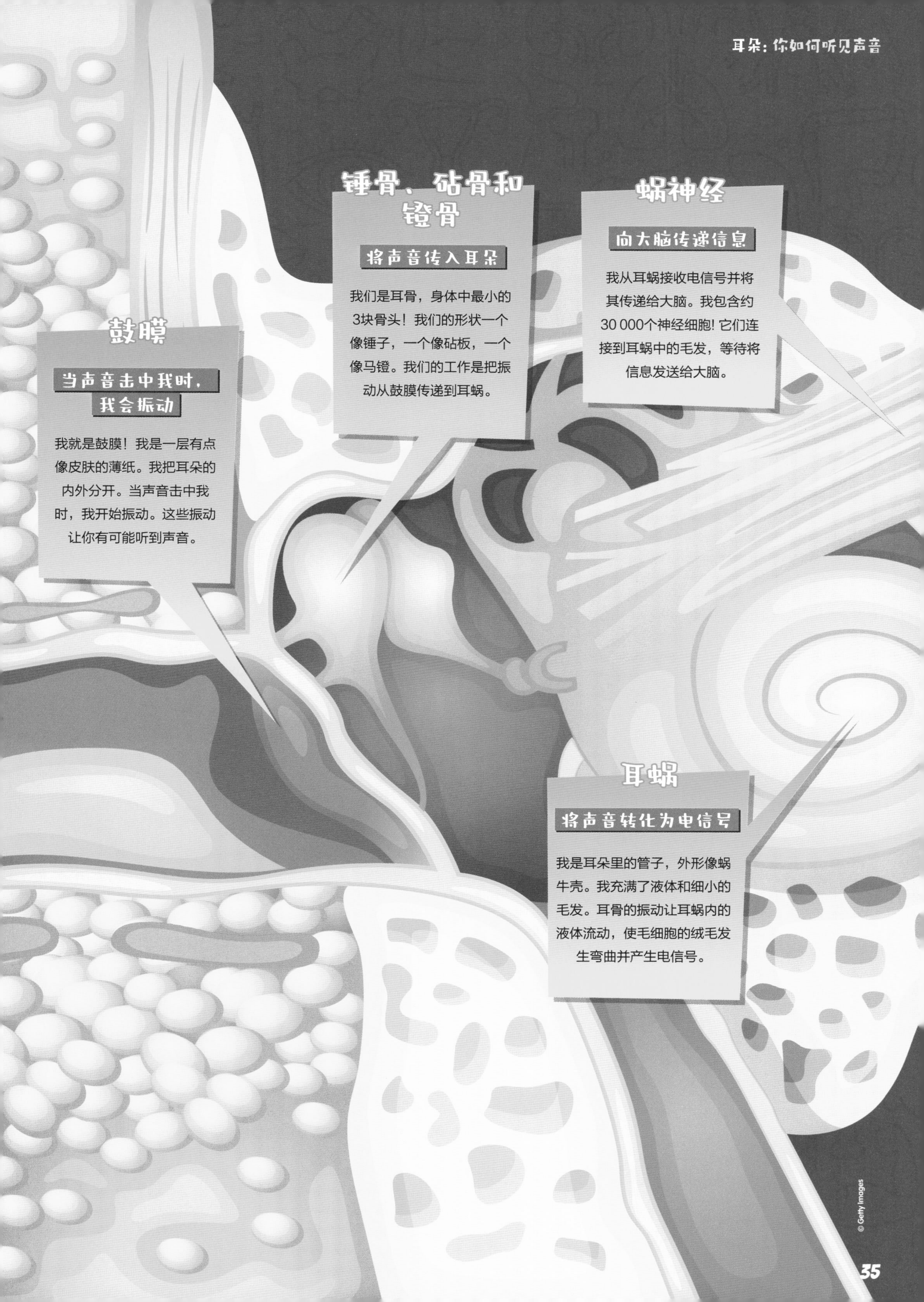

锤骨、砧骨和镫骨

将声音传入耳朵

我们是耳骨，身体中最小的3块骨头！我们的形状一个像锤子，一个像砧板，一个像马镫。我们的工作是把振动从鼓膜传递到耳蜗。

蜗神经

向大脑传递信息

我从耳蜗接收电信号并将其传递给大脑。我包含约30 000个神经细胞！它们连接到耳蜗中的毛发，等待将信息发送给大脑。

鼓膜

当声音击中我时，我会振动

我就是鼓膜！我是一层有点像皮肤的薄纸。我把耳朵的内外分开。当声音击中我时，我开始振动。这些振动让你有可能听到声音。

耳蜗

将声音转化为电信号

我是耳朵里的管子，外形像蜗牛壳。我充满了液体和细小的毛发。耳骨的振动让耳蜗内的液体流动，使毛细胞的绒毛发生弯曲并产生电信号。

味觉和嗅觉

嗅觉和味觉是不同的，但它们密切配合。你需要同时利用这两种感官来享受你最喜欢的食物。

主要味觉器官是舌头。它是一块肌肉，这就是为什么你可以通过在不同的方向上移动它来吃饭、说话和唱歌。把舌头伸出来，然后去镜子里看看。你能看到什么？

你可能注意到舌头上有很多小疙瘩。科学家称它们为乳头。如果你触摸它们，你会感觉有点粗糙。它们帮助你的舌头在进食时抓紧食物。

你可能看不到或感觉不到的是隐藏在下面的东西：你的味蕾。

味蕾是一些特殊的细胞群，可以感知食物中的化学物质。你有大约10 000个味蕾。它们可以检测到5种主要的味道：甜、咸、酸、苦和鲜。试试本页的味觉实验，看看你的味觉能力如何。

你可能会想，如果只有5种味道，食物的味道怎么会如此不同？这是因为我们所认为的味道，大部分实际上是气味！

鼻子有大约1200万个嗅觉感应细胞。这些细胞被细小的绒毛覆盖，可以感知空气中的化学物质。它们可以检测到大约10 000种不同的化学物质。这可以让你分辨出大约一万亿种气味。

很多气味通过鼻孔进入你的鼻子，但是当你吃饭时，它们也会通过你的喉咙后面进入。你的大脑将气味信号与来自你舌头的信号混合在一起，这就是你能分辨的食物是否美味的原因。

轮廓乳头

你可以在舌头后面找到我。我有数以千计的味蕾，在你吞咽的时候向你的大脑发送信息。

菌状乳头

我看起来像个蘑菇！我在舌头的前部分布，我的颜色经常是红色的。我有很多味蕾。

关于嗅觉和味觉，你需要知道的5件事

1 你可以闻到恐惧
人们在害怕的时候会分泌一种特殊的汗液。

2 你看不到你的味蕾
你舌头上的小疙瘩不是你的味蕾。味蕾太小了，你看不见。

3 狗的嗅觉比人要好
狗的鼻子里有大约2.2亿个嗅觉细胞。

4 一个味蕾就很厉害
你舌头里的任何一个味蕾都能感知所有的味道。

5 有些人味觉比其他人更灵敏
如果你是他们中的一员，你可能会发现苦的食物尝起来非常非常苦。

把这些食物和它们的味道连起来

苦的　　　甜的　　　酸的　　　咸的

叶状乳窦

我看起来像舌头两侧的褶皱，靠近后牙。我大约有20个，每个都包含数百个味蕾。

试一试!

甜的、酸的、咸的或苦的?

你需要

- 甜的食物，如糖
- 咸的食物，如盐
- 酸的食物，如柠檬汁
- 苦的食物，如可可粉
- 一个眼罩

操作说明

1 带上眼罩，捏住鼻子，张开嘴。

2 让别人在你的舌头上放一点上边准备的食物。

3 你知道你在吃什么吗?

4 你能说出它是甜的、酸的、咸的还是苦的吗?

你学到了什么?

当你捏着鼻子的时候，确认吃的是哪种食物真的很难。你的大部分味觉实际上是你的嗅觉。你可能发现相比之下更容易说出来食物是甜的、酸的、咸的还是苦的，因为这相比之下更容易说出来是你舌头最擅长的工作。

试一试!

香菜是什么味道?

你需要

- 一把新鲜的香菜（也称芫荽）
- 一个朋友

操作说明

1 每人咀嚼一片香菜叶。

2 写下你认为它是什么味道的。

你学到了什么?

有人写下了肥皂吗?香菜含有被称为醛的化学物质。很多认为香菜味道像肥皂的人有一种基因，使他们对这些化学物质特别敏感。这改变了他们的嗅觉，从而改变了他们对香菜的味道的感知。

试一试!

闻一闻，尝一尝你家里的食物。它们尝起来和闻起来一样吗?写下来，记录你的发现。

皮肤：身体最大的器官

皮肤是你身体中最大的器官。当你长大成人后，它的面积将达到两平方米！它的工作是保护你不受外界影响，确保没有任何有害物质进入你的身体，也没有任何重要物质流出。

如果在显微镜下观察皮肤，你会发现皮肤由一层又一层的细胞构成，它就像微观的盔甲。

最下面的一层被称为皮下组织。这一层充满了脂肪，它帮助你保持温暖，还帮助你把所有细胞固定在一起。

再上一层是真皮层。在这里可以找到头发和汗腺。身体有大约500万根毛发，其中只有10万根在你的头上，其余的都在你的皮肤上。当你感到寒冷时，它们会竖起来，帮助捕获一层温暖的空气。

你的汗腺也无处不在，但你会发现大多数汗腺在你的腋窝、手掌和脚底。你总共有2亿~4亿个汗腺。当你感到热的时候，汗腺会出汗。汗液会在空气中变成蒸汽并飘走，带走多余的身体热量。

皮肤的最顶层是表皮层。这是皮肤细胞所在的地方，皮肤细胞像砖墙一样一层层地堆积起来。表皮层的底部细胞是活细胞，并且会不断生长及分裂，而表皮层的最外层是由死细胞构成的皮肤角质层。

这些角质层细胞形成了天然屏障。当你接触到什么东西时，角质层细胞会脱落，当这些细胞脱落的时候，我们的肌肤会推出一波新的角质层，再次建立起保护肌肤的屏障。家里的灰尘主要来源于我们脱落的角质层细胞。

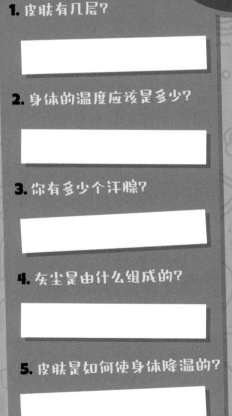

小测验

测试自己

记住这些内容，合上书本，把它们写下来。你能在5分钟内记住多少？

1. 皮肤有几层？

2. 身体的温度应该是多少？

3. 你有多少个汗腺？

4. 灰尘是由什么组成的？

5. 皮肤是如何使身体降温的？

答案：1. 3。2. 37℃。3. 4亿个。4. 皮肤细胞。5. 出汗。

38

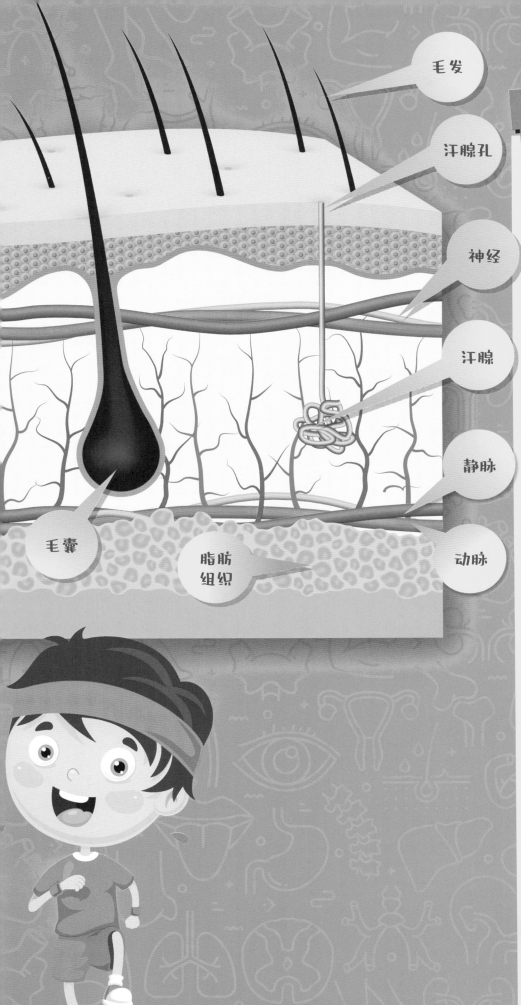

毛发

汗腺孔

神经

汗腺

静脉

毛囊

脂肪组织

动脉

为什么皮肤如此重要？

它保护你免受微生物的侵害

皮肤是人体抵御细菌的第一道防线。它阻止细菌和病毒进入你的身体。你有没有注意到当你有小伤口或小擦伤时，你的皮肤会很快愈合？你的免疫系统会迅速修复伤口，阻止任何有害物质进入。

它使你体温稳定

身体在37℃时工作得最好。如果体温太高或太低，细胞和分子就会停止工作。皮肤有点像散热器，当你太热时，会释放多余的热量。

它告诉你身体周围发生了什么？

皮肤布满了神经末梢，有些可以感知触摸，比如抚摸或伸展。有些可以感知冷暖，有些可以感知化学物质。这些神经末梢会告诉你身体周围发生了什么，当你感到疼痛时，它们会警告你。

它可以储存能量，让你保持温暖

身体在皮肤下储存脂肪。它就像毯子一样为你保暖。即使有一天吃不饱，也能确保精力充沛。在手和脚上的脂肪还可以作为减震器。

棕色脂肪细胞　米色脂肪细胞　白色脂肪细胞

肌肉：
让你运动的组织

身体里有数百块肌肉。它们主导一切身体运动，从胳膊、腿，到眼睛和嘴唇，甚至是心脏和消化系统。

大部分肌肉都附着在骨头上。这意味着当它们收缩时，它们可以移动你的关节。但是肌肉只能拉，不能推，所以它们必须成对工作。如果一块肌肉向一个方向拉关节，成对的另一块肌肉的功能就是把它拉回来。

你可以用手臂自己测试一下。当你弯曲肘部时，上臂前部的肌肉会收缩。你甚至可以看到它在动。当你伸直肘部时，肘部肌肉会放松，而上臂后部的肌肉会收缩。

身体最大的肌肉是臀大肌，也就是你臀部的肌肉。它的作用是支撑你直立。身体中最小的肌肉是镫骨肌，它是耳朵中的肌肉。它与最小的骨头一起工作，帮助你听到声音。

这些肌肉，以及其他所有的肌肉，都是由可以改变长度的特殊组织构成的。当你的肌肉收缩时，组织会变短。当你的肌肉放松时，组织会变长。这是因为肌肉中含有非常奇怪的细胞。

身体的肌肉细胞呈纤维状，它们靠紧密连接维系在一起。它们非常非常长，并且有一个以上的细胞核。在内部，它们含有成千上万的微小蛋白质线，整齐地排成一排。

当肌肉收缩时，这些线互相拉扯，它们都会束起。当肌肉放松时，这些线就会相互松开，而对面的肌肉会将它们全部拉回正常状态。

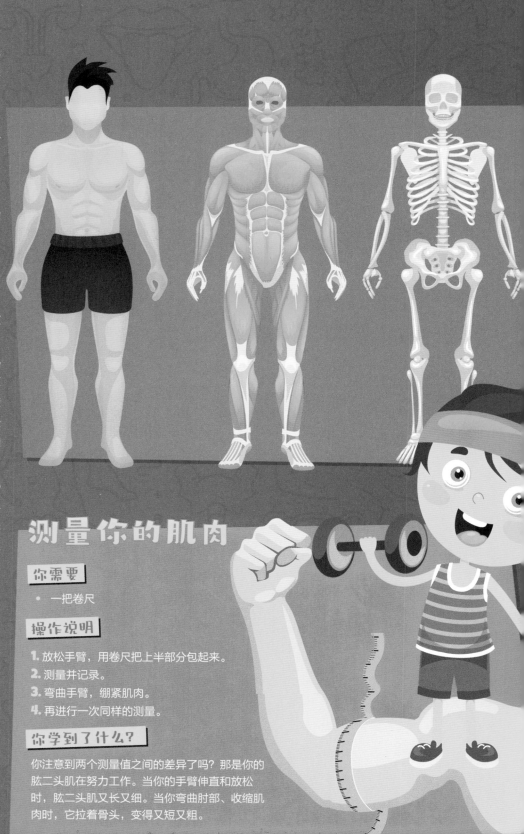

测量你的肌肉

你需要

- 一把卷尺

操作说明

1. 放松手臂，用卷尺把上半部分包起来。
2. 测量并记录。
3. 弯曲手臂，绷紧肌肉。
4. 再进行一次同样的测量。

你学到了什么？

你注意到两个测量值之间的差异了吗？那是你的肱二头肌在努力工作。当你的手臂伸直和放松时，肱二头肌又长又细。当你弯曲肘部、收缩肌肉时，它拉着骨头，变得又短又粗。

不同种类的肌肉

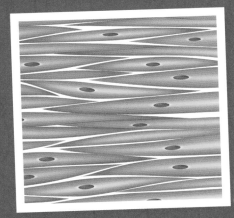 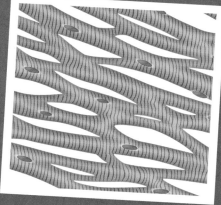 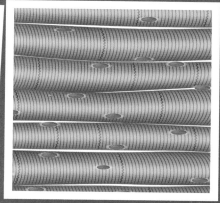

平滑肌
存在于绝大部分身体器官里

我是那种让你的器官运动的肌肉。我的工作是推动食物通过你的消化系统、排空你的膀胱。你不必告诉我应该做什么，我听从大脑的指令，而你甚至不必去想它。

心肌
存在于心脏

我是使你的心脏跳动的肌肉。我非常强壮。我有节奏地收缩和放松，以保持血液在体内的流动。不像骨骼肌，我永远不会累！这很重要，因为即使在睡觉的时候，也需要我继续工作。

骨骼肌
存在于骨骼周边

我是那种能移动你骨骼的肌肉。身体里有超过650个我。你可以用你的思维控制我，让我以不同的方式收缩和放松。

连点成画

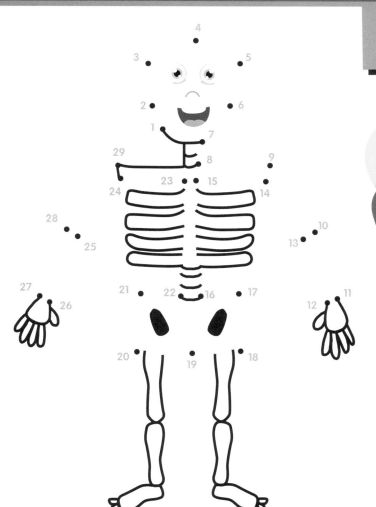

心脏：
将血液输送到全身

砰咚，砰咚，砰咚，这是心脏每天向全身输送血液时发出的10万次的声音。

如果你看一下你的心脏，你会看到4个房间，被称为腔室。顶部有两个小腔室，被称为心房，底部有两个较大的腔室，被称为心室。

每次心跳之前，心房都会充血，然后心肌开始挤压。

挤压从心脏顶部开始，将血液从心房推入心室。在这个过程中，心房和心室之间的门会打开，然后啪的一声关上，发出"砰"的声音。

心肌继续向下挤压，将血液从心室中挤出，进入体内最大的两条血管。在这个过程中，心室和血管之间的门会打开和关闭，发出"咚"的声音。

之所以有4个腔室，是因为心脏的两侧将血液推向身体的不同部位。心脏的右侧从身体收集血液并将其推向肺部。心脏的左侧从肺部收集血液，并将其推回身体。

你可能还记得，在关于线粒体的介绍的那一章，所有的细胞都需要氧气来制造能量，而你的血液为它们提供氧气。

如果在显微镜下观察你的血液，你会看到很多微小的红细胞，形状像压扁的圆盘。这些就是你的红细胞。它们真的很喜欢氧气。

当它们通过你的肺部时，它们会带走所有能带走的氧气。然后，当它们在你的身体外周组织移动时，它们把氧气输送给其他细胞。

血液也会把废物从细胞中带走，将二氧化碳带回肺部，以便能将其呼出。

右心房

我是位于心脏右上方的腔室。我从身体中收集氧气耗尽而充满二氧化碳的血液。当心脏跳动时，我将血液输送入右心室。

大数字

5升

体内有5升的血液。

45秒

血液需要45秒才能流遍全身。

25万亿

体内有25万亿个红细胞。

3500万次

心脏一年跳动3500万次。

找不同

献血可以拯救生命。必须年满18岁才能献血。找出这两幅图的4个不同点。

你是什么血型？

人体主要有4种血型：A型、B型、AB型和O型。它们都有相同的功能，但它们又有点不同。每个人只有一种血型，血型由基因决定。血型基因决定红细胞的外观。A型血人的红细胞上有A分子，B型血人的红细胞上有B分子，AB型血人的红细胞上既有A分子又有B分子，O型血人的细胞上既没有A分子也没有B分子。

左心房

我是位于心脏左上方的腔室。我从肺部收集血液，这些血液在到达我这里时已充满了氧气。当心脏跳动时，我将血液输送入左心室。

右心室

我是位于心脏右下方的腔室。我从右心房收集血液。当心脏跳动时，我将血液输送至肺部以清除二氧化碳并使红细胞充满氧气。

左心室

我是心脏中最大的腔室。我的工作是推动血液在身体各处流动，将氧气输送到所有细胞处。我从左心室收集血液并将其送入一个巨大的血管，称为主动脉。

试一试！

如何测量你的心率

你需要

- 手指
- 秒表

操作说明

1 把手指放在颈部一侧，就在下巴骨下面。

2 按住不放，看是否能感觉到跳动。

3 如果需要，可以向成年人求助。

4 启动秒表，并开始数心跳的次数。

5 当数到15秒时停止。

6 写下心跳数。

7 将这个数字乘以4

你学到了什么？

这个数字就是你的心率，也就是每分钟心跳的次数。它并不是每分钟都一样的，你运动时心跳快，休息时心跳慢。那是因为你的身体在活动时需要更多的氧气。在不同的活动之后，再测量一次心率，看看你能发现什么规律。

骨头：身体里最强壮的部分

你有没有想过你的骨头在身体里面是什么样子的？答案可能会让你感到惊讶。

骨头的外面是非常硬的。科学家称其为密质骨。它是由紧密排列在一起的坚固骨组织层构成的。但骨头里面全是洞，科学家称其为海绵骨，因为它看起来像海绵。

这两种类型的骨头是由相同的成分构成：胶原蛋白和矿物质。

胶原蛋白是将骨骼固定在一起的"胶水"。它很容易弯曲。矿物质是支撑骨骼强度的固体化学物质。它们很硬，但很脆。正是胶原蛋白和矿物质的结合使你的骨骼如此坚韧。

胶原蛋白使骨头具有抗拉强度。这意味着当你拉动或弯曲骨头时，它们不容易断裂。矿物质使骨骼具有抗压强度。这意味着它们在被推或被挤压时不会被压扁。

你可以把骨头分为5种类型：长骨、短骨、扁平骨、籽骨和不规则骨。

长骨是手臂和腿上的骨头。它们主要由坚固的骨质构成。短骨是手腕和脚踝上的骨头，比长骨的密度小。

扁平骨是指头骨和肋骨上的骨头。它们就像骨质三明治，外面是密实的骨层，中间是一层海绵状的骨。

籽骨是在肌肉中发现的种子状骨骼，就像膝盖骨。不规则骨骼是指所有其他骨骼，它们的形状千奇百怪，比如骨盆。

你的每一块骨头都是一个活的组织。虽然它们静默无声，但它们的细胞总是在忙着保持你的骨架强度。

X-射线影像

X光片向医生展示我们的骨骼。你可能去过医院，看到过你自己的骨头。请在空白处画出你在X-射线影像中可能看到的东西。

关于骨头你需要知道的5件事

1 骨头能平衡血液中的pH值

骨头可以改变血液中酸的水平，帮助保持血液的稳定。

2 你总是能长出新骨头

成年人不会停止制造骨头，他们每年会更换10%的骨头。

3 有些骨头经常骨折

人们最常折断的骨头是手臂上的骨头。

4 有一块骨头没有连在一起

你的舌骨是唯一一块不与其他骨头相连的骨头。

5 有些关节不能活动

头骨的骨头之间虽有关节，但它们不会移动。

骨头谜题

把骨头放在正确的地方来完成谜题。

你多快能解开这个谜题？

神经和血管

保持骨头的活力

我们贯穿于骨头的中间。我们给骨细胞提供新鲜血液，并向大脑发送信息。我们确保骨细胞总是有足够的氧气和营养物质，如果骨头受伤，我们会告诉大脑。

松质骨

让骨头变轻

如果骨头一路都是实心的，那它们就真的很重了。我有很多孔，有助于使骨头变轻。我存在于骨头的两端可以应对来自各个方向的推力。

密质骨

使骨骼强壮

我是骨头的坚固部分。我是由很多层非常坚硬的骨组织组成的。我的工作是确保骨头不会断裂。我有时会与身体的其他部分分享我的钙质。

髓腔

存储骨髓

我是一个贯穿骨头正中的洞。人们有时称我为骨髓腔。那是因为我是充满骨髓的空间。不同的骨头含有不同类型的骨髓。

骨膜

覆盖在骨的表面

我是覆盖在骨头外面的组织。我帮助骨骼保持强度和健康。如果你的骨头断了，我里面的细胞会帮助修复它。

骨髓

生产制造血细胞

我是骨头中间的软组织。我有两种类型，红色和黄色。红色骨髓制造红细胞和白细胞。黄色骨髓含有脂肪细胞，为身体储存能量。

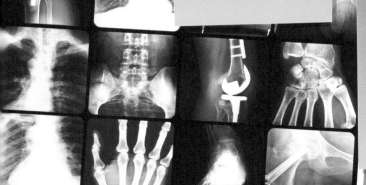

你身体里的骨头

如果没有骨头，人类会变成地板上的一滩皮肤、肌肉和器官。骨骼让人类保持形状，它们可以辅助运动，并保护大脑、肺和心脏。但这还不是骨头的全部功能。

骨骼是血细胞工厂。如果观察它们的内部，你会发现一种叫作骨髓的特殊组织。它每秒制造200万个新的血细胞。

它们也是一个钙库。钙使你的骨骼强壮，但它也能够帮助维持心脏跳动和帮助神经传递信息。你的骨头为你身体的其他部分储存钙，所以你身体里的钙永远不会用完。

下颌骨

有些人称我为颌骨。我实际上是头骨之一，但我与其他骨头的联系没有那么紧密，这意味着我可以自己移动，让你打开和关闭嘴巴。

锁骨

我连接着肋骨和肩膀。我的工作是支撑手臂和肩胛骨，帮助它们保持在正确的位置上。我是身体中最脆弱的骨头之一。

胸骨

大多数人称我为胸骨。我在胸部的正中间。我与大部分肋骨相连，形成肋骨架的前面。我的工作是保护心脏和肺部。

盆骨

我是身体底部的碗状骨头，也称髋骨。我最重要的工作是支持帮助你走路的肌肉，我还会帮助你保护肚子里的软器官。

大数字

206
当你生长发育完成的时候，你的身体将有206块骨头。

9.3 千克
你的骨骼重约9.3千克。

10
你的骨骼每10年就会完全更新一次。

26
每100个人中就有一个人有26根肋骨，正常成年人一般有24根肋骨。

4000
你的大腿骨在断裂前可以承受4000牛顿的力。

106
你的手和脚含有106块骨头，超过你身体骨头的一半。

髌骨

大多数人称我为膝盖骨，因为我就在膝关节的前面。我的工作是保护膝关节安全。我还可以帮助移动你的腿。你的大腿肌肉拉着我，使膝盖变直。

颅骨

我实际上是22块不同的骨头。大脑周围有8块，脸上有14块，我们一起保护你的头部安全。大脑是人体最重要的器官，也是最脆弱的器官之一。我们要确保它得到很好的保护。

脊椎骨

我是脊柱上的骨头，总共有24块。背部有这么多骨头意味着你可以向任何方向弯曲。我们保护你的脊髓，它是把信息从大脑传递到身体的神经。

肱骨

我位于肩膀到肘部，我与前臂的骨头形成一个关节。我的工作是帮助你抬起和弯曲你的手臂。

肋骨

我是一根肋骨。你的胸腔里有24根肋骨，每侧12根。我们在你的心脏和肺部周围形成了一个笼子，以保护它们的安全。我们也会辅助你完成吸气和呼气的动作，这样你就能顺畅呼吸了。

尺骨

我是前臂中最长的骨头。我把手肘和手腕外侧连接起来。我的主要工作是在你拿起东西和翻转它们时保持手臂和手腕的稳定。

胫骨

我是你小腿前部的那块大骨头，我是身体中第二大的骨头。我连接着你的膝盖和脚踝。和股骨一样，当你站立、行走和跑步时，我承载着你的重量。

股骨

我是全身最长最强壮的骨头，你的臀部一直延伸到膝盖。我这么强壮是因为当你跑步和跳跃时，我承载了你所有的重量。

腓骨

我是小腿上两块骨头中最小的一块。你可以在脚踝外缘感觉到我。我不承担重量，我只是帮助保持脚踝稳定和支撑肌肉。

免疫系统：身体里的士兵

免疫系统是一个由白细胞组成的巨大团队，它们相互配合工作来保持你的健康。它们保护你的身体不受细菌的侵害。

有两种主要类型的病菌可以进入你的身体：细菌和病毒。

细菌是一种小细胞，比体内的其他细胞小得多。它们并不都是危险的，但有些会产生让你感到恶心甚至对你有危险的化学物质。科学家称这些化学物质为毒素。

病毒比细菌更小，而且它们根本不是细胞，它们只是被包装成包裹的遗传密码的碎片。你可能记得，遗传代码指示你的细胞如何制造蛋白质。如果病毒进入你的细胞，它们会替代你自己的遗传代码开始指示你的身体制造病毒蛋白。这会让你生病。

免疫系统的工作就是追踪并清除这些细菌。

免疫系统是由白细胞组成的。它们来自你的骨髓，在你的血液中移动。就像军队中的士兵一样，这些细胞也被训练来进行很多不同的工作。

免疫细胞保护着你的组织。它们的工作是发现感染的最初迹象。这些细胞可以吃掉细菌，吞噬它们，阻止它们造成更多损害。它们也会发出警报，告诉其他免疫细胞来帮忙。

免疫细胞中的一些细胞可以产生能够杀死细菌的化学物质，一些细胞可以杀死被病毒控制的细胞，而另一些细胞则可以产生叫作抗体的化学导弹，这些抗体会粘住细菌并困住它们。

一旦你感染过一次病菌，免疫系统就会学会如何更快地对付它。这意味着，如果你再次感染同样的病菌，你可能不会生病。这就是所谓的免疫力。

疫苗

当身体需要帮助的时候

麻腮风疫苗

我可以预防3种疾病：麻疹、腮腺炎和风疹。儿童在1~3岁的时候就可以接种。

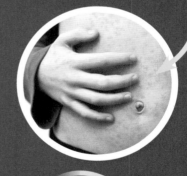

流感疫苗

我可以防止季节性流感，一种在冬季感染人们肺部的病毒。我有时可以是一种喷到你鼻子里的喷雾。

免疫力

这真的是一支军队

每毫升血液中有700万个白细胞。它们在那里等着，以防细菌侵入。如果它们发现了感染，就会从血液中出来，进入身体来清除感染。

不停地制造更多白细胞

大多数白细胞只能存活24小时左右。这意味着你必须不断地制造新的白细胞，以确保你能免受细菌和病毒的侵害。身体每秒钟会产生大约2万个新的白细胞。

它能记住以前见过的病菌

免疫系统有着惊人的记忆力。一旦与病菌战斗过一次，它就学会了如何在下一次更快更好地与它战斗。但有一个问题：有些病菌，比如流感病毒，可以不断改变它们的外观。这意味着你的免疫系统必须每次都要学习如何与它们战斗。

字母数独

就像玩普通的数独游戏一样，只不过将数字换成了字母。请记住，每一行和每一列以及每个由深色粗线分开的长方框内，都必须包含 I、M、U、N 和 E，其中 M 可以用两次。

	N			N	M
			N		
			U	M	
U				N	E
M		N			I
E	I	M	U		

肺炎球菌疫苗

我能预防一种能引起儿童肺炎、脑膜炎等疾病的细菌。通常在婴儿12周大的时候为他们进行皮下或肌肉接种，在他们1岁的时候再接种一次。

轮状病毒疫苗

我能预防轮状病毒引起的肠胃不适。医生通常会在新生婴儿出生后的第一个星期给他们服用。

HPV疫苗

我能预防HPV（人乳头瘤病毒），感染这种病毒很可能会导致女性患宫颈癌。当孩子们在12岁左右的时候给他们接种HPV疫苗。

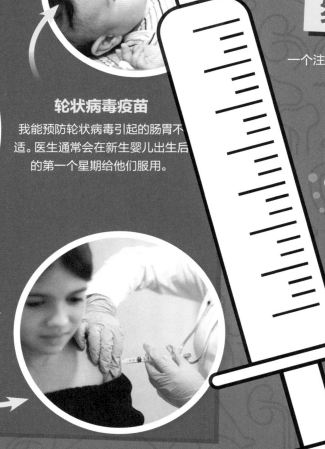

给它上色！

一个注射器有25厘米的疫苗。在图片上用颜色标记出来。

器官：
维持你生命的细胞和组织

器官是一组在身体内共同工作的细胞和组织。体内有很多的器官，在本书的其他部分，你会详细地了解其中一部分。在这里，我们将介绍一些最重要的器官。

你的5个器官被称为重要器官。这些器官是你绝对不能没有的。它们是你的大脑、心脏、肾脏、肝脏和肺。

这些器官做着重要的工作，比如向全身输送血液，血液会帮细胞带来足够的氧气并清除有毒废物。人类仅靠一个肾或一个肺也可以存活，甚至切除部分肝脏后也不会对生命造成威胁。但如果你完全失去了某一个重要器官的全部功能，你的身体就会停止工作。

你的其他器官也很重要，但医生已经找到了帮助人们在没有它们的情况下存活的方法。它们包括你的感觉器官，如眼睛、耳朵、鼻子和舌头，以及你的消化器官，如胃和肠。

你的一些器官非常大，比如皮肤，但有些器官却相当小。你的喉咙里的发声器官，它包含喉头和声带，它的工作是让你发声。

奇怪的是，有一个器官似乎没有任何作用。你的阑尾是一个与你的大肠相连的小器官。它大约有5厘米长，形状就像一条虫子。

科学家认为，阑尾可能可以帮助免疫系统抵抗感染，但是很多人切除阑尾后，身体似乎未受影响。

器官谜题

将下面的器官图案排列在左侧方格中。排列规则是：相同颜色或形状的器官图案不能在同一行、同一列或同一对角线中。你可以尝试在左侧方格中用铅笔进行标记，也可以在笔记本上打草稿，这样会让解决迷题的过程更简单一些。

词汇搜索

现在在下面的纵横字谜中找到你的每个器官。

```
I X H J D E N B R A I N X I
F O N K F S U Y Q N X H J N
J H H S K I N H I A D S W T
P D I X Z H X K G X G L M E
H K G V Q C F L X S G Q O S
E G M P F O S Y X T Y Z W T
A D A K A T X J R O I N F I
R L M L I V E R F M X G X N
T O H U L G Q W X A G P H E
H N C N Y T P X D C F J Y S
S M O G S M N W B H X A X X
Q K T S I L M L I H F C G H
U E K E S T J G L D S T N I
Z I B L A D D E R V E V B R
```

肠
INTESTINES

膀胱
BLADDER

肝脏
LIVER

胃
STOMACH

肺
LUNGS

皮肤
SKIN

心脏
HEART

大脑
BRAIN

皮肤

保护你

我覆盖着整个身体。我的工作是阻止物质随意进出身体。我是完全防水的，含有五颜六色的分子，能够帮助你免受阳光的伤害。

肺

呼吸

我是位于胸部的一对弹力袋。我的工作是让氧气进入血液并排出二氧化碳。每一次呼吸都使大约500毫升的空气进出身体。

肝脏

净化血液

我是人体内体积最大的器官。把手放在肋骨下感受两侧的温度，你会发现右侧比左侧更温暖，因为那里有我。我会清除血液中的有害化学物质、确保你有足够的能量，还会分泌胆汁来帮助你消化食物。

肠

消化食物

我是连接胃和肛门的管子，所有的食物消化和吸收都要经过我。我的工作就是确保你能从食物中得到营养物质和能量。我把所有的营养物质和水分都吸取出来，把废物处理掉。

膀胱

储存尿

我是肚子底部的一个可伸缩的袋子。我会把尿存储起来，等你找到厕所的时候再放出来。

大脑

控制身体

我是身体的控制中心。我通过神经系统发送电信号来告诉身体的其他器官该做什么。我也倾听来自身体的触觉、味觉、视觉、嗅觉和声音信号。我让你能够思考、想象、记忆、感觉和行动。

心脏

泵血

我拥有身体里最强壮的肌肉。生命中的每一分钟我跳动大约60次。我的每一次跳动都将血液输送到全身，将氧气和营养输送到细胞中，并将废物带走。

胃

消化食物

我是肋骨下的一个弹力袋。我收集你吃的所有食物，把它们与消化液混合成糊状，然后再让它们进入你的肠道。我的内部充满了酸，酸可以帮助杀死任何可能让你生病的病菌。

肾

生成尿

我的功能像过滤器。每天的工作就是滤出血液中的废物，把它变成尿液排出体外。此外，我每天会排出大约1升的尿液，然后通过长长的管道将尿液送到膀胱。

51

人体小结

人体是不是很神奇？有这么多不同功能的组织和器官在一起工作。

你已经认识了骨骼中的所有骨头，最长的、最强壮的及最小的！你跟随食物经历了一整套消化系统旅程，并了解到心脏如何日夜跳动以保持你和细胞的存活。

你已经学习了眼睛的结构与知识，了解到耳朵如何对声音做出反应，并知道了你的肌肉如何像活塞一样移动你的骨骼。

你的身体一直和你在一起，而你是一个训练有素的科学家，所以现在是时候开始做一些有关自己的实验了。这本书里收录了很多可以让你探索身体奥秘的小实验。你可以测试你的反射、接受听力挑战，并且可以尝试测量自己的心率。

不要忘记做笔记。利用你在书中学到的知识，预测可能发生什么，然后自己进行测试，看看结果与预测是否一致。这就是真正的科学家所做的。

自我测试！

记住本章的内容，合上书，把它们写下来。你能在10分钟内记住多少？

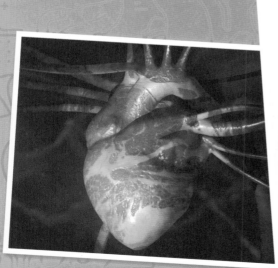

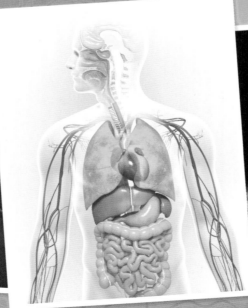

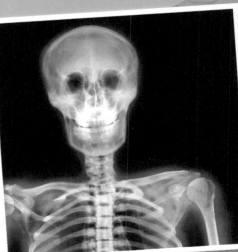

拼图

完成这个五彩缤纷的大脑拼图。哪一块不适合放到图里?

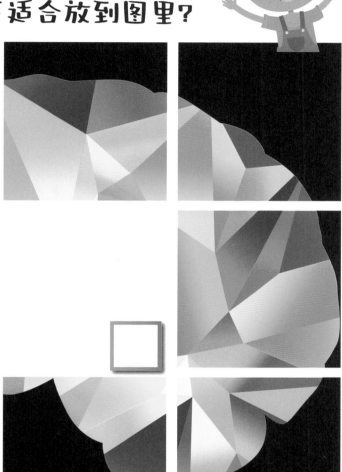

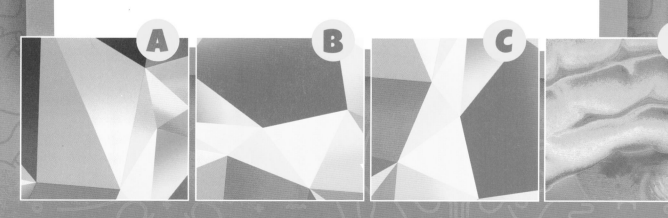

A

B

C

D

人体谜题

你能多快完成关于人体的谜题？

填字游戏

下面是你在本章中遇到的一些事物的名称，但你能把它们填入字谜吗？

HUMAN BODY(人体)
FUNNY BONE
(肱骨)
NERVOUS SYSTEM
(神经系统)
NOSE(鼻子)
EYES(眼睛)
FINGERS(手指)
HAIR(头发)
MUSCLES(肌肉)

数独

在每个格子里填上1到4的数字。记住，每一行或一列中不可以填重复的数字。我们已经填好了一些数。

	2	4
1		3
4		2
	1	3

连连看

画一条线把身体器官和它正确的功能或特征联系起来。

在阳光下久了会被晒伤

牙齿

你需要它是为了嚼碎食物

大脑

你努力思考时会使用的器官

皮肤

你可以使用它来和朋友们击掌

眼睛

你需要用它来奔跑

手

你需要用它来阅读和观看

腿

放置身体的器官

把身体的各个器官放在正确的位置上。你能在3分钟内把它们放进去吗？你需要多长时间才能把它们全部放进去？

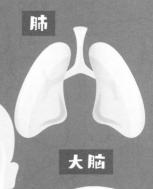

肺

大脑

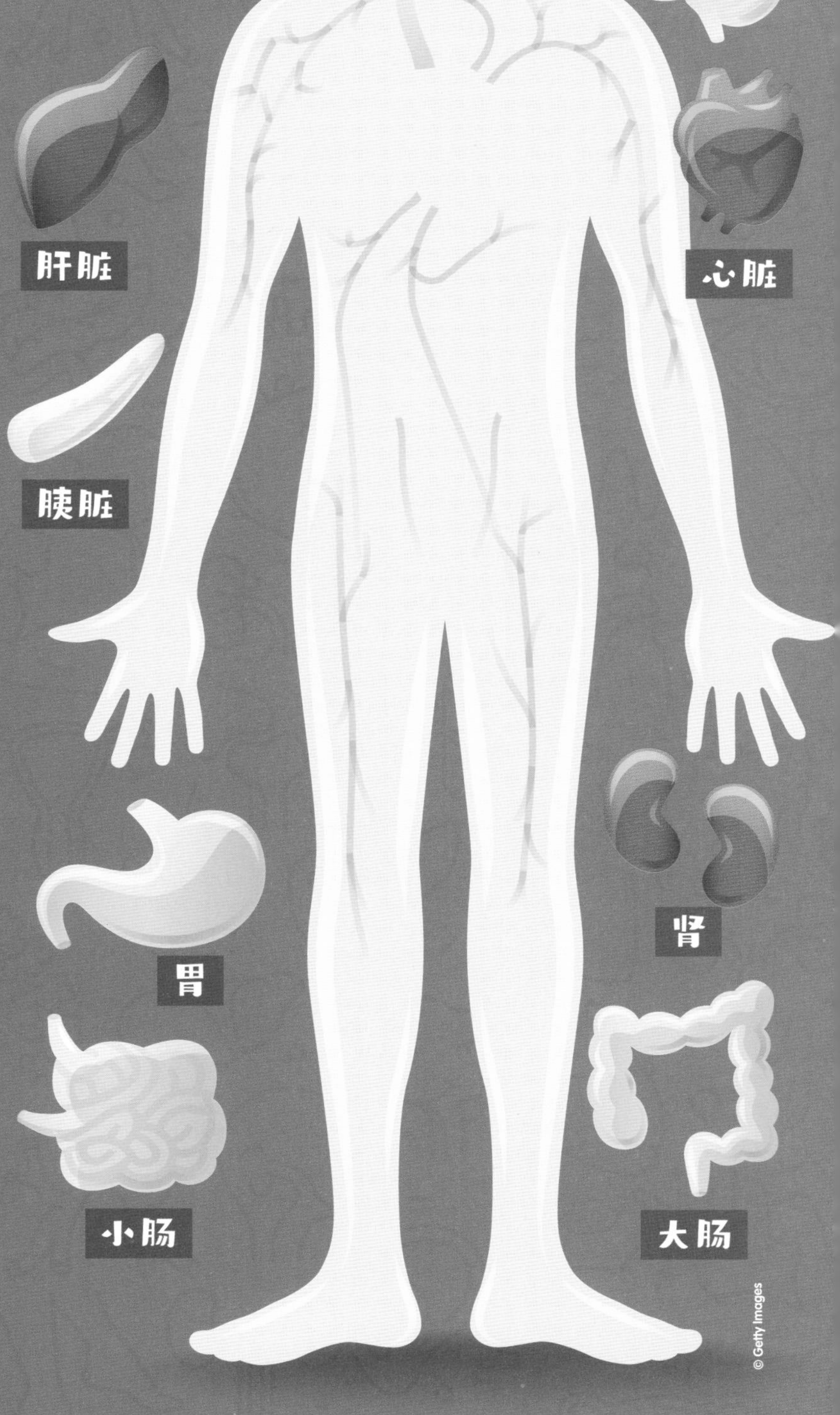

肝脏

心脏

胰脏

胃

肾

小肠

大肠

营养
和对你有益的食物

细胞总是在制造新的蛋白质、燃烧能量并分裂产生新的细胞。那么，它们从哪里获得做这些事所需要的原料的呢？答案是你的食物。

你吃进肚子的一切食物都含有被称为蛋白质、碳水化合物和脂肪的分子。这些分子会被你的消化系统分解成被称为氨基酸、糖和脂肪酸的更小的分子。然后，你的细胞利用这些更小的分子来完成它们在体内所需要的所有构建和修复工作。

细胞可以把氨基酸变成蛋白质，把糖类变成能量，把脂肪酸变成膜和激素。

食物还含有被称为维生素和矿物质的营养物质。细胞利用它们进行一些重要的工作。维生素D和钙使你的骨骼强壮，钠和钾维持你的心脏跳动，而维生素A帮助你在黑暗中视物。

继续学习，了解更多关于食物如何支撑你的身体以及如何确保给细胞提供它们需要的所有成分的知识。

水果求和

水果是本章中你会遇到的一种食物, 它们是健康食物。你能算出最下面一行的水果加起来等于多少吗?

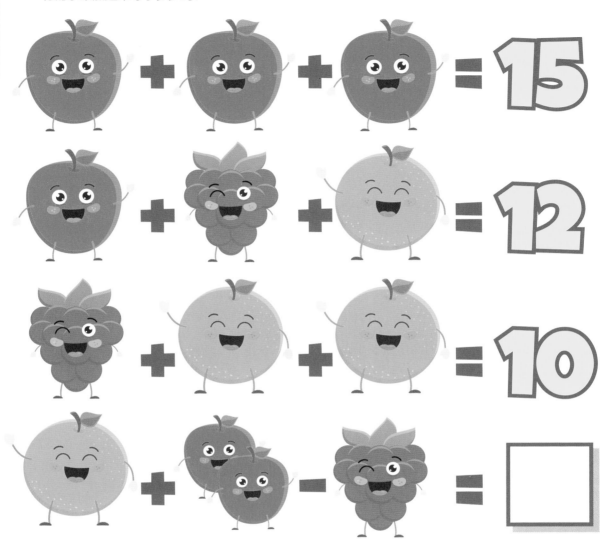

给它一个机会!

在这一章中, 你会遇到各种食物。你可以用"讨厌""喜欢""中立"的表情符号来表示你喜欢吃、不喜欢吃或可以适量吃的食物。

喜欢吃　　适量吃　　不喜欢吃

蘑菇 ☐　　　薯条 ☐　　　虾 ☐

花生 ☐　　　蓝莓 ☐　　　鱼类 ☐

饼干 ☐　　　巧克力 ☐　　　黄瓜 ☐

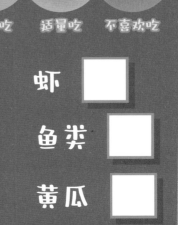

为什么营养对人如此重要？

你听说过"吃什么补什么"这句话吗？这是真的。你的身体分解你吃的食物，并利用这些碎片来构建你的所有细胞、组织和器官。

你需要从你的饮食中获得两个主要东西：宏量营养素和微量营养素。

宏量营养素是你最需要的营养物质。它们包括蛋白质、碳水化合物和脂肪。你的身体使用这些物质来构建分子和获取能量。

微量营养素是你需要量较少的营养素。它们包括维生素和矿物质。身体需用这些东西来完成重要的工作，但身体不能自己制造这些东西。

饮食平衡是指每天努力获得足够的这些营养物质。

苹果片

你需要
- 2个苹果

操作说明

1 取出苹果核，并将苹果切成许多非常薄的圆形苹果片。

2 将圆形苹果片放在烤盘上，在140摄氏度下烘烤一小时。

3 在烘烤过程中，将苹果片从烤箱中取出并翻面。

4 烤得成功的苹果片是金黄干脆的，你可以把它们存放在一个密封的容器中。

彩虹玉米圆饼比萨

你需要
- 松饼托盘
- 圆形饼干切割器
- 墨西哥薄饼
- 番茄酱
- 乳酪粉
- 彩虹蔬菜

操作说明

1 用饼干切割器把墨西哥薄饼切成12份。

2 往松饼托盘上抹油，把切好的薄饼放在松饼托盘上。

3 在每份薄饼上放一勺番茄酱，撒上磨碎的奶酪。

4 在每份薄饼上加入切碎的蔬菜。你能找到彩虹中的每种颜色吗？

5 在200摄氏度的温度下烘烤10分钟，直到它们变成金黄色。

鸡蛋香蕉煎饼

你需要

- 2个香蕉
- 2个鸡蛋

操作说明

1 用勺子的背面把香蕉捣碎，耐心一点直到所有的香蕉都变成了小块。

2 将鸡蛋打入香蕉泥中，搅匀。

3 在煎锅中倒入少许油，中火加热。把香蕉鸡蛋糊舀进锅里做成小煎饼。

4 大约一分钟后，如果糊糊开始冒泡，试着小心地用铲子把煎饼翻过来，煎另一面。

新鲜水果冰棍

你需要

- 冰棍模具
- 果汁
- 新鲜水果

操作说明

1 在每个冰棍模具中倒入约两厘米深的果汁后，放入冰箱冷冻，等它们凝固。

2 在等待果汁冻结的过程中，挑选一些水果切成小块。

3 把冻好的冰棍模具从冰箱里拿出来，用水果块填满模具的一半。在模具中加入一根冰棍棒，然后用果汁填满模具。

4 放回冰箱里几小时，直到它们完全冻结。

59

维生素：
维持生命的营养物质

你可能知道食用水果和蔬菜对你有好处，因为它们含有维生素。但维生素是什么？为什么它们如此重要？

维生素是身体需要的营养物质，但人体不能靠自己制造。你能得到它们的唯一方法就是从食物中摄取它们。

在身体的成长过程中，维生素帮助身体制造新的皮肤、骨骼和肌肉。当你是一个成年人时，它们帮助你的身体维持这些组织的工作，并适时进行修复。如果你没有摄入足够的维生素，那么身体将无法完成这些工作。

以维生素C为例。你可以在柑橘类水果如橙子或者柠檬中找到它。身体用它来制造一种叫作胶原蛋白的分子。

胶原蛋白呈长串状，其作用有点像胶水。这种胶水将你的皮肤细胞固定在一起。没有胶原蛋白，你的身体会崩溃的。这是过去发生在远洋水手和海盗身上的事情。

在漫长的海上航行中很难保持水果和蔬菜的新鲜，所以过去的水手靠食用咸肉、饼干和朗姆酒生存。这意味着他们无法得到足够的维生素C，因此不能正常合成胶原蛋白。

这导致了一种叫作坏血病的疾病。坏血病患者的牙齿会掉下来，当他们走路时，肋骨会嘎嘎作响。

大约300年前，医生终于找出了问题所在，水手开始在长途航行中喝橙汁。这给他们的身体提供了所需的维生素C，并有效地防止了他们生病。

这就是为什么吃水果和蔬菜如此重要。它们可能不像巧克力和汉堡那样美味，但它们给身体提供了从其他地方无法获得的营养物质。

维生素E
维生素E对健康的皮肤和眼睛非常重要。它还支持免疫系统，帮助神经细胞发送信息。

维生素C
维生素C可以帮助你的身体制造胶原蛋白，从而把细胞粘在一起，而这对健康的皮肤和牙龈非常重要。

维生素A
维生素A能帮助你看清东西。它还能帮助免疫系统对抗感染，保持肺部、肾脏和心脏健康。

维生素B
有很多不同种类的维生素B。它们帮助身体做很多事情，从制造新的DNA到从食物中释放能量。

维生素D
身体从阳光中产生维生素D。它最重要的工作是帮助骨骼长得强壮和笔直。

美味的数字

5 每天需要吃5份水果和蔬菜来补充维生素A、维生素C和维生素K。

2 每周吃两次油性鱼类，以增加体内维生素D和omega-3的含量。

1 每天喝一斤牛奶，为骨骼补充足够的钙。

4 每天吃4份全谷物来补充维生素B。

胡萝卜

我含有：

维生素A

你有没有听说过胡萝卜能帮助你在黑暗中看到东西？这是真的。它们含有一种叫作β胡萝卜素的化学物质，胡萝卜的橙色也来自于β胡萝卜素。你的身体将β胡萝卜素变成维生素A，并利用它来照顾你的眼睛。

豌豆

我含有：

维生素B1

豌豆中含有大量的维生素B1，维生素B1也被称为核黄素。这种维生素能帮助你从食物中获取能量，并保持神经系统健康。你还可以在香蕉、坚果和全麦面包中找到它。

橙子

我含有：

维生素C

橙子和其他柑橘类水果，如柠檬，都富含维生素C，事实上，你只需要吃一个橙子就可以获得一天所需的所有维生素C。如果不喜欢橙子，你也可以从红辣椒、花椰菜、草莓、菠萝和猕猴桃中获取维生素C。

西兰花

我含有：

维生素K

这种蔬菜富含维生素，其中包括维生素K。当你割伤自己时，维生素K可以帮助身体止血。它还能保持骨骼健康，帮助伤口愈合。你也可以在其他绿色蔬菜中找到它，比如菠菜。

干果

我含有：

维生素E

你喜欢吃坚果吗？很多坚果中含有维生素E，这种维生素对健康的皮肤是必不可少的。放学后吃一把坚果，或者在你烘烤饼干的时候把坚果加到饼干里，这样就可以摄入维生素E了。如果你对坚果过敏，不要担心，你也可以从其他种子中获得维生素E。

试一试！

和你的朋友讨论什么样的食物含有维生素。你上次吃是什么时候？

饮食日志

在接下来的几周里记录下你摄入了哪些种类的维生素。你每周的饮食搭配合理吗？

	周一	周二	周三	周四	周五	周六	周日
早餐							
午餐							
晚餐							
小吃							

碳水化合物：
吃这些来补充能量

碳水化合物，是你获得能量的主要途径，它们还有助于保持消化系统的健康。你知道大部分碳水化合物是由植物产生的吗？甚至用来做蛋糕的白糖也是如此。

植物能产生3种主要的碳水化合物：糖、淀粉和纤维。糖是最简单的碳水化合物。你的身体可以将它们转化为能量。当你吃含糖食物时，你的肠道会将糖直接送入你的血液。如果细胞马上需要能量，它们就会收集糖并开始使用它。如果细胞暂时不需要，你的身体就会把糖储存起来备用，身体通过释放一种叫作胰岛素的激素来做到这一点。

胰岛素告诉肝脏、脂肪细胞和肌肉从血液中摄取多余的糖。肝脏和肌肉将糖粘在一起形成链状，形成糖原以备以后使用。脂肪细胞可将糖直接转化为脂肪。

身体可以在需要的时候从这些脂肪中获得能量，帮助确保细胞永远不会耗尽燃料。

植物产生的另一种碳水化合物是淀粉，淀粉是一个接一个地连接在一起的糖分子链。虽然味道不像糖那么甜，但仍然含有大量的能量供身体使用。

当你吃面包、面条或米饭等淀粉类食物时，消化系统必须把糖分子链打开，才能释放糖分子。在它这样做完之后，这些糖分子就会进入血液，就像之前一样，然后胰岛素会安排好它们的去处。

植物产生的最后一种碳水化合物是纤维。就像淀粉一样，它由长链糖分子组成，但你的身体无法将其分解。这意味着它能直接穿过你的消化系统，而不被消化分解。

那么吃纤维有什么意义呢？因为纤维不会分解，所以可以在你的肠道里移动。它还能抓住水分，这将有助于保持你的大便柔软并易于排出。

水果

我含有：
糖

如果你想快速补充能量，水果是一个不错的选择。它们吃起来很甜，因为它们含有糖，这是你的身体最容易吸收和使用的碳水化合物。水果含有两种糖：果糖和葡萄糖。它们会进入你的血液，将能量输送到你所有的细胞。

燕麦

我含有：
可溶性纤维

食物中主要有两种纤维。可溶性纤维是指能溶于水的纤维。当你吃它的时候，它会在你的消化系统中产生一种凝胶。这种凝胶有助于保持你大肠中菌群的活性，它们有助于保持你的身体健康。

蔬菜

我含有：
不溶性纤维

食物中的另一种纤维是不溶性纤维。这种纤维不溶于水，但能吸水。你的身体无法分解它，所以它会带着水在你的消化系统中移动，而这有助于保持你的大便柔软且易于排出。

碳水化合物类型

糖

这类碳水化合物直接给身体提供能量！细胞可以用糖分子给它们的化学电池充电。

淀粉

这类碳水化合物为你持续提供能量。淀粉是由糖构成的，但身体需要一段时间才能将糖部分解出来，从而使能量持续更长时间。

纤维素

这类碳水化合物能使消化系统保持活力。身体无法分解它，所以它一路穿行，随着大便排出体外。

米饭、面食、和面包

我含有：

淀粉

要获得持续时间较长的能量，应选择含淀粉的食物。身体需要一点时间才能把淀粉分解成糖。与吃水果等含糖食物相比，这样的食物能提供更稳定的能量。含淀粉的食物包括米饭、面条、面包和土豆。

迷宫

碳水化合物可以为大脑运转提供能量。一片面包含有大约6克碳水化合物。你能多快走出迷宫？

食物日志

在接下来的几周里记录下你摄入了多少种碳水化合物。你每周的饮食搭配合理吗？

	周一	周二	周三	周四	周五	周六	周日
早餐							
午餐							
晚餐							
小吃							

大数字

24克
每天不要吃超过6勺的糖。

50%
试着从面食、米饭和土豆等淀粉类食物中获取一半的卡路里。

30克
每天吃30克的纤维来保持消化系统运转。

25%
大约1/4的纤维应该是可溶性的（试试燕麦、水果和豆类）。

脂肪：
存储能量并构成你的细胞

身体需要脂肪来生存，它是你可以吃的最重要的东西之一。但它有一个坏名声。

如果人类吃的食物超过他们的需要，身体就会把多余的能量变成脂肪。这些脂肪会储存在皮肤下和器官周围，有时会使人生病。但这并不意味着吃脂肪总是坏事，你的身体储存脂肪是因为它很有用！

脂肪是非常重要的能量来源。在过去，人们并不一定每天都能吃到食物。如果他们错过了一顿饭，储存一些多余的能量在他们的身体里对于维持生存是很有用的。

在寒冷的天气里，皮肤下面的脂肪也很有帮助，它的作用有点像毯子。

吃脂肪对你的身体也有其他的好处。你还记得细胞周围的膜是由什么组成的吗？脂肪！你身体里的每个细胞都被脂肪泡包围着。

在神经细胞周围有非常多的脂肪，如果你把它们全部测量出来，你会发现大脑有60%是脂肪。

有些激素也是由脂肪构成的。这些化学物质在体内传递信息，如果不吃脂肪，就无法产生这些化学物质。

你会发现在食物中有不同种类的脂肪，其中一些比其他的更健康。鱼、坚果和种子中的不饱和脂肪比肉、蛋和奶制品中的饱和脂肪对身体更有益。

吃健康的脂肪有助于你获得所需的维生素。维生素A、维生素D、维生素E和维生素K被称为脂溶性维生素，因为它们会溶解在脂肪中。这意味着脂肪有助于将它们带入你的身体。

脂肪

饱和脂肪

这些脂肪是很好的能量来源。但不要吃太多，因为它们会伤害你的心脏。

不饱和脂肪

这些脂肪可以为你提供能量，帮助细胞构建和修复，并保持心脏健康。

油性鱼类

我含有：

Omega-3

我是摄入Omega-3脂肪最好的食物之一。这是一种特殊的不饱和脂肪，身体需要它来保持心脏和大脑的健康。试着每周吃两份油性鱼类，以确保你获得足够的营养。

黄油

我含有：

饱和脂肪

像许多来自动物的脂肪一样，我在室温下是固态的。这个特点能帮你判断出我是饱和脂肪。我可以补充能量，但我不像含有不饱和脂肪的食物那么健康，所以要适量食用。

大数据

35%

你每天可以从脂肪中获得高达35%的能量。

30克

男性每天摄入的饱和脂肪不应超过30克。

20克

女性每天摄入的饱和脂肪不应超过20克。

2倍

每克脂肪所含的能量是糖的2倍。

加工食品

我含有:

反式脂肪酸

像我这样的加工食品可能含有大量的一种叫作反式脂肪酸的有害脂肪。吃太多这类脂肪会使你年老时更容易出现心脏问题。少吃点,多吃不饱和脂肪对身体更有益。

果仁

我含有:

不饱和脂肪

像我这样的坚果含有对心脏有益的不饱和脂肪。我们富含能量,我们也对你的心脏、皮肤和大脑有好处。如果你对坚果过敏,你可以在其他食物中找到不饱和脂肪,比如种子、鱼和梨。

对脂肪进行分类

下面有些脂肪类别与食物的对应是错误的。哪些脂肪应该属于不饱和脂肪,哪些脂肪应该属于饱和脂肪?

饱和脂肪

不饱和脂肪

食物日志

在接下来的几周里记录下你摄入了哪些种类的脂肪。你每周的饮食搭配合理吗?

	周一	周二	周三	周四	周五	周六	周日
早餐							
午餐							
晚餐							
小吃							

有益食物
vs有害食物

没有任何食物是完全有益或完全有害的，但有一些食物比其他食物对你的身体健康更好。保持健康的秘诀是不同种类的食物都要吃。只有这样你的身体才能获得需要的所有营养物质。

有6组不同的食物是你应该一直吃的。

第1组是水果和蔬菜，它们富含维生素和纤维。它们有助于保持细胞健康、促进消化系统运转。尽量每天吃一些不同种类的水果和蔬菜。

第2组是淀粉类食物，如土豆、面包、大米和面食。这些是为你提供大部分能量的食物。淀粉类食物是每一顿饭都要吃的。

第3组是乳制品。这些食物包括牛奶、酸奶和奶酪。它们含有矿物质钙，这是构建健康骨骼所必需的。

第4组是蛋白质，包括肉类、鱼、蛋和豆类等。这些食物对构建和修复身体非常重要。

第5组是脂肪。有时你会听到人们说脂肪对你有害，但这种说法是不全面的。身体需要用脂肪制造细胞膜包裹细胞，也需要脂肪保持大脑健康。健康摄入脂肪的关键是要尽量选择选择不饱和脂肪，比如油性鱼类、坚果和牛油果。

第6组是水。身体有一半是水，所以需要确保每天都喝足够的水。

平时也可以适量吃点零食。蛋糕、饼干、巧克力、糖果和薯片可能不是非常健康，但适量吃点它们可以构成均衡饮食的一部分。不过这些食物的糖和脂肪含量很高，所以不要多吃。

多吃

番薯 (SWEET POTATO)
我的益处：
看到我的橙色了吗？你的身体会把它转化为维生素A。

苹果 (APPLES)
我的益处：
苹果有很多纤维，可以帮助消化系统正常运转。

适量吃

巧克力 (CHOCOLATE)
为什么应该适量食用我：
巧克力的可可对心脏有帮助，但巧克力也含有很多糖。

奶酪 (CHEESE)
为什么应该适量食用我：
我含有钙和蛋白质，但是我也有很多脂肪。

少吃

糖果 (SWEETS)
为什么应该少吃我：
糖果没有任何维生素、矿物质、蛋白质和纤维。

软饮 (不含酒精饮料) (SOFT DRINKS)
为什么应该少喝我：
每罐软饮都含有很多糖！

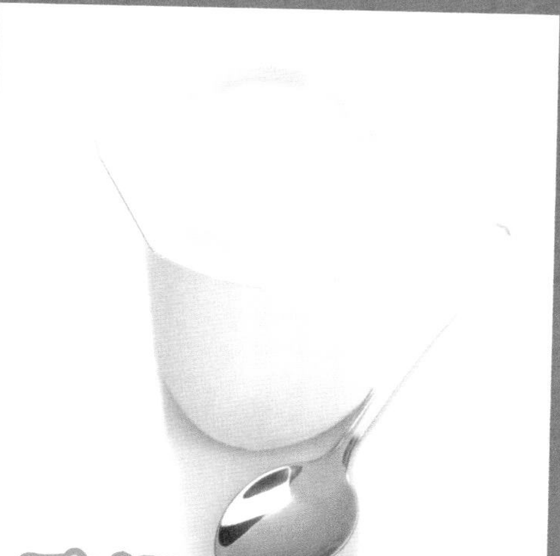

海带(SEAWEED)

我的益处：

我富含钙、镁和铁等矿物质。

鸡蛋(EGG)

我的益处：

鸡蛋富含维生素、蛋白质和健康脂肪。

酸奶(YOGHURT)

我的益处：

酸奶含有钙，可以使骨骼强壮。

红肉(RED MEAT)

为什么应该适量食用我：

红肉富含蛋白质，但蛋白质太多会伤害心脏。

果汁(FRUIT JUICE)

为什么应该适量食用我：

我是"一天五蔬果"中的一员，但我含糖很多而纤维较少。

蛋糕(CAKE)

为什么应该适量食用我：

像我这样的食物通常不含太多纤维和维生素。

薯片(CRISPS)

为什么应该少吃我：

薯片的脂肪和盐含量高，纤维和维生素含量低。

纵横字谜

把这两页上好吃食物的名字填到纵横字谜里。整理彩色方块，那是另一种食物的名字，它是健康的还是不健康的？

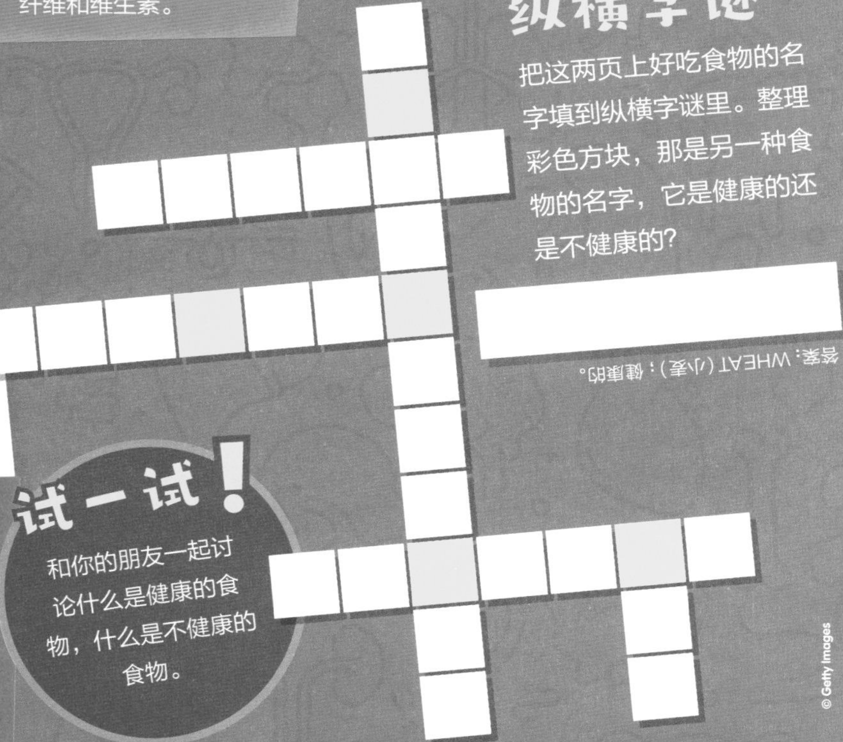

答案：WHEAT(小麦)；健康的。

能量饮料 (ENERGY DRINKS)

为什么应该少喝我：

每罐能量饮料可以含有多达9勺的糖！

试一试！

和你的朋友一起讨论什么是健康的食物，什么是不健康的食物。

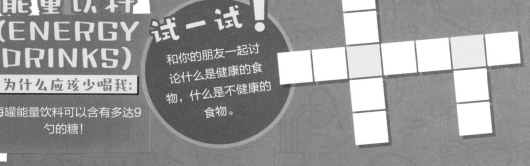

© Getty Images

营养小结

你的身体是由你吃下去的食物组成的。在每次吃东西时，你都在向细胞输送新鲜的营养成分。身体使用这些营养成分来制造和修补组织。你今天吃的晚餐到下周这个时候就会变成血液中的红细胞了。

这就是健康饮食如此重要的原因。你选择的食物对身体健康有很大的影响。

最重要的是要记住每种食物都要吃。身体需要不同的营养物质来保持健康。饮食的多样化是给身体提供所需要营养物质的最好方法。

多吃水果和蔬菜将有助于确保身体获得所需要的所有维生素。每顿饭里有蛋白质、碳水化合物和脂肪，这将确保身体拥有制造新分子和保持细胞里的化学电池充电所需要的组件。也可以吃一点你真正喜欢的食物，即使它们不那么健康，也会让你快乐。这也是均衡饮食的重要组成部分。

自 我 测 试！

③

记住本章的内容，合上书，把它们写下来。你能在 3 分钟内记住多少？

画出来!

利用提供的空间，画出在三角形中列出的食物。你最喜欢的食物是什么？你最后一次吃它是什么时候？

脂肪、油和糖

肉、鱼和蛋

奶制品

水果和蔬菜

面包、谷类食品

营养谜题

哪些食物对你的身体有益，你对它们了解多少?

画出营养均衡全面的一顿饭

和你的朋友讨论一下怎样搭配食物才是营养均衡而且全面的。在提供的盘子上画一幅画。

九宫格游戏

在以下每个方格里填上食物的图形。
要求每一行每一列的食物种类都不重复。

上色

给图片上色，然后分别标记出哪些食物含有脂肪、维生素、蛋白质或碳水化合物。然后找出哪些食物是健康的，哪些是不健康的。

试一试！

下面是3个标记有蛋白质、脂肪和维生素的桶。再通读一遍这一章，然后把下列食物放入相应的桶里。

植物油　坚果　黄油　奶酪　橙子

肉排　鸡蛋　酸奶　草莓　鸡

蛋白质　脂肪　维生素

基因

基因是科学史上最重要的发现之一！它们包含制造人体的指令，并代代相传。遗传学帮助我们理解基因是如何工作的，以及它们从何而来。

基因是遗传密码的一部分。它们被写在一种叫作DNA的分子上。它就像一本化学书，上面写满了如何构造身体的遗传信息，而且信息量巨大。

如果你想在一台计算机上存储你所有的DNA遗传信息，它将占用3G的存储空间。

令人惊讶的是你的每个细胞中都存储着自己的遗传密码副本。如果你把细胞的DNA链拉直，它们比普通人还高。体内的基因告诉细胞如何制造蛋白质，以及如何使身体存活、修复和生长。

在本章中，你将学习基因来自哪里、它们如何工作，以及身体如何保护它们的安全。你将学习DNA和染色体，并且将有机会进行一些实验来理解基因。

你的基因

在阅读本章之前，请圈出受基因影响的身体部位。

你从父母那里遗传了哪些部分？

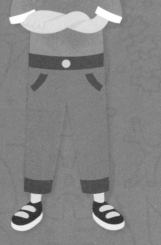

基因到底是什么

基因是身体中最重要的部分之一。你从一个单细胞开始，成长为一个完整的人，都是因为你的细胞遵循了基因中的指令。

那么，你认为需要多少个基因来构建你的身体？答案是大约25 000个。当科学家第一次发现这个结果时，他们真的很惊讶。他们本以为这需要很多很多的基因。这些基因共同完成了从头发生长到思考的所有工作。

基因也是进化的引擎。它们是生物体将指令从一代传给下一代的方式。它们每次传递时都会发生非常微小的变化，经过数百万年的时间，这些微小的变化加起来就是巨大的差异。

地球上的每一种植物和动物都是从同一个史前祖先演化而来的，所以我们都有一些共同的基因。看看这一页的图表，你与其他动物共享的基因比例是多少？

在本章中，你将深入了解你的基因。你会发现DNA的秘密，解锁染色体，以及发现基因的起源。

我和谁有相同的基因？

99%

我们最近的亲戚是
黑猩猩
我们有很多相同的基因

关于基因你需要知道的5件事

1 只有1/100的DNA是基因

其余的部分则告诉细胞何时打开或关闭这些基因。

2 每个基因都有两份"拷贝"

你从亲生父母那里各得到一份基因的"拷贝"。

3 有些基因非常长

最长的基因有超过200万个碱基。

4 有些基因是非常短的

最短的基因只有800个碱基。

5 大部分基因的长度在800~200万个

大多数基因大约有5万个碱基。

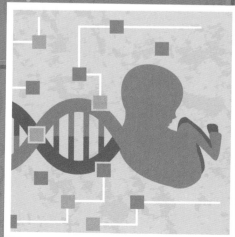

85%

老鼠
和我们一样都是哺乳动物
我们有很多相同的基因

60%
鸡
与恐龙的关系比与我们的关系
更密切

40%
我们可能看起来非常不同
但我们仍然与
蠕虫
有一些相同的基因

按照比例
上色

现在你知道了比例，在圆圈里按照比例
涂上颜色。

黑猩猩

老鼠

鸡

蠕虫

染色体：构成你的X形体

你的每个细胞内都有整整两米的DNA。如果它们随意伸展，这么多的DNA很快就会变得非常不整齐，所以细胞将其打包成46个小包裹，称为染色体。

每条染色体都是一条DNA链，包裹着数以千计的被称为组蛋白的微小蛋白质。这些蛋白质看起来有点像缝纫机上保持线头整齐的线轴。组蛋白使DNA被整齐地包裹起来，直到细胞需要使用它。

要使用基因，细胞需要做的就是解开组蛋白，释放DNA。

如果你在显微镜下观察染色体，你会注意到一些有趣的事情。首先，它们的颜色很鲜艳！染色体这个词的英文词源来自于古希腊语，字面意思是彩色的身体。这是因为染色体吸收了科学家用来使细胞在显微镜下显示出来的紫色染料。

其次，你的染色体是成对的，准确地说，是23对。你从亲生父母那里各得到一组基因，每个基因都有两份"拷贝"。

再次，在大多数时候，你的染色体是香肠状的。但是在细胞分裂之前，它们会变成X形！这是因为细胞已经复制了所有的DNA，并制造了一个全新的染色体。这个新的染色体一直连接在旧的染色体上，直到细胞分裂将它们分开。

最后，有一对染色体与其他染色体有些不同。科学家称其为性染色体。它们的工作是决定你的生理性别，即你在遗传上是男性还是女性。女性的两条性染色体都看起来像X形，但在男性的性染色体中，一条看起来像Y形，另一条看起来像X形。

词汇搜索

你能在下面的词汇搜索中找到多少个单词？

- 大臂 LONG ARM
- 瞳距仪 CENTROMETRE
- 染色体 CHROMOSOME
- 脱氧核糖核酸 DNA
- 蛋白质 PROTEINS
- 短的 SHORT
- 组蛋白 HISTONES

```
L T A V L M P K P G D B C I
O O X O P X H T L D N X H T
N F R N J R G K Q H X R R H
G X P A Z X O X X D N A O K
A R M M M P T G T G H E R M W
R V J M C R H Q E X J K O J
M E P G W O D F J I A J S N
X N G S Y H I H Q Z N X O F
H R M H H S Y L H X H S M M
B M A G H O F X K G X C E N
O E H I S T O N E S K X X D
P T L I K M Q S T K I K H G
K M K U J L R X U Z G L R J
C E N T R O M E T R E X G P
```

试一试！

制作一个染色体

你需要
- 橡皮泥

操作说明

1 拿一个橡皮泥，把它卷成一个长香肠的形状。

2 在上面2/3的地方掐一下。

3 现在，再做一个香肠的形状，完全一样。

4 把两根香肠夹在一起，做成一个X形。

你学到了什么？

染色体并不总是X形的。事实上，大多数时候，它们看起来就像其中一根橡皮泥香肠。它们只会在分裂前变成X形。细胞复制每一条染色体以制造出完全相同的第二条染色体，就像你对你的橡皮泥所做的那样。

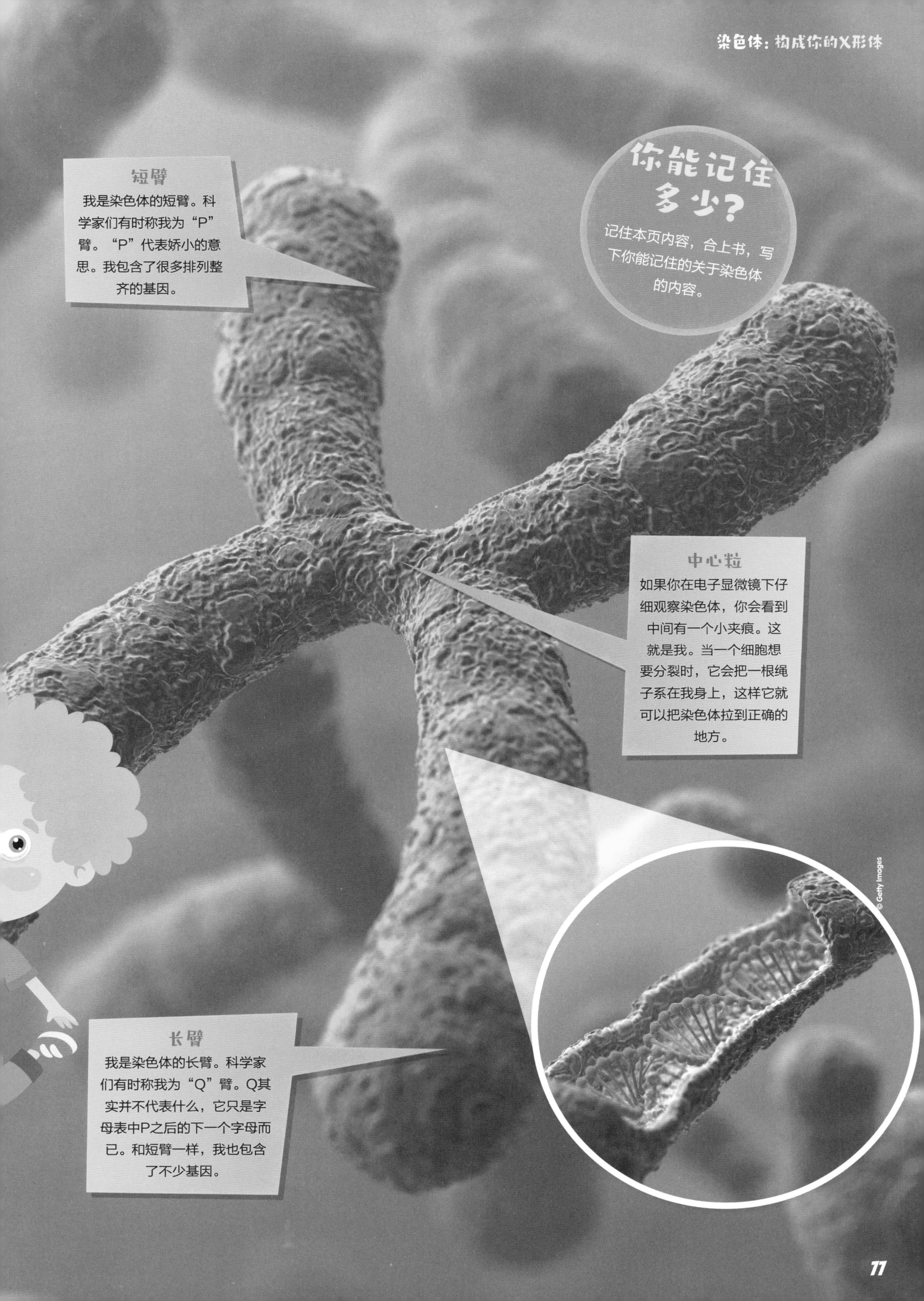

短臂

我是染色体的短臂。科学家们有时称我为"P"臂。"P"代表娇小的意思。我包含了很多排列整齐的基因。

你能记住多少？

记住本页内容，合上书，写下你能记住的关于染色体的内容。

中心粒

如果你在电子显微镜下仔细观察染色体，你会看到中间有一个小夹痕。这就是我。当一个细胞想要分裂时，它会把一根绳子系在我身上，这样它就可以把染色体拉到正确的地方。

© Getty Images

长臂

我是染色体的长臂。科学家们有时称我为"Q"臂。Q其实并不代表什么，它只是字母表中P之后的下一个字母而已。和短臂一样，我也包含了不少基因。

DNA

DNA是生命的分子。它就像一个携带着人类遗传和发育的指令的密码本。它储存你的基因，并将它们传递给下一代。

字母DNA代表脱氧核糖核酸。

遗传密码的字母有点像你在这页上看到的字母。在英语中有26个字母，我们把它们排列组合拼出不同的单词。DNA中的字母（A、T、C、G 4种碱基），它们也能拼写出词。

DNA中的单词是指导细胞如何制造和照顾身体的指令。它们是用一种只有细胞才能理

骨干

我位于DNA分子的外围。我看起来有点像缎带。我是由糖分子和磷酸盐分子组成的。我把DNA碱基排成一长串，方便细胞按正确的顺序读取指令。

谁发现了DNA？

弗雷德里克·米歇尔 1869年，这位科学家通过观察充满脓液的绷带上的细胞，发现了DNA。

让我们来分析一下

如果你看DNA的图片，你会发现它看起来有点像一个扭曲的梯子，两边有两根长绳子，中间是梯级，这就是双螺旋结构。这些梯级是你身体存储基因密码的地方。

DNA中的D是构成DNA阶梯两侧绳子的分子。它是一种特殊的糖，叫作脱氧核糖。N和A是构成阶梯梯级的分子。它们代表核酸，是遗传密码的字母。

碱基

我是DNA的一部分，储存着遗传密码。我有4个：腺嘌呤、鸟嘌呤、胞嘧啶和胸腺嘧啶。

有4种碱基：

腺嘌呤
鸟嘌呤
胞嘧啶
胸腺嘧啶

碱基对

DNA中的碱基喜欢成对出现。腺嘌呤总是与胸腺嘧啶配对，而胞嘧啶总是与鸟嘌呤配对。这些成对的碱基将DNA分子的两半拉在一起，并使其呈螺旋状缠绕。

解的密码编写的。科学家努力破解这个密码，发现这些字母可以拼出64个由3个字母组成的单词。这些词告诉细胞如何制造蛋白质。你可以翻到关于核糖体的那一页来了解更多关于核糖体是如何工作的。

DNA的故事：它是如何被发现的

什么是细胞？

在19世纪60年代，科学家并不确定细胞是什么。米歇尔试图找出答案。

采集绷带

他知道，他可以在用过的绷带里的脓液里找到白细胞。

查看细胞的内部情况

米歇尔看了看细胞内部，并在细胞核内发现了一个奇怪的新分子。

给它命名

米歇尔称这种新分子为"核素"。其他科学家后来将其重新命名为DNA。

这个分子是什么？

该分子包含氢、氧、氮和磷元素。

完成拼图

把这些小块图片放到正确的方块中，形成完整的染色体拼图。

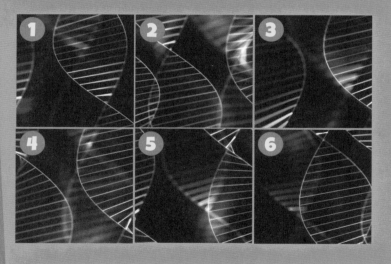

给它上色！

给图片中的DNA上色

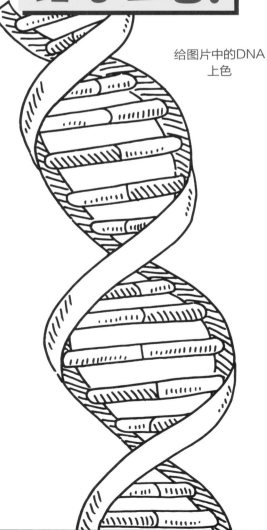

79

遗传：基因来自哪里

你有没有注意到，同一家族的人往往长得很像？也许他们有相近的眼睛颜色、相似的耳朵形状或相似的笑容。他们甚至可能有相似的行为。这是因为他们有一部分相同的基因。

基因是构建身体的指令，从而决定你的长相和行为。遗传学是研究这些基因如何代代相传的科学。你也可能听到人们把它叫作继承。

所有的人都有一些相同的基因，因为我们都是同一个物种。但每个人的基因都有微小的差异，因此每个人都独一无二。科学家将同一基因的不同版本称为等位基因。

婴儿从他们的亲生父母那里获得他们的等位基因。他们从父亲那里得到一组染色体，从母亲那里得到一组染色体。每套染色体都有每个人类基因的一份"拷贝"，所以婴儿最终会有每个基因的两份拷贝。正是这些等位基因决定了婴儿长大后的模样。

等位基因往往共同决定一个婴儿的长相。但有时，一个等位基因会自行决定。科学家称这些等位基因为"显性"。你可以通过本页的眼睛颜色实验理解这一点。

你与家人共享的基因数量取决于你与他们的血缘关系的远近。同卵双胞胎共享所有的基因。兄弟姐妹共享大约50%的基因，祖父母和孙子、孙女共享大约25%的基因，而表兄弟姐妹共享大约12.5%的基因。

眼睛的颜色

1

每个人都有两个决定眼睛颜色的基因

每个基因要么是棕色的（用B表示），要么是蓝色的（用b表示）。

2

这些基因的组合决定了眼睛是什么颜色

如果基因是BB或Bb。眼睛将是棕色的。如果基因是bb，眼睛会是蓝色的。

3

婴儿从父母那里各获得一个眼睛颜色基因

婴儿得到什么基因是完全随机的。画一个叫作庞纳特方格的盒子可以帮助预测可能发生的情况。

4

画出网格

画网格，上面3个，中间3个，下面3个，总共9个网格。

试一试!

指纹是遗传吗?

你需要

- 纸
- 一块印泥
- 与你有亲缘关系的人
- 与你没有亲缘关系的人

操作说明

1 把名字写在纸上。

2 将手指按在墨水板上。

3 然后在纸上按下指纹。

4 邀请与你有亲缘关系的人重复类似的操作。

5 邀请与你没有亲缘关系的人重复类似的操作。

6 仔细观察指纹，你发现了什么?

你学到了什么?

主要有3种类型的指纹图案：旋纹、环纹和沟纹。你可能会注意到与没有亲缘关系的人相比，你的指纹图案与亲戚的更相似。这是因为你和亲戚共享某些基因，而这些基因有助于决定你的指纹图案。

5 添加父母的基因

把左上角的方框划掉。在最上面和最左侧的两个网格里分别写上B及b。

✗	B	b
B		
b		

6 生成婴儿的基因

在其他4个网格中，填上由最上面和最左侧网格里字母形成的两两排列组合。

✗	B	b
B	BB	Bb
b	bB	bb

7 算出眼睛颜色

你能算出宝宝的眼睛会是什么颜色吗? 可以参考步骤2。

问答比赛

DNA从哪里来?

DNA保存着制造什么的指令?

为什么我的眼睛是绿色的?

答案：1.父母，2.蛋白质，3.参考上题图。

基因小结

基因是宇宙中最重要的指令之一。没有它们，就没有你。在本章中，你了解了它们是做什么的，它们从哪里来，以及它们将如何传给下一代。

在本章中，你已经破解了遗传密码，学会了阅读DNA的4个字母（A、G、C、T），就像细胞在制造蛋白质时那样。你已经发现了为什么你的染色体是X型的，了解了在遗传学上男性和女性之间的区别。

现在是时候继续自己去探索基因了。看看你是否能在朋友和家人身上发现基因的影响。你是否注意到兄弟姐妹之间的相似之处？姨妈和舅舅呢？祖父母、父母和他们的孩子呢？如果你仔细观察，你也许能看到人们的基因中一些代代相传的特征。

你可能会注意到动物或植物与你之间也有相似之处，那是因为它们和你一样有DNA。

简单

| 22 | X7 | ÷14 | 结果的三倍 | 结果的2/3 | +44 |

中等

| 9 | X4 | 结果的5/6 | 结果的三倍 | 结果的2/3 | ÷12 |

难的

| 62 | 结果的三倍 | 结果的5/6 | ÷5 | X11 | +31 |

遗传家谱图

在家谱上填写上你的父母、祖父母和兄弟姐妹的名字。比较一下，你和谁最相似？

爷爷 奶奶 外公 外婆

爸爸 妈妈

兄弟 你 姐妹

答案

结果的 1/6　　X11　　-35　　结果的二倍　=

+56　　结果的二倍　　-24　　÷14　=

结果的 3/4　　-36　　÷9　　X8　=

基因谜题

你对你的基因了解多少？

完成以下句子

用所提供的词语填空。

① 我们从父母那里获得染色体。从母亲那里得到 _____ 个，再从 _____ 那里得到另外23个。

② 我们大约有98%的遗传物质与 _____ 相似。

③ DNA分子呈 _____ 形状。

④ 有些 _____ 通过基因遗传。

疾病

父亲

23   双螺旋

黑猩猩

答案：1.23，父亲；2.黑猩猩；3.双螺旋；4.疾病。

画个双胞胎

罗素与他的双胞胎兄弟本有着相同的基因。试着在下面的空白处画出他弟弟并涂上颜色。

词汇搜索

在词汇搜索中找到描述细胞有关特征的单词

遗传学 GENETICS

DNA

螺旋 HELIX

沃森 WATSON

染色体 CHROMOSOMES

克里克 CRICK

基因 GENE

分子 MOLECULES

遗传 INHERITANCE

```
J M G E N E C M C R I C K K
K S E K J K O F J O X P M M
L D N A N R J I P L H E B K
E X E O P W K X S A E D Y I
M L T I Q H J I E C L O U N
O P I P Z U P H L D I A R H
C Y C N L O I J U H X E A E
U P S M G F H X C D P L O R
V Q X S I A H E E E R Y U I
I Y U X D H H J L F J C K T
T C H R O M O S O M E S X A
F U F X H X J X M X G A Y N
S I I H J M S K L H I N T C
Q W A T S O N W O J H E S E
```

单词游戏

DNA是脱氧核糖核酸的意思。仅凭它的20个字母，你能创造出多少个单词？看看你是否能与朋友一起念出这两个单词。

DEOXYRIBONUCLEIC ACID

这是什么？

染色体存在于生物的细胞中。它们告诉细胞该怎么做。

=10   =5   =3   =2   =1

数一数，下面这些生物分别有多少染色体？

_____ 染色体

_____ 染色体

_____ 染色体

_____ 染色体

_____ 染色体

答案：56；38；18；11；85。

85

有趣的实验
帮助你了解你的身体

如果你想知道身体是如何工作的，你能做的最好的事情就是做实验。科学家就是通过实验不断进行新的发现。关于人体的方便之处就在于，你可以对自己的身体做实验。

接下来的几页安排了一些实验，旨在帮助你研究身体是如何工作的。你将测试你的反射能力，找到你的盲点，在黑暗中寻觅宝藏，并制作一副人工肺。

你可以只用这本书和自己的身体进行其中一些实验，但对于另一些实验，你将需要从房子周围找到不同的工具。有时你可能需要请一位朋友或成年人来帮助你。

在开始之前，拿起一支笔和一张纸，以方便随时记录。所有优秀的科学家在进行实验时都会做笔记，你应该以他们为榜样。

通读每项挑战的说明，并在开始实验前对认为可能发生的情况进行预测。然后，在进行实验的时候，写下你的发现。最后，回头将你的预测与实验结果进行比较。你预测对了吗？如果没有，为什么没有预测对，你从实验中学到了什么？

关于器官的5个实验

瓶子里的肺

你需要

- 一个塑料瓶
- 两个气球
- 一个松紧带
- 一把剪刀

操作说明

1. 用剪刀剪掉塑料瓶的底部。如果你自己不行，可以请一个成年人帮忙。

2. 把一个气球放进瓶子的顶部，把气球的开口拉出瓶口反向套住瓶口，固定住。

3. 在另一个气球的底部打个结，然后剪掉顶部。

4. 把切开的气球拉过瓶底，让结垂在瓶子下面。

5. 用松紧带将第二个气球固定在瓶子上。

6. 一只手绕在底部的气球上，轻轻地向下拉第二个气球的结。看瓶子里的气球发生了什么变化？

7. 将第二个气球向瓶子的方向放松。瓶子里的气球形状会发生什么变化？

发生了什么？

塑料瓶就像你的胸部。里面的气球就像你的肺，而第二个气球就像一块叫作"横膈膜"的膈肌。当你吸气的时候，膈肌向下移动，将空气拉入肺部。当你呼气时，膈肌放松，将空气推出。

测试反应速度

你需要

- 一个朋友
- 一把尺子

操作说明

1. 请你的朋友拿着尺子，将零厘米的一端指向地面。

2. 将你的手放在尺子下面，食指和拇指稍微分开，与零厘米的刻痕对齐。

3. 请你的朋友在没有警告你的情况下掉落尺子。试着以最快的速度接住它。

4. 当你抓住尺子时，检查你手指的位置，看看你在几厘米处抓住了尺子。数字越小，你的反应越快。

5. 现在打开电视或大声放首歌，再次尝试抓住尺子。你的反应速度有变化吗？

发生了什么？

当你的眼睛看到尺子下落时，它们会向你的大脑发送一条信息。你的大脑解码这条信息，然后向你的手发送一条信息，告诉它抓住尺子，这个过程中花费的时间就是你的反应时间。如果你分心，反应会变慢。

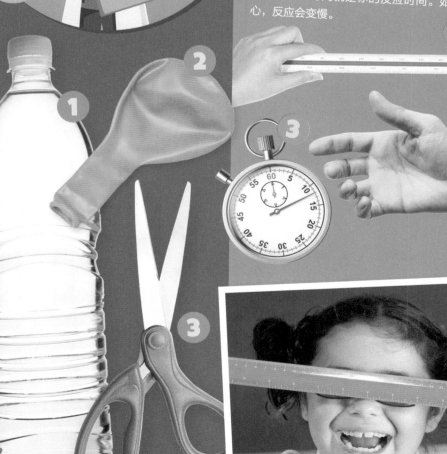

你能模拟消化一块饼干吗？

你需要

- 一个拉链密封塑料袋
- 一小杯橙汁或柠檬汁
- 一块饼干
- 一条旧的弹力裤
- 一个碗

操作说明

1. 将饼干打成小块碎片，并将它们全部放入密封袋中。

2. 在塑料袋中加入橙汁或柠檬汁。拉上拉链，并用你的手将其搅拌混合起来。

3. 从弹力裤上剪下一条腿，它将模拟你的肠子。

4. 当饼干和果汁形成糊状时，将它们从袋中倒入弹力裤裤腿的底部。

5. 将弹力裤裤腿放在一个碗上，狠狠地挤压里面的混合物。什么东西出来了？里面还剩下什么？

发生了什么？

你在模拟你的消化系统。果汁中的酸就像你的胃酸。当你在袋子里搅动它时，它把饼干分解了。紧身衣就像你的肠子。它们让你的身体吸收所有的液体和营养物质你的食物，留下固体废物。

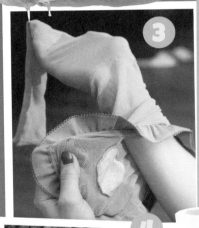

模拟你的心跳

你需要

- 两个水桶
- 5升水
- 一个鸡蛋杯
- 一个定时器

操作说明

1. 找两个桶，在其中一个桶里装上5升的水。

2. 拿起鸡蛋杯，计时器设置倒数一分钟。

3. 启动计时器，用鸡蛋杯把水从一个桶里舀到另一个桶里。

4. 测量水桶里的水，在时间用完之前，你能移动多少水？

发生了什么？

心脏的每一次跳动都像一个盛满血液的鸡蛋杯。每分钟向你的身体输送5升血液。在这个实验中，你要试着让你的心跳加速，看看你是否能像你的心跳一样快地移动液体。

测量肠道

你需要

- 一根花园水管
- 一把卷尺

操作说明

1. 量出6米长的花园软管，这就是你肠子的长度

2. 把软管卷起来，看看你能不能把它放到你的肚子前面。

发生了什么？

你的晚餐要经过整整6米的肠道才会排出体外。在这个漫长的旅程中，你有时间吸收食物中的所有营养物质。这个实验告诉你，这么大的器官能装进你的身体里，这是多么令人难以置信啊。

手臂和腿的5个实验

转动手臂

你需要
- 一个门框

操作说明

1. 在这个实验中，你需要站在一个开放的门口。找到一个安静的地方。
2. 把手臂向外举起，这样手背就能碰到门框的侧面。
3. 如果你不能同时触摸到两边，请站到一边，只用一只手。
4. 尽可能向外推，将手背用力压向门框并保持一分钟。
5. 现在，向前一步。你的手臂会发生什么变化？

发生了什么？

你可能会发现你的胳膊会自己往上飘。当你长时间把注意力集中在你的肌肉上时，在你停下来以后，你的大脑需要过段时间才能反应过来。在这之前大脑会持续向你的肌肉发送消息，让它们自己运动。

你的呼吸有多快？

你需要
- 一个秒表

操作说明

1. 坐下来，放松。正常呼吸，然后开始计时。你在一分钟内呼吸多少次？
2. 站起来，在你的房子或花园周围慢慢地走一走，然后再数数你一分钟的呼吸次数。
3. 现在，到处跑一跑，直到你开始感到疲惫。第3次数数你一分钟的呼吸次数。

发生了什么？

你的运动量越大，你的呼吸就越快。这是因为你的肌肉消耗的氧气更多，而氧气来自于你吸入的空气。

无名指挑战

你需要
- 一个平坦的表面

操作说明

1. 找一个像桌子一样的硬表面，把你的手平放在上面，手指伸直。
2. 逐一抬起每个手指。很简单，对吗？现在到了困难的部分了。
3. 弯曲中指，让中指的指关节平放在桌子上，逐一抬起其他手指。
4. 现在，握紧拳头。试着单独伸出每根手指。

发生了什么？

如果你发现在第3步中很难把你的无名指从桌子上抬起来，这是完全正常的。你可能还会发现，在第4步中如果不移动中指或小指，就很难把无名指从握紧的拳头单独伸出来。这是因为你的无名指和其他手指共用肌肉、肌腱和神经。

测试触觉

你需要

• 两支锋利的铅笔

操作说明

1. 闭上眼睛，请你的朋友用一支或两支铅笔轻轻地触碰你的手臂。

2. 你能说出有多少支铅笔接触到你的皮肤吗？多试几次。

3. 现在，在你的手、脸颊或腿上重复这个测试。

发生了什么？

不同部位的皮肤的神经末梢的数量不同。这意味着你的某些地方比在其他地方感觉更灵敏。你的手和脸比胳膊和腿有更多的神经末梢。因此它们更容易区分是一支铅笔还是两支铅笔接触到了你的皮肤。

保持平衡

你需要

• 在某个安全的地方取得平衡
• 一个朋友
• 一个计时器

操作说明

1. 在这个实验中你可能会摔倒。请站在安全的地方，并请一位朋友留在附近注意你的安全。

2. 抬起一条腿离开地面，请你的朋友启动秒表。

3. 当你的腿再次触地时，停止计时。看看你保持平衡了多长时间？

4. 再试两次，并记录下每次平衡的时长。

5. 把3次平衡时间加在一起，除以3，这就是你的平均平衡时间。

6. 闭上眼睛，重复3次上述步骤。看看你能保持平衡多久。

发生了什么？

如果你发现闭上眼睛很难保持平衡，不要担心。你的大脑需要来自眼睛的信息来判断你在空间中的位置，并告诉你的肌肉和关节如何运动。如果你没有这些信息，你就很难保持平衡。

© Getty

关于鼻子的实验

臭或香

你需要

- 一个眼罩
- 5种可以吃的有气味的事物
- 5种不能吃的但有气味的物品

操作说明

1. 环顾你的房子，找出5种有气味的食物和5种不是食物但有气味的物品。

2. 用眼罩遮住眼睛，请别人把一个有气味的东西放在你的鼻子下面。

3. 是香味还是臭味？你能从气味中分辨出该物品是不是食物吗？

发生了什么？

鼻子最重要的工作之一就是保护你的安全。你周围有很多有气味的东西，有些可以安全食用，有些则不然。你的鼻子已经进化出能够分辨食物是否可以食用的能力了，它可以阻止你吃一些可能会让你生病的东西。

什么是气味？

你需要

- 柠檬皮
- 橙皮
- 香蕉皮
- 咖啡渣
- 大蒜
- 洋葱
- 巧克力
- 醋
- 牙膏

操作说明

1. 让一个成年人在每个罐子里放一个有气味的东西。不要偷看，你的任务是猜测它们分别是什么。

2. 选择一个罐子，闭上眼睛，用力闻一闻。你觉得里面是什么？

发生了什么？

鼻子有400种不同类型的嗅觉探测器。但世界上有远超过400种不同类型的气味。你能分辨气味的原因是大多数气味都含有一个以上的气味分子。正是这种分子的混合，使每一种气味都很独特。

味觉测试

你需要

- 一个眼罩
- 苹果
- 奶酪
- 胡萝卜
- 黄瓜
- 梨
- 瓜
- 草莓
- 洋葱

操作说明

1. 把每种食物切成两小块。每块食材的宽度应为2厘米左右。

2. 把切好的食材分别放在两个盘子里，每种食物在每个盘子只放一块。

3. 把眼睛蒙上，这样你就看不见了，你现在要品尝这些食材。

4. 尝一尝每一块食材，你能否尝出它是什么，你答对了多少题？

5. 现在，蒙上眼罩，捏住鼻子，这样你就闻不到食材的味道了。

6. 再试尝一尝第二盘食物的食材，并判断它们是什么食物，是更容易还是更难？

发生了什么？

食物的大部分风味并不在味道中，而是在气味中。当你捂住鼻子时，你就切断了这种重要的感觉。这使得你很难分辨出吃的是什么食材。味觉只能告诉你食物是甜的、酸的、咸的、苦的还是鲜的。

对调鼻孔

你需要

- 一个可以舒适地躺着的地方

操作说明

1. 将你的手放在鼻子下面。空气是否从两个鼻孔流出得一样多，还是一个比另一个多？

2. 如果你注意到一个鼻孔有更多的空气流出，请侧卧，让那个鼻孔朝下。

3. 大约10分钟后，站起来，再次测试你的鼻孔。哪个鼻孔现在流出的空气更多？

发生了什么？

大多数人一次只用一个鼻孔呼吸，通常每4小时换一个鼻孔呼吸，不过可以通过侧卧来加快换气速度。侧卧可以改变鼻子内的血液流动，离地面最近的那个鼻孔关闭，另一个鼻孔打开。

气味侦探

你需要

- 一块布
- 一些香水

操作说明

1. 在布上喷上香水或空气清新剂，并请别人帮你将这块布藏在屋子里。

2. 用你的鼻子来找出隐藏的布料。

3. 重复一次同样的实验，但是这次，把布藏到外面。是更容易找到还是更难找到？

发生了什么？

离气味来源越近，气味越强烈，离气味来源越远，气味越弱。这是因为气味分子扩散并与空气混合在一起。在室外进行气味侦探实验比较困难，因为风会使分子扩散得更快。

用你的眼睛
做实验

观察你的
白细胞

你需要

- 阳光明媚的一天

操作说明

1. 在阳光明媚的日子里，抬头看蓝天。要非常小心，不要直视太阳。

2. 你会看到似乎有许多微小的白色火花在你的视野中飞舞，那就是你的白细胞。

发生了什么?

在你的眼睛里，光感受器前面有血管。这意味着你必须透过你的血液来观察世界。红细胞会吸收蓝光，而白细胞则不会。所以当你抬头仰望蓝天时，这些白细胞就会变成明亮的白色火花。

深度测试

你需要

- 两支铅笔
- 一个朋友

操作说明

1. 让一个朋友拿着一支铅笔，离你的脸一臂的距离，将笔尖朝上。

2. 拿另一支铅笔以最快的速度触碰你朋友手中的铅笔笔尖。

3. 现在，闭上一只眼睛，再试一次。你做得更快了还是更慢了?

发生了什么?

你的两只眼睛看到的世界是两幅从不同角度拍摄的照片。大脑利用这些照片之间的差异来判断事物的距离。当你闭上一只眼睛时，它就不能再这样做了。这使得你更难分辨事物在三维空间中的位置。

模拟海盗看东西

你需要

- 一个眼罩或头巾
- 一个非常暗的地方和一个非常亮的地方
- 你家周围的一些物品
- 一个计时器

操作说明

1. 请一位朋友从你的房子周围秘密地选择一些物品，并把它们放在一个托盘上。不要偷看！

2. 现在，请你的朋友把托盘里的物品藏在一个非常黑暗的地方，比如大毯子下面。

3. 用眼罩或头巾遮住你的一只眼睛，确保没有光线可以进入。

4. 站在外面或从窗户往外看，让你的另一只眼睛习惯在强光下观察。

5. 迅速去黑暗的地方，观察托盘。计算出识别所有物体所需要的时间。

6. 请你的朋友更换托盘上的物体，同时你再看看窗外。

7. 回到黑暗的地方，这一次，把你的眼罩摘下来。你现在需要多长时间？

发生了什么？

你的眼睛需要一段时间来适应黑暗。这就是海盗们戴眼罩的原因。甲板上很亮，船里却很暗。戴上眼罩可以使一只眼睛习惯在黑暗中活动，使它更快可以在黑暗中看清。

闭上眼睛看

你需要

- 这张图片

操作说明

1. 看左边图像中间的小点。在头脑中慢慢数到10。

2. 现在，移动你的眼睛去看右边的点。你能看到什么？

3. 试着再看一遍左边的图像，然后闭上你的眼睛。你现在看到了什么

发生了什么？

当你长时间盯着同一件东西看时，你眼睛里的光感受器就会因疲劳进而停止工作。当这种情况发生时，当你看着白色背景或闭上眼睛时，你会开始看到与刚才盯着的东西颜色相反的图案。几秒钟后，光传感器再次打开。

找到你的盲点

你需要

- 这张图片

操作说明

1. 把这张照片放在离你的脸大约30厘米的地方。

2. 闭上你的左眼，直视圆点。向前和向后移动页面。看看"+"号会发生什么？

3. 现在，闭上你的右眼，看"+"号。移动页面，看看圆点会发生什么？

发生了什么？

你的每只眼睛的光感受器上都有一个缝隙，叫作盲点。这个间隙为神经细胞向大脑传递视觉信息创造了空间。你通常不会注意到盲点，因为两只眼睛一起工作。只有当你闭上一只眼睛时，它们才会变得明显。

图书在版编目（CIP）数据

人体的奥秘 / 英国Future公司编著 ；吕毅译. --
北京 ：人民邮电出版社，2023.4
　（未来科学家）
　ISBN 978-7-115-59963-6

　Ⅰ. ①人… Ⅱ. ①英… ②吕… Ⅲ. ①人体－青少年
读物 Ⅳ. ①R32-49

中国版本图书馆CIP数据核字(2022)第206669号

内 容 提 要

　　本书共 3 册，主题分别为炫酷的化学、人体的奥秘、神秘的古埃及。书中包含大量精彩照片和图表，使用可爱的卡通人物
形象讲述趣味科学知识，并与现实生活结合，科学解答孩子所疑惑的问题，让孩子在轻松的阅读中掌握科学原理。同时融入 STEAM
理念，通过挑战、谜题、测验，以及在家或学校都能进行的科学实验和实践活动，帮助孩子更加深刻地理解知识和运用技巧，
学会解决问题的方法。

◆　编　　著　　[英]英国 Future 公司

　　译　　　　吕　毅

　　责任编辑　　宁　茜

　　责任印制　　马振武

◆　人民邮电出版社出版发行　　　北京市丰台区成寿寺路 11 号
　　邮编　100164　　电子邮件　315@ptpress.com.cn
　　网址　https://www.ptpress.com.cn
　　北京盛通印刷股份有限公司印刷

◆　开本　880×1230　1/16
　　印张　6　　　　　　　　　2023 年 4 月第 1 版
　　字数　208 千字　　　　　　2023 年 4 月北京第 1 次印刷
　　著作权合同登记号　图字：01-2021-5734 号

定价：199.00 元（共 3 册）

读者服务热线：(010)81055493　印装质量热线：(010)81055316
反盗版热线：(010)81055315
广告经营许可证：京东市监广登字 20170147 号

Future

Genius

未来科学家

特别定制

英语阅读手册

★ 炫酷的化学·人体的奥秘·神秘的古埃及 ★

赠品

ATOMS: THE BUILDING BLOCKS THAT MAKE US

原版英文音频

TEST YOURSELF!
Memorise the facts, close the book, and write them down. How many can you remember and jot down in 3 minutes?

W hen you stop and think about it, the differences between the things around us are strange and awesome. Our bodies and our furniture are solid. But the air around us seems not to be there at all. The reasons for this are truly amazing.

To find out why, we have to zoom in really far. As you get nearer to any object, you will see new patterns and details. There is a limit to how much detail we can see with our eyes. However, we can use scientific tools to go further. They show us that everything, from air to armchairs, is made up of the same building blocks: atoms.

Atoms are incredibly small. We can only just see human hairs, but they are huge on the atomic scale. There are around 1 million atoms of the element called carbon lined up side by side in the narrow width of a hair. Atoms in air are usually much further from each other. But even then, we breathe in about 25 sextillion atoms in every breath – a huge number.

Although atoms were far too small for them to see, people realised that they must exist a long time ago. People in Greece over 2,000 years ago came up with the idea. That's why we call the building blocks atoms. Atomos is a Greek word meaning something that can't be divided. It turned out that atoms actually could be divided into smaller building blocks, but the name stuck.

Some types of atom exist alone, not linked to any others. But most of them link up tightly together, like carbon in a hair. Perhaps most awesome of all is what tells them to behave like this. Despite being so tiny, atoms follow detailed rules to link together to build

ATOM ANATOMY

What atoms do depends on neutrons and protons at their nucleus, and the electrons that form a surrounding cloud

PROTONS
One of the key building blocks of the nucleus, protons behave a bit like magnets that can attract electrons.

NEUTRONS
Neutrons are the other important building block for an atom's nucleus, but do not behave like magnets.

ELECTRONS
Electrons behave like magnets that can attract protons. Far from the nucleus, they can flow in metal wires as electricity.

© Getty

元素周期表

1 H 氢 1.008 [1.0078, 1.0082]

3 Li 锂 6.94 [6.938, 6.997]	4 Be 铍 9.0122

11 Na 钠 22.990	12 Mg 镁 24.305 [24.304, 24.307]

19 K 钾 39.098	20 Ca 钙 40.078	21 Sc 钪 44.956	22 Ti 钛 47.867	23 V 钒 50.942	24 Cr 铬 51.996	25 Mn 锰 54.938	26 Fe 铁 55.845	27 Co 钴 58.933	28 Ni 镍 58.693
37 Rb 铷 85.468	38 Sr 锶 87.62	39 Y 钇 88.906	40 Zr 锆 91.224	41 Nb 铌 92.906	42 Mo 钼 95.95	43 Tc 锝	44 Ru 钌 101.07	45 Rh 铑 102.91	46 Pd 钯 106.42
55 Cs 铯 132.91	56 Ba 钡 137.33	57-71 镧系	72 Hf 铪 178.49	73 Ta 钽 180.95	74 W 钨 183.84	75 Re 铼 186.21	76 Os 锇 190.23	77 Ir 铱 192.22	78 Pt 铂 195.08
87 Fr 钫	88 Ra 镭	89-103 锕系	104 Rf 铲	105 Db 𬭊	106 Sg 𬭳	107 Bh 𬭛	108 Hs 𬭶	109 Mt 鿏	110 Ds 𫟼

57 La 镧 138.91	58 Ce 铈 140.12	59 Pr 镨 140.91	60 Nd 钕 144.24	61 Pm 钷	62 Sm 钐 150.36	63 Eu 铕 151.96
89 Ac 锕	90 Th 钍 232.04	91 Pa 镤 231.04	92 U 铀 238.03	93 Np 镎	94 Pu 钚	95 Am 镅

第3-12族
蓝色
与周围相处很好的、
五颜六色的、
吵闹的

第13族
绿色、红色
经常打破规则的、
开明的、
有合作精神的

第2族
橙色
与健康相关的、
非常慷慨的、
有用的

第1族
红色、蓝色
容易被激怒的、
比较慷慨的、
柔软的

第15族
绿色、蓝色、红色、灰色
坏脾气、
容易变化的、
有创造性的

大数据

118

这是目前人类所知的元素种类总数，不过人们还在搜寻更多的元素。

3414℃

这是钨的熔点，它的单质是所有元素单质中熔点最高的。

10 000 000

这是人类用碳元素制造出的不同分子的总种数。

602 214 076 000 000 000 000 000 000

这是1克氢元素中含有的原子总个数，这个数量也称为1摩尔。

						2 He 氦 4.0026
5 B 硼 10.81 [10.806, 10.821]	6 C 碳 12.011 [12.009, 12.012]	7 N 氮 14.007 [14.006, 14.008]	8 O 氧 15.999 [15.999, 16.000]	9 F 氟 18.998	10 Ne 氖 20.180	
13 Al 铝 26.982	14 Si 硅 28.085 [28.084, 28.086]	15 P 磷 30.974	16 S 硫 32.06 [32.059, 32.076]	17 Cl 氯 35.45 [35.446, 35.457]	18 Ar 氩 39.948	
29 Cu 铜 63.546	30 Zn 锌 65.38	31 Ga 镓 69.723	32 Ge 锗 72.630	33 As 砷 74.922	34 Se 硒 78.971	35 Br 溴 79.904 [79.901, 79.907]	36 Kr 氪 83.798
47 Ag 银 107.87	48 Cd 镉 112.41	49 In 铟 114.82	50 Sn 锡 118.71	51 Sb 锑 121.76	52 Te 碲 127.60	53 I 碘 126.90	54 Xe 氙 131.29
79 Au 金 196.97	80 Hg 汞 200.59	81 Tl 铊 204.38 [204.38, 204.39]	82 Pb 铅 207.2	83 Bi 铋 208.98	84 Po 钋	85 At 砹	86 Rn 氡
111 Rg 𬬭	112 Cn 鿔	113 Nh 鉨	114 Fl 鈇	115 Mc 镆	116 Lv 𫟼	117 Ts 鿬	118 Og 鿫

64 Gd 钆 157.25	65 Tb 铽 158.93	66 Dy 镝 162.50	67 Ho 钬 164.93	68 Er 铒 167.26	69 Tm 铥 168.93	70 Yb 镱 173.05	71 Lu 镥 174.97
96 Cm 锔	97 Bk 锫	98 Cf 锎	99 Es 锿	100 Fm 镄	101 Md 钔	102 No 锘	103 Lr 铹

第18族
褐色、灰色
无忧无虑的、势利的、孤独的

第17族
黄色
贪婪的、非常活跃的、笨手笨脚的

第14族
绿色、蓝色、红色
努力工作的、傲慢的、受大家欢迎的

第16族
灰色、红色、绿色、蓝色
善于交际的、不安分的、有臭味的

GIVE IT A GO!

Guess the charge!

Neutrons, electrons and protons have something called a charge. This means that they can be positive or negative. If these tiny particles didn't have a charge at all, then they would be known as neutral.

You've probably heard of the saying, 'opposites attract'. With this in mind, see if you can guess what charge a proton, neutron and electron each carry.

ELECTRON

NEUTRON

PROTON

HAVE A GO!

Make your own edible atom!

WHAT YOU'LL NEED

• Two colours of mini marshmallows
• Chocolate chips
• Printouts of the worksheet
• A periodic table that lists each element's atomic and mass numbers like this one. Here, the atomic number is above the element symbol, and the mass number below it.

STEPS

1 Choose an element from the periodic table, and find its atomic number. Hydrogen's atomic number is 1, for example.

2 On the worksheet, next to #protons, write the atomic number of your element.

3 On the worksheet, next to #electrons, write the atomic number of your element.

4 Subtract your element's atomic number from its mass number. Write the answer on the worksheet, next to #neutrons.

5 Choose one colour of marshmallow for protons, and one for neutrons. Count out a pile of proton marshmallows equal to the #protons number. Put them in the blue circle on the worksheet, which represents the atom's nucleus.

6 Count out a pile of neutron marshmallows equal to the #neutrons number. Put them in the blue circle on the worksheet, which represents the atom's nucleus.

7 The chocolate chips represent the electrons floating around your element's nucleus. Count out a pile of chocolate chips equal to the #electrons. Put these on the thin red lines around the outside of the worksheet. The inner circle can only have two electrons, the next circle eight, and the outer circle 18. If your element has more than 28 electrons, put the remainder outside the third circle.

8 You have made an atom! You can now enjoy looking at it, make another one, or just eat it!

HOW SMALL IS AN ATOM?

BE CAREFUL!
If you get stuck on any activities, be careful and ask an adult to help!

© Getty

5 THINGS YOU NEED TO KNOW ABOUT ATOMS

1 BUILDING BLOCKS MADE OF BUILDING BLOCKS

ATOMS ARE MADE OF A NUCLEUS MADE OF PROTONS AND NEUTRONS, AND ELECTRONS AROUND IT.

2 LIKE A MARBLE IN A FOOTBALL STADIUM

IF AN ATOM WAS FOOTBALL STADIUM-SIZED, ITS NUCLEUS WOULD BE A MARBLE AT THE CENTRE.

3 SENTENCE-STOPPINGLY TINY

THE FULL STOP AT THE END OF THIS SENTENCE CONTAINS ROUGHLY A QUINTILLION ATOMS.

4 IT ALL STARTED WITH THE BIG BANG

ATOMS WERE FIRST MADE IN THE BIG BANG AT THE START OF THE UNIVERSE.

5 BUILDING BLOCKS LARGE AND SMALL

THE VOLUME OF THE LARGEST ATOM, FRANCIUM, IS 15 TIMES THAT OF THE SMALLEST, HELIUM.

Atom:

#protons: ___ #neutrons: ___ #electrons: ___

MOLECULES: WHEN ATOMS LINK TOGETHER

原版英文音频

Atoms are some of the simplest things we know, but link up in very clever ways to make molecules. It's almost like they're little robots that are programmed to hold onto each other and build bigger objects – only in this case, the instructions they follow are the laws of physics.

There are 118 different types of atom. We call the types of atom elements. The very simplest light molecules just hold onto one other atom. This is the case in oxygen molecules, where two atoms of the element oxygen hold onto each other. These are the molecules in the air that we breathe. But in other molecules, atoms link to more than one neighbour, including different elements. In water molecules, oxygen links to two hydrogen atoms.

If one atom's neighbours link to other neighbours, they can form larger molecules. For example, acetic acid is found in vinegar. Its molecules consist of two carbon atoms, two oxygen atoms, and four hydrogen atoms linked together.

Even larger molecules form when many atoms bond together into long chains and networks. Such large molecules usually form solid materials. For example, diamonds are made of large networks of carbon atoms. Each atom is bonded to four others in a continuing network. Something similar happens in the plastic in shopping bags.

People have only known about how this works for a little over 200 years. When scientists started to work out the elements that chemicals are made of, they noticed clues. For example, in pure substances the elements are always present in amounts that relate in simple, constant ways. The gas carbon dioxide always contains twice as much oxygen as carbon they found, for example. Today, we know that this is because carbon dioxide molecules are made of one carbon atom and two oxygen atoms.

IONIC BONDING
Sometimes, atoms give electrons to other atoms completely. Many, such 'ions' attract each other, giver and takers forming regular patterns.

METALLIC BONDING
Metals have lots of electrons, enough for an extreme kind of covalent bonding, with some left over to conduct electricity.

FAMOUS MOLECULES

WATER
Water is a very simple molecule, with just one oxygen and two hydrogen atoms, but it has very special properties.

METHANE
With one carbon atom and four hydrogen atoms, methane is an energy-rich gas. We use it for cooking and heating.

SUCROSE
What we call sugar is a molecule called sucrose. There are many molecules that are sugars, which vary in sweetness.

ASPIRIN
Aspirin is a painkiller, discovered by modifying a natural molecule found in the bark of willow trees, called salicylic acid.

4

COVALENT BONDING

Atoms can connect together by sharing the electrons that surround their nuclei with other atoms to form 'covalent' chemical bonds.

© Getty

DID YOU KNOW ?

When molecules won't mix, they can sit on one another

GIVE IT A GO!

Make your own blob lava lamp!

WHAT YOU'LL NEED
- Small plastic bottle
- Water
- Vegetable oil
- Food colouring
- Alka Seltzer

BE CAREFUL!

This can be messy so get some cleaning cloths, and ask an adult for help!

STEPS

1 Fill the bottle about 3/4 of the way up with vegetable oil.

2 Fill the bottle the rest of the way up with water.

3 Add some drops of food colouring.

4 Close the cap on the bottle and carefully shake it up. What happens?

5 Break the Alka Seltzer tablet in half. Open the bottle and drop in one half. What happens?

6 Once the bubbles settle down drop in the other half. What happens?

WHAT HAPPENED?

The way electrons spread out in molecules affects whether substances mix. Water and oil don't mix – instead, oil blobs float in the oil. Water, food colouring and carbon dioxide bubbles made by the Alka Seltzer do mix.

QUIZ

WHAT DO YOU KNOW ABOUT MOLECULES?

HOW MANY DIFFERENT TYPES OF ATOMS ARE THERE?

_____

_____

HOW MANY ATOMS ARE THERE IN THE SIMPLEST MOLECULES?

_____

_____

WHAT IS WATER MADE OF?

_____

_____

WHAT ARE DIAMONDS MADE OF?

_____

_____

WHAT GAVE SCIENTISTS AN EARLY CLUE THAT ATOMS LINK UP TO FORM MOLECULES?

_____

_____

_____

ANSWERS: 118, Two, Two hydrogen atoms and an oxygen atom, Large networks of carbon atoms, Pure substances always contain elements in proportions that relate in simple, constant ways

SPOT THE DIFFERENCE

Sugar, which can be found in candy, among other types of food, is made up of an amazing 45 atoms. Can you match the image below with A, B or C?

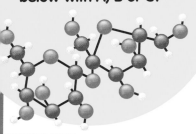

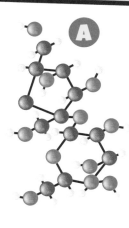

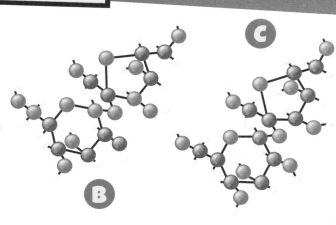

ANSWER: C

THE CELL: WHAT YOUR BODY'S MADE OF

原版英文音频

You are made of cells – trillions of them! They are the living bricks that make up the human body. There are more than 200 different types, and each one has its own special job to do. There are cells that make sweat in your armpits, cells that make tears in your eyes, and cells that make wax in your ears!

Your brain and nervous system are made of nerve cells, which work like tiny telephone wires; they send messages from one part of your body to another. Some nerve cells stretch from your backbone right down to your toes! Just imagine how long they'll be when you're fully grown.

Your arms and legs are made of skin cells, fat cells, muscle cells and bone cells. They protect you from the outside world, store energy, move your body and keep your skeleton strong.

Your digestive system is a mix of gland cells, lining cells and muscle cells. The gland cells make the digestive juices that break your food down into nutrients. The lining cells take all those nutrients in, and the muscle cells keep everything moving, from your mouth right down to your bottom.

Even your blood is made of cells! There are red blood cells that carry oxygen around your body, and there are white blood cells that fight bacteria or viruses that try to make you sick.

Most cells decide what job they are going to do before you are even born, but some wait to choose until later. Scientists call these cells 'stem cells'. They can turn into almost any other cell in the body! They help you to heal when you get hurt, and replace your old cells when they wear out.

MEMBRANE
I am the walls that hold the cell together. I am like a stretchy bag that keeps the inside of the cell in. I get to decide what can come into the cell, and what can go out. I also listen out for messages from other cells nearby.

MITOCHONDRIA
I am a tiny energy factory. There can be hundreds of me inside a single cell! I use sugar and oxygen to make all the energy that the cell needs. I also make a lot of waste. All the carbon dioxide that you breathe out comes from me.

NUCLEUS
DNA is the most important thing inside the cell. It carries all the instructions the cell needs to do its job. This means that I control everything the cell does. I am like a fortress, with two strong walls that keep the DNA safe.

TEST YOURSELF 3
Memorise the facts, close the book, and write them down. How many can you remember and jot down in three minutes?

FIVE THINGS YOU NEED TO KNOW ABOUT CELLS

How many of these facts surprise you and your friends?

HEART CELLS BEAT ON THEIR OWN
The cells in your heart can beat by themselves without any instructions from your brain.

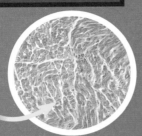

LIVER CELLS CLEAN YOUR BLOOD
The cells in your liver take chemicals out of your blood and break them down.

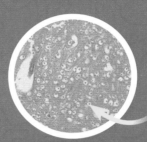

BRAIN CELLS MAKE ELECTRICITY
The cells in your brain are like living wires; they make electric currents.

STOMACH CELLS MAKE ACID
The cells in your stomach make acid more sour than lemon juice.

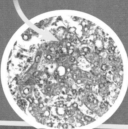

LUNG CELLS LET AIR THROUGH
The cells in your lungs are so thin that air can cross through them into your blood.

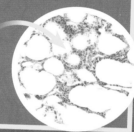

GIVE IT A GO!
Discover DNA at home!

WHAT YOU'LL NEED

- A plastic bag
- A strawberry
- 2 teaspoons of washing-up liquid
- 1 teaspoon of salt
- 100ml water
- Damp coffee filter
- 20ml cold rubbing alcohol
- Two cups
- A spoon

INSTRUCTIONS

1. Put a strawberry in a plastic bag and squash it up.
2. Mix the washing-up liquid, salt and water in a cup.
3. Add two teaspoons of the mixture to your plastic bag.
4. Give it another good squash.
5. Put the coffee filter in the other cup.
6. Pour the strawberry mixture through the filter.
7. Take the filter out of the cup.
8. Pour the alcohol gently on top of the strawberries.
9. Look inside – do you see white strands?
10. Scoop them out with your spoon. That's DNA!

WHAT HAVE YOU LEARNED?

You've just pulled the DNA out of a strawberry! The washing-up liquid broke the strawberry cells open, the salt released their DNA, and the alcohol made the DNA stick together so that you could see it. Don't worry if it didn't work the first time – science is like that sometimes. Have another go!

CYTOPLASM
Cells run on chemical reactions. It's my job to make sure they happen in the right place and at the right time. I am mostly water, and everything inside the cell floats in me. I also have a kind of skeleton that helps the cell keep its shape.

YOUR ORGANS: THE CELLS AND TISSUES THAT KEEP YOU ALIVE

原版英文音频

Your organs are groups of cells and tissues that work together to do jobs inside your body. There are lots of jobs to do, so there are lots of different organs! You'll meet some of them in more detail elsewhere in this book. Here, we'll have a look at some of the most important.

Five of your organs are known as 'vital organs'. These are the ones you absolutely cannot live without. They are your brain, heart, kidneys, liver and lungs.

These organs do essential jobs, like pumping blood around your body, making sure your cells have enough oxygen, and getting rid of toxic waste. You can survive with one kidney, or one lung, and you can even have part of your liver removed. But if you lost any of these organs completely, your body would just stop working.

Your other organs are important too, but doctors have found ways to help people live without them. They include your sense organs, like your eyes, ears, nose and tongue, and your digestive organs, like your stomach and intestines.

Some of your organs, like your skin, are very big, but others are really quite small. You have an organ in your throat called your larynx (pronounced la-rinks). It contains your vocal cords, and its job is to let you talk.

Strangely, there is one organ that doesn't seem to do anything useful. Your appendix (pronounced a-pen-dicks) is a little organ connected to your large intestine. It's about five centimetres (two inches) long, and it's the shape of a worm.

Scientists think that the appendix might be there to help the immune system fight infection, but lots of people have their appendix taken out, and their bodies don't seem to miss it at all!

ORGAN PUZZLE

Arrange the organs so that the same colour or shape isn't in the same row horizontally, vertically or diagonally. Draw them in pencil or on a notepad to make solving the puzzle easier.

WORD SEARCH

Now find each of your organs in the word search below.

```
I X H J D E N B R A I N X I
F O N K F S U Y Q N X H J N
J H H S K I N H I A D S W T
P D I X Z H X K G X G L M E
H K G V Q C F L X S G Q O S
E G M P F O S Y X T Y Z W T
A D A K A T X J R O I N F I
R L M L I V E R F M X G X N
T O H U L G Q W X A G P H E
H N C N Y T P X D C F J Y S
S M O G S M N W B H X A X X
Q K T S I L M L I H F C G H
U E K E S T J G L D S T N I
Z I B L A D D E R V E V B R
```

INTESTINES

BLADDER

LIVER

STOMACH

LUNGS

SKIN

HEART

BRAIN

SKIN
skin

HOW YOU PRONOUNCE MY NAME

MY MAIN JOB:

PROTECTING YOU

I surround your entire body. It is my job to stop your insides getting out, and to stop the outside getting in! I am completely waterproof, and I contain colourful molecules that help to protect you from the sun.

BRAIN
brayn

HOW YOU PRONOUNCE MY NAME

MY MAIN JOB:

CONTROLLING YOUR BODY

I am the control centre of your body. I send electrical signals through the nervous system to tell everything else what to do. I also listen for touch, taste, sight, smell and sound signals from the body. I let you think, imagine, remember, plan, feel and move.

LUNGS
lungs

HOW YOU PRONOUNCE MY NAME

MY MAIN JOB:

BREATHING

I am a set of stretchy bags in your chest. It is my job to get oxygen into your blood and take carbon dioxide out. Every breath you take moves around 500ml (1 pint) of air into and out of me.

HEART
hart

HOW YOU PRONOUNCE MY NAME

MY MAIN JOB:

PUMPING BLOOD

I am one of the hardest-working muscles in your body. I beat around 60 times a minute, every minute of your life. Each beat sends blood around your body, carrying oxygen and nutrients to your cells and taking waste away.

LIVER
liv-er

HOW YOU PRONOUNCE MY NAME

MY MAIN JOB:

CLEANING BLOOD

I am one of your biggest organs! If you put your hands just under your ribs, you'll notice that your right side is warmer than your left. That's me! I clean chemicals out of your blood, make sure you have enough energy, and make bile to help you digest food.

STOMACH
stum-ak

HOW YOU PRONOUNCE MY NAME

MY MAIN JOB:

DIGESTING FOOD

I am a stretchy bag just under your ribs. I collect all your food when you're eating, and squash it down into a paste before it moves on to your intestines. I am full of acid, which helps to kill any bacteria that might make you sick.

INTESTINES
in-tes-tins

HOW YOU PRONOUNCE MY NAME

MY MAIN JOB:

DIGESTING FOOD

I am the tube that connects your stomach to your bottom. All your food has to pass through me. It is my job to make sure that you get all the goodness out of your food. I take out all the nutrients and all the water, and get rid of the waste.

KIDNEY
kid-nee

HOW YOU PRONOUNCE MY NAME

MY MAIN JOB:

MAKING WEE

I am like a filter. It is my job to clean the waste out of your blood and turn it into wee. I make around a litre (1.75 pints) of wee every day, and I send it through long tubes to the bladder.

BLADDER
bla-dur

HOW YOU PRONOUNCE MY NAME

MY MAIN JOB:

STORING WEE

I am a stretchy bag at the very bottom of your tummy. I store wee until you're ready to go to the bathroom. Did you know that I can hold more wee at night than I can in the day?

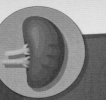

© Getty Images

THE TECH AND TRANSPORT FROM ANCIENT EGYPT

Just like today, life didn't stand still in ancient Egypt. Society moved forward whenever someone invented a new technology or a fresh way of doing things. People also benefited from improvements in transportation, opening them up to new ideas and products. Ancient Egyptians would have been just as excited about a new invention as we are whenever we see a new game console or mobile phone today. In fact, some of the innovations pioneered by ancient Egyptians have stood the test of time, from the making of bronze to the invention of ink.

We've already explored how technology was used to improve Egypt's architecture. We've looked at the advances in medicine and the fascinating techniques involved in burying the dead.

In this section we're going to look more in depth at some awesome inventions and examine how technology improved the construction of boats to help the Egyptians transport goods and people. We will also see how ancient Egypt improved its army and turned itself into an empire.

Join us on the final leg of our journey through ancient Egypt as we continue to explore what helped make the country so great for so long.

ODD ONE OUT

Ancient Egyptians used a variety of tools to create furniture, sculptures, toys, coffins and more. One of these tools was *not* used. Can you identify which one?

ANSWER: Slide rule

10

WHAT AM I?

Ancient Egyptians used one of these more than 5,500 years ago, but what is it? Here's a clue: I have teeth, but I cannot chew

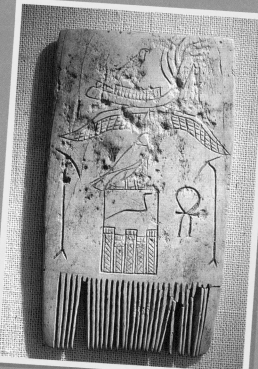

What
is it?

ANCIENT EGYPTIAN INVENTIONS

原版英文音频

What's the date today? In giving your answer, you may have looked at a calendar and searched for the day, month and year. But who do you reckon realised there were 365 – and a quarter – days each and every year? The ancient Egyptians created calendars thousands of years ago.

Okay, so they didn't quite create the system we use today. Their weeks were ten days long and their 12 months of the year lasted three weeks each, but it's just one example of how innovative the ancient Egyptians were. What's more, it's not their only invention.

As you will have read in our section about medics, great strides were made in medicine by people who had a reasonable idea of how the human body worked. They also understood the importance of preventing their teeth from falling out by grabbing wooden twigs, creating bristles on the end and applying an early type of toothpaste. It was made by adding water to crushed rock salt, dried iris flowers, mint and pepper. It would have tasted and smelled very fresh!

It wasn't all about looking and smelling good – even though they did invent eye makeup!. Ancient Egyptians were practical, too! They used fractions to plan the farming cycle and they created an early plough, using oxen to carry it, thereby allowing them to loosen the soil before planting or sowing seeds. Mathematics helped them build their mega-structures, and they became the first civilisation to mine for gold on a large scale – placing sand in a bag made from animal fleece and pouring water through it to leave only the metal behind.

We know a lot of this because the ancient Egyptians wrote things down on parchment made from papyrus plants, inventing a system of writing in the process. They then placed the records in archives and ensured they were safe by locking them away. They created a simple but effective pin-tumbler lock sometime around 1000 BCE, which let them secure doors using a key. It was definitely a great improvement over simply sliding a plank of wood across to bar entry or protect treasures.

TIME TO PUT YOUR FEET UP

Are you sitting down on a chair to read this book? Thank the ancient Egyptians! Wealthy and royal Egyptians enjoyed resting on splendid, well-decorated chairs made of ebony, ivory, wood or metal. It was a real improvement over sitting on stools or on the floor. Ancient Egyptians also created tables as we know them today, allowing them a raised surface on which to eat, play and write.

DID ANCIENT EGYPTIANS INVENT THE WHEEL?

No! You may look at the pyramids and think they must have moved all of that stone on the back of wheeled vehicles, but they didn't. The wheel was actually invented by the Mesopotamian civilisation which existed between 6000 and 1550 BCE. Ancient Egyptians only began to use wheels when chariots were introduced for war in the 16th century BCE.

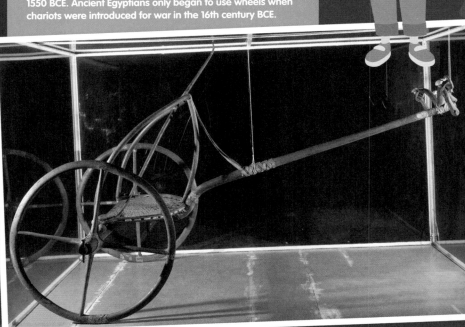

GO BOWLING

Ancient Egyptians invented the first form of bowling around 5000 BCE. Players aimed small rocks at pins made out of carved stone. An Ancient Egyptian is hoping to knock some down. On his first attempt, he hits a fifth of them. Colour these ones in yellow. On the second attempt, he knocks down half. Colour them red. Then he knocks down a quarter. Colour them blue. How many are left?

ANSWER: Three

DID YOU KNOW?

Ancient Egyptians invented high-heeled shoes. They were worn by noblemen and women, but they also became the favourite footwear among butchers, who could use them to avoid blood and guts on the floor.

WORD SEARCH

Can you find the inventions in the word search below?

```
F U R N I T U R E H K I P J M
S F D C Z T U B N M F N E W L
A Z G H I O B V Q L H K N O S
P H G F R J B L F M H L O C F
A K D U P C N T K F Y H N G D
T C J F M A T H E M A T I C S
R O J J K F P N U A D J L A E
Q V O J F Y N E D K L E W L Z
F H K T F D E U R E I O L E D
H B V N H S X Y I U E W Q N L
H K L D G P T B M P D S W D N
U Y P J K D A G E I O B J A S
C A D S W I G S T F H I M R G
B H V G I N D E T L P J E M M
S Q M E D I C I N E J N E D C
```

MATHEMATICS

MAKEUP

WIGS

CALENDAR

TOOTHPASTE

PAPER

INK

FURNITURE

MEDICINE

英文单词记录表

✓	words	translation & soundmark
☐ ☐ ☐		
☐ ☐ ☐		
☐ ☐ ☐		
☐ ☐ ☐		
☐ ☐ ☐		
☐ ☐ ☐		
☐ ☐ ☐		
☐ ☐ ☐		
	序号：	日期：　　　　　　　　页码：

✓	words	translation & soundmark
☐☐☐		
☐☐☐		
☐☐☐		
☐☐☐		
☐☐☐		
☐☐☐		
☐☐☐		
☐☐☐		

✓	words	translation & soundmark
☐ ☐ ☐		
☐ ☐ ☐		
☐ ☐ ☐		
☐ ☐ ☐		
☐ ☐ ☐		
☐ ☐ ☐		
☐ ☐ ☐		
☐ ☐ ☐		

序号：　　　　　日期：　　　　　页码：

6

Future Genius

未来科学家

神秘的

古埃及

Ancient
Egypt

［英］英国 Future 公司◎编著　袁玥◎译

人民邮电出版社

北京

这本书里有什么

24

39

38

50

62

71

88

埃及的历史

　　古埃及第一位法老真的是被河马害死的吗？像这样妙趣横生的谜团在这个拥有历史辉煌的国度里数不胜数，只可惜这个问题的答案我们恐怕永远也无法知晓——因为根本就没法确定谁才是埃及的第一位法老。大部分专家都认为是那尔迈，然而又有证据表明美尼斯才是被河马害死的。于是有些古埃及学家干脆声称那尔迈和美尼斯其实是同一个人，这就把事情搞得更糊涂了……现在你大概可以感受到埃及的历史有多令人迷惑了吧。

　　不过也正是这些难解之谜令古埃及研究如此有趣。在研究中不仅有数不清的事情让你叹为观止，而且还有层出不穷的新发现刷新你的认知。一代代古埃及学家穷其一生去探寻最新奥秘，他们经年累月地工作，从当时留下的文字、艺术品、生活用品、纪念碑、手工艺品等东西上拼凑线索。他们的工作让我们可以更多地了解那些生活在2000多年前的人们。

　　为什么埃及研究如此耗费时间？因为它有超过3000年的浩瀚历史，跨越了很多个世纪和朝代。来吧，别浪费时间了，我们现在就去探寻古埃及是如何诞生的吧！

你能认出它吗？

考古学家在埃及卢克索附近有一个发现。

答案：一具骷髅遗骸。它曾在一座距今 3000 年的陵墓为人所知的某一埃及古墓中被发现的。

丢失的一角

古埃及学家正是通过这样的文字符号来研究埃及的历史……

等等，怎么缺了一角？你能把它拼回来吗？

答案：B。

© Getty

古王国时期

古埃及文明在公元前2686—公元前2181年间曾大放异彩。这一时期的文明发展突飞猛进，埃及人也享受了长久的和平与繁荣。不过在那之前，埃及在很长一段时间里都不是一个统一的王国，而是由许多分散的小国家、小领土组成的，它们分别归属于上埃及或下埃及。这些小国长年相互征战，直到公元前3150年左右，法老那尔迈才把上埃及和下埃及统一起来。那尔迈是第一王朝的首位统治者，因此埃及学家们认为，正是他的崛起开创了埃及的早王朝时期。随后又经历了两个王朝和15位统治者，埃及才进入古王国时期。

第三王朝——也就是古王国时期的第一位法老是左赛尔。他最亲密的顾问伊姆霍特普为他建造了世界上第一座金字塔，从此这种巨大的三角结构便风靡一时。神圣的统治者纷纷为自己修建金字塔作为陵墓，所以古王国时期也被称为"金字塔时代"。到了第四王朝，也就是公元前2613—公元前2494年，埃及已经建起了数十座金字塔。与此同时，埃及人也改变了他们的墓葬形式——制作木乃伊，以便为来世保存身体。制作木乃伊的技术日渐流行，任何花得起这笔钱的人都可以在死后被制成木乃伊——这不是皇家才有的特权。

在古王国时期，社会财富快速增长，包括黄金、没药、乳香、乌木、谷物、铜、铁、纸莎草在内的各项贸易繁荣兴盛。海面上的货船往来不息，公共市集上的商品应有尽有。从第五王朝（公元前2494—公元前2345年）到第六王朝（公元前2345—公元前2181年）期间，宗教也发生了不少变化。一些神祇脱颖而出，变得更为主流，尤其是太阳神拉，以及冥神奥西里斯。这也是一个文化大放异彩的时代，埃及人向周边国家输出了大量的数学、天文学和工程学知识。

HOW MANY?

猜一猜公元前2500年有多少人生活在古王国时期？

A. 1600
B. 160 000
C. 1 600 000

早期 金字塔

公元前2650年

建造金字塔是工程学的一次飞跃。它不仅需要精细的测量，也需要解决重达数吨，甚至数十吨的石块的切割和运输的难题。

经济 蓬勃发展

公元前2686—公元前2181年

从海路到陆路，埃及与其他文明古国建立了多条贸易通道，在经济交流上保持着开放的态度。

雕塑 臻于完美

公元前2682—公元前2181年

雕塑家们的技法日臻成熟。他们的雕刻作品栩栩如生，石头浮雕也复杂多样，反映了当时的文化水平。

强有力的政府
公元前2686—公元前2181年

法老拥有神一般的权威，但他们并不是独自治理国家。他们手下会有一位管理政府的大臣，还有一群管理各州的地方官。

制作木乃伊
公元前2613年

人们从早王朝时期便开始尝试制作木乃伊，不过这项技术直到第四王朝才真正成熟并流行起来。

吉萨需要你！

吉萨大金字塔是有史以来最大的金字塔。你能找到缺失的那片拼图吗？

关于古王国的冷知识

只有有钱人才能读书学习。

在古王国时期，埃及的首都是孟菲斯。

古王国时期至少经历了 26 位法老。佩皮二世统治了超过 90 年的时间。

当一个社会拥有丰富的艺术和伟大的标志性建筑时，就表明它正在蓬勃发展。

在古王国的末期，地方官员们开始渴望得到更多的权力，结果导致了一片混乱。

画出你心中的神

请在下面的空白处画一幅太阳神拉和冥神奥西里斯的画像吧。在你心中，他们是什么样的？

中王国时期

好时光终有落幕的一天。在公元前2181—公元前2055年，大约126年的时间里，古埃及再次分裂为上埃及和下埃及，一代代短命的王朝连续更迭。各国争权夺势，战火连年不断。直到孟图霍特普二世在公元前2060年统治了上埃及的城市底比斯，并随后征服了下埃及，整个国家才再次统一。总之，历尽艰辛，埃及总算进入了中王国时期。

在中王国时期，埃及得以重建。孟图霍特普二世在位共51年，他的儿子孟图霍特普三世在他去世后，也就是在公元前2009年接过王位。尽管继任时年事已高，孟图霍特普三世还是派探险队去往蓬特，带回了树脂、香水和香精。他还从那里开采石头用于建造埃及的建筑。后人并不清楚孟图霍特普三世是如何离世的。而他的儿子孟图霍特普四世在其本应接任法老的7年时间里，不知为何没有被记录在一份名为《都灵王表》的专门记录历代统治者的重要名录上。

从公元前1991年起，一个新的王朝——第十二王朝——横空出世，它的建立者是阿蒙涅姆赫特一世（也许就是他害死了孟图霍特普四世，对此我们不得而知）。阿蒙涅姆赫特一世非常重视国防，不仅组建了一支由全职军人构成的常备部队，而且为了守护国界，还修筑了防御工事"大公墙"。可他最后竟被自己的守卫暗杀。

尽管如此，他的继任者都干得不错。埃及享受了长时间的和平，直到公元前1878年辛努塞尔特三世掌权之前。辛努塞尔特三世为了获取黄金而出兵努比亚，扩大了埃及的版图。他的继任者，阿蒙涅姆赫特三世热衷于基础建设，持续在法老运河上大搞水利工程。到中王国晚期，越来越多的孩子能读会写——总体来说，社会变得更加公平了。

小测验 ③

合上书，把你脑中能回忆起的所有关于埃及的知识写下来。看看3分钟内你能写出多少？

块雕
公元前1985年

雕塑家开创了一种新的雕像形式：人物坐立着，双膝贴在胸前，双臂置于膝上。

失落的新首都
公元前1971年

阿蒙涅姆赫特一世曾经创建过一个名为伊特塔威的新都城，不过这个城市的存续时间很短，而且后人始终都没有找到它。

© Brooklyn Museum

举足轻重的底比斯
公元前2040年

自从首都从孟菲斯迁到了底比斯，在此后几乎整个中王国时期，底比斯一直是埃及的都城。

这是哪些城市？

尝试破译这些古埃及城市的英文名称吧!

1. PMESIMH

2. SBHTEE

3. WAIYTTJ

4. MAFYIU

答案：1. MEMPHIS（孟菲斯）；2. THEBES（底比斯）；3. ITJTAWY（伊特塔威）；4. FAIYUM（法尤姆）。

权势滔天的法老
公元前1878年

法老辛努塞尔特三世是一位伟大的战士，他成功地征服了努比亚，将埃及的疆域向南扩张。

填字游戏

你能把上述城市的英文名称正确填入字谜中吗?

治理尼罗河
公元前1991年

古埃及人修建了优素福运河，将尼罗河水引入了法尤姆城，为其提供灌溉。

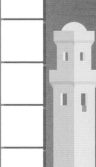

CC BY-SA 3.0

© Getty Images

9

新王国时期

在中王国时期，埃及再度兴盛发达，然而前路多舛。公元前1650年左右，一个名为喜克索斯的战士部落占领并统治了下埃及，使得埃及一分为二。法老们竭尽全力驱赶外族，但屡战屡败，因为喜克索斯人骁勇善战，善于骑马、利用弓箭与战车。埃及的历代法老花了足足100多年的时间才重新夺回埃及全境的控制权。

与喜克索斯的战争发生在古埃及第二中间期。随后，雅赫摩斯一世开创了第十八王朝（公元前1549年），他集结大军与喜克索斯人鏖战多年，最后终于把入侵者赶出尼罗河三角洲，埃及从此进入了新王国时期。再次统一的埃及开始进行重建，竖立起新的纪念碑，艺术也得以蓬勃发展。埃及重新征服了那些在第二中间期失去的土地——指现在的叙利亚、努比亚（古代地区名，今位于埃及东南部）、贾伊和幼发拉底河，而那些纪念碑与艺术的花费都来自于战争。

许多后世广为人知的法老都出现在新王国时期，如拉美西斯大帝、图坦卡蒙和哈特谢普苏特。他们每一位都为埃及重获往昔的辉煌做出了努力，终于使王国逐步走上权力的巅峰。这个时期，经济繁荣发展，法老在民众心中拥有神一般的地位，他们也为了宣扬自己的荣耀而大兴土木，修筑神庙。通过接连不断的对外征战，埃及的领土愈发广阔，图特摩斯三世更是将埃及的版图扩张到极致。一时间，法老权势熏天，埃赫那吞甚至发起了激进的宗教改革：摒弃众神，独尊太阳之神阿吞。

不幸的是，历史总是盛极而衰。在拉美西斯三世统治的公元前1186—公元前1155年，埃及的政治和经济实力开始下滑。"海上民族"趁机骚扰入侵，尽管拉美西斯三世最终击退了他们，但战争——还有干旱和饥荒，终究耗尽了埃及的国力。拉美西斯三世是最后一位对埃及拥有绝对统治权的君主。从那以后，埃及便步入了下坡路。

击溃喜克索斯

公元前1549年

雅赫摩斯一世继任王位时才不过10岁而已，但正是他最终击败了喜克索斯人，重新统一了埃及。

埃及重建

公元前1400年

人们修筑并重建了许多巨大的纪念碑和神庙，包括位于底比斯的卢克索神庙。

法老的黄金

公元前1500—公元前1077年

埃及征服了其南部和东部的大片土地。自从努比亚落入埃及之手，它的金矿就给埃及带来了源源不断的财富。

重要数字

11

在新王国时期共有11位法老名为拉美西斯。

3

新王国时期共经历3个王朝：第十八、第十九、第二十王朝。

16

图特摩斯三世在20年间共打了16场战争。

公元前1077年

新王国时期终结于公元前1077年。拉美西斯十一世是其最后一位法老。

涂颜色!

埃及
走上巅峰
公元前1479—公元前1425年

图特摩斯三世使埃及强大到无与伦比,他修建了很多神庙,并大肆扩张领土。

开辟
新墓地
公元前1539年

新王国时期的法老不再热衷金字塔了,为了让死后生活更安稳,他们转而将陵墓安放在了帝王谷。

小测验

关于新王国时期,你了解多少?

曾经占领了下埃及地区的战士部落叫什么?

雅赫摩斯一世开启了新王国时期,他建立的王朝是第几代?

埃及从努比亚获得了什么,使得本国财富快速积累?

在新王国时期,一再企图入侵埃及的是谁?

哪一位法老在其统治期间把埃及的多神教改成了一神教?

黄金之旅

这四位法老正在赶往努比亚的金矿,最终觅得宝藏的人是谁呢?

答案:埃赫那吞;海上民族;黄金;第十八王朝;希克索斯人。

后王朝时期

在拉美西斯三世之后，新王国时期又维持了78年，最后随着拉美西斯十一世的死亡（公元前1077年）而宣告终结。随着斯门代斯建立第二十一王朝，埃及进入了第三中间期。斯门代斯埋葬了旧王，登基上位。不过他拥有的只是下埃及，因为中埃及和上埃及都在阿蒙大祭司的掌控之下。

从这时起，埃及便由盛转衰了。第二十二王朝时期，埃及在利比亚君主制的统治下实现了短暂的统一，利比亚人沿袭了埃及的统治方式。但时局不稳，战火随之四起，外族纷纷来袭。第二十三王朝时期，埃及四分五裂，各个小国彼此争斗不休。到第二十五王朝时，埃及被努比亚征服。再之后又被亚述帝国攻陷，许多城市惨遭洗劫。

后王朝时期始于公元前664年。在亚述人撤军以后，普萨美提克一世重新统一埃及，开创了第二十六王朝。不过他依然受制于亚述，只能扶持对方指定的王子们作为王国的统治者。人们期待埃及能够重新站起来，因此法老们在谋求向前发展的同时，也不断回顾过去，力图重现往昔的辉煌，建起了许多纪念碑和神庙。只不过，虽然在经济上变得富足起来，但在政治上，埃及却不似从前那样独立了。

埃及不得不雇佣其他国家（比如希腊）的士兵来守卫领土。随后在公元前525年又被波斯帝国入侵。这一切都意味着埃及已被严重削弱，再也无法重整旗鼓了。随着统治权不断地从一群人手中转移到另一群人手中，埃及的历史被逐渐埋葬。后王朝时期最终因一场侵略而宣告落幕——公元前342年，亚历山大大帝征服了这片土地。

亚述人入侵埃及
公元前671年

亚述国王阿萨尔哈东渴望领土扩张，于是在不到一个月的时间内便占领了埃及。

埃及落入波斯人之手
公元前525年

波斯帝国的国王冈比西斯二世在培琉喜阿姆战役中击败了埃及。

埃及再次独立
公元前404年

法老阿米尔塔尼乌斯结束了波斯的第一次占领，带领埃及重获独立——为期大约62年。

波斯人再次入侵
公元前342年

随着第二次入侵，波斯人再度统治了埃及。

波斯的统治

波斯第一帝国——也称阿契美尼德王朝——位于现在的伊朗。它曾经极度扩张，在公元前525年占领埃及之前，就已经吞并了吕底亚和巴比伦。在随后的120年里，埃及只作为波斯的一个省而存在，直到一场叛乱才改变这一切。不过公元前342年，波斯第二次征服埃及，重掌大权。

亚历山大大帝驾到

公元前332年

亚历山大大帝——古希腊马其顿王国的一国之主——在波斯人第二次入侵并统治埃及的10年之后也亲征至此。

小测验

下面哪些国家在后王朝时期没有侵略过埃及？

伊朗
马其顿
亚述

对照世界地图并根据学到的知识在纸上画一画，看看亚述帝国的疆域有多么辽阔。

希腊及罗马的统治

公元前332年，亚历山大大帝在埃及夺取政权。他率领希腊军队击溃了波斯国王大流士三世，一个崭新的时代由此诞生——这个时代从短暂的托勒密王朝开始。当亚历山大大帝在公元前323年去世时，权力迅速转移到他的将军们手中。公元前305年，托勒密一世——亚历山大大帝的同僚——在埃及建立了托勒密王朝，统治了埃及275年。

托勒密一世是希腊人，据考证他出生于希腊马其顿王国位于希腊北部的首都佩拉。他在统治埃及的22年间，对埃及传统文化始终保持宽容的态度，因此人们都视他为法老。他把首都定在了亚历山大港，这个城市居住着很多希腊人，主要说希腊语。在他之后，托勒密王朝的历任统治者全都延续他的统治模式——顺便说一句，他们也全都叫"托勒密"。这意味着，希腊的语言和文化正在逐渐渗透埃及。

在被异族统治期间，埃及并没有受苦受难，反而发展壮大起来。埃及不仅向外扩张，控制了现在的库什、巴勒斯坦、塞浦路斯和利比亚地区，还模仿旧的建筑风格，又兴建了许多神庙和雕像。异族的法老们具有与真正法老相同的着装风格，而且他们还和自己的兄弟姐妹通婚。埃及人依然享有本国重要机构的管辖权，人民安居乐业。埃及重新变得富足、强大。

但随着时间的推移，另一股力量正在崛起——罗马。托勒密王朝渴望与罗马建立合作，而最后一位法老克利奥帕特拉七世（著名的"埃及艳后"）则先后爱上了两位罗马领袖——尤利乌斯·恺撒和马尔库斯·安东尼斯（他更为人熟知的名字是马克·安东尼）。当罗马共和国爆发内战的时候，埃及也被卷入其中。罗马皇帝奥古斯都和马克·安东尼势不两立，并向克利奥帕特拉七世宣战，埃及战败。于是自公元前30年起，埃及落入了罗马人之手。

托勒密一世成为国王
公元前305年

亚历山大大帝死后，他的将军们瓜分了他的领土。托勒密得到了埃及，于是他成了埃及的新国王。

亚历山大大帝离世
公元前323年

亚历山大大帝的离世使人们陷入迷茫，因为人们不知道谁能接手他的位置。

重拾昔日荣耀
公元前240年

在托勒密王朝统治时期，埃及经济蓬勃发展，大量兴建神庙，重新恢复往昔的辉煌。

希腊字母表

这是希腊的字母表。你能试着用它们拼写出一个英文单词吗？请写在下方空白处。

alpha $A\alpha$ A/a	beta $B\beta$ B/b	gamma $\Gamma\gamma$ G/g	delta $\Delta\delta$ G/g
epsilon $E\epsilon$ E/e	zeta $Z\zeta$ Z/z	eta $H\eta$ E/e	theta $\Theta\theta$ TH/th
iota $I\iota$ I/i	kappa $K\kappa$ K/k	lambda $\Lambda\lambda$ L/l	mu $M\mu$ M/m
nu $N\nu$ N/n	xi $\Xi\xi$ X/x Ks	omicron Oo O/o	pi $\Pi\pi$ P/p
rho $P\rho$ R/r	sigma $\Sigma\sigma\varsigma$ S/s	tau $T\tau$ T/t	upsilon $Y\upsilon$ Y/U y/u
phi $\Phi\varphi$ F/PH f/ph	chi $X\chi$ CH/ch	psi $\Psi\psi$ PS/ps	omega $\Omega\omega$ O/o

内战爆发

公元前132—公元前126年

托勒密八世与他的妹妹共同执政，但他娶了自己的侄女并让她也参与摄政，结果引发内战。

罗马征服埃及

公元前30年

埃及成为罗马帝国的一部分。它的首都亚历山大港是帝国第二大城市。

找到七大奇迹

亚历山大灯塔是古代世界七大奇迹之一，修建于托勒密二世斐勒达奥弗乌斯统治时期（公元前283—公元前246年）。你能找出其余几大奇迹的英文名称吗？

```
M P T M Q T Y C W J K S I L N
B Y U W H Z E P Y R A M I D R
Y L L W F J D D K H Q D Z D F
L S E T X I G C X E N M M L Q
W G A R D E N S Y J W A Y E R
Z R W C O L O S S U S U Q Y I
A Y C U Y X C F I K D S Z T A
R F G Q D O P G M P Z O K U H
T B G T O F H S G O Y L P M E
E W R K M F X C G N M E E Z R
M N D R T V O J S T J U C L I
I F E G X R I I F J A M S V G
S Z M L X J E W U M X C K E D
P P Y M B E Q A S K L Y E G L
Z O Z E U S U C R M F R H R E
```

了解希腊和罗马的统治

试着查找一些资料，了解希腊和罗马的统治故事。

为什么古埃及衰落了？

进一步了解为何古埃及落入外国统治者之手。

为什么埃及对罗马帝国至关重要？

探索埃及对罗马人的价值。

为什么亚历山大大帝如此重要？

深入了解这个改变了古埃及历史进程的男人。

完整的历史

至此，我们对古埃及历史的探索之旅就告一段落了——这是多么精彩的旅程！这个伟大的文明见证了法老权力的崛起和第一座金字塔的竣工；发展出制作木乃伊的技术；它的国力强大，不断击败强敌……至少大多数时候都能击败。

古埃及一直在不断地改变和演进，从不停息，时刻应对历史进程中出现的新挑战。盛极而衰的情况时有发生，然而它总能触底反弹。

新王国时期，群星闪耀，许多法老成为历史的缔造者。埃及人知道是什么使他们的国家如此伟大，于是他们修复旧的纪念碑，建造新的纪念碑，彰显过去的荣耀，希望以此重现往昔的盛世景象。好了，对历史的讲述暂且告一段落，但我们的探索还没有结束。现在，是时候再深入一点了。

你学到了什么？ ⑤

重读这一章，然后合上书，写下你所能记住的全部。
你有5分钟时间，记得给自己计时！

找不同

准确描述古埃及的历史并不容易。新出现的
考古证据可能会改变过去所知的一切。
在如上两幅图中，你能找出哪些不同？

埃及的地理

埃及幅员辽阔。当代埃及的国土面积约等于我国的内蒙古自治区，是英国的约4倍，是法国的近2倍，是美国纽约州的近8倍。然而埃及人口的居住面积却只占很小的比例，因为这个国家96%的领土都是沙漠。除了个别小部族定居在沙漠，埃及的绝大部分人口都住在这个国家最重要的资源——尼罗河周围。

这样的居住传统由来已久。大约从5000年前，古埃及人就已经开始在尼罗河两岸修建村庄。这是因为每年尼罗河洪水过后留下的黑色淤泥十分肥沃，农民可以利用这些沃土种植小麦、大麦和亚麻。除此以外，这片土地还为人们提供了许多生活便利，如河岸上的泥土可以制成砖头用于建造建筑；生长在尼罗河三角洲区域的纸莎草可以制作纸张、船只、篮子、垫子等；古埃及人还会冒险进入尼罗河沿岸的山区，获取石灰石和砂岩。总之，尼罗河两岸绝对是宜居之地。

所有这一切使得埃及在几个世纪中获得了巨大的发展，建设了繁华的城市和宏伟的金字塔、陵墓和神庙。尼罗河的水道也愈发重要，货物流转全赖于此。最终，南部的上埃及和北部的下埃及统一到了一起——这听起来有点奇怪，一般河流都是上游在北，下游在南，然而尼罗河恰恰相反，它是从南向北流的。除了尼罗河，地中海也是一个重要的对外贸易进出港，发达的国际贸易使得埃及声名显赫。

在探索埃及之前

请回答问题，完成填字游戏。黄色格子中的字母可以组成另一个词（第6个词）。

1 埃及大部分地区黄沙遍地，这是什么地貌？
2 尼罗河泛滥后会留下什么？
3 造纸用的是哪种植物？
4 人们在山上发现了什么东西？
5 上埃及和下埃及，哪一个位于埃及南部？

答案：1. DESERT（沙漠）；2. SILT（淤泥）；3. PAPYRUS（纸莎草）；4. LIMESTONE（石灰石）；5. UPPER（上埃及）；6. NILE（尼罗河）。

如何渡过
尼罗河

古埃及的一家人想要横渡尼罗河。他们只有一条船，一次仅能载重100千克。妈妈和爸爸的体重都是100千克，儿子和女儿的体重都是50千克。他们怎样才能全部安全渡河，而不会把船压沉呢？

答案：(1)两个孩子一起乘船渡河；(2)其中一个孩子乘船返回，(3)一家长乘船渡河；(4)另一个孩子乘船返回，(5)两个孩子一起乘船渡河；(6)其中一个孩子乘船返回，(7)第二个家长乘船渡河；(8)另一个孩子乘船返回；(9)最后两个孩子一起乘船渡河。

埃及的城市

和今天的人们一样，古埃及人也居住在城市或者城市周围。这些城市建在尼罗河沿岸和尼罗河三角洲地带，大都有着相似的格局——城的外围是一圈城墙，城中心有办事处、作坊、行政机构，城里铺着土路。城市中有许多神庙和宫殿，还有制作玻璃器皿和纺织品的区域。人们可以去集市上采购食品和手工艺品。

上层人士的宅邸紧邻城市中心，穷人们则生活在较远的区域。城市的格局会随着时间而发生变化，尤其到了中王国时期以后，城市的布局越来越网格化，这也使得街道变得更加井然有序。

虽然都是城市，但其重要性也有高低之分，处于最高等级的自然是首都。不过古埃及的首都经常变迁，定都于哪里完全取决于执政者的意志。比如说，第一王朝的首都是提尼斯，到第三王朝就已经变成了孟菲斯。随后，首都又搬到了赫拉克列奥波里、底比斯、伊特塔威、阿瓦里斯、埃赫塔吞、培尔-拉美西斯、塔尼斯、布巴斯提斯、利安托波力斯、塞易斯、那帕塔、杰代特、塞曼努德、亚历山大港……呼，好长的名单！

一些城市和大城镇有着特定的用途。比如代尔麦地那，它是专供那些在帝王谷修建皇家陵寝的工人们居住的。很可惜，这些城市如今大多已成废墟，但它们仍然保存着研究古埃及人生活的线索。为此，埃及学家花了大量时间做考古挖掘，希望能有所发现。他们也确实不断找到新的城市，有新的发现。2021年，在索尼斯·希拉克莱奥发现了一艘古希腊战船——这里曾是埃及最大的港口城市，但后来被地震摧毁，沉入海底。

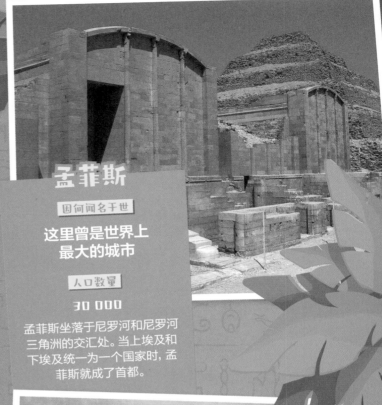

孟菲斯

因何闻名于世

这里曾是世界上最大的城市

人口数量

30 000

孟菲斯坐落于尼罗河和尼罗河三角洲的交汇处。当上埃及和下埃及统一为一个国家时，孟菲斯就成了首都。

底比斯

因何闻名于世

这里曾是崇拜阿蒙神的中心

人口数量

80 000

底比斯是新王国时期的首都。这里曾经极度繁荣，无数恢宏雄伟的纪念碑和神庙都建在这里，包括卢克索和卡纳克神庙。

埃赫塔吞

因何闻名于世

这里曾是崇拜阿吞神的中心

人口数量

未知

埃赫塔吞也被称为"阿玛纳"，是由法老埃赫那吞修建的，不过他死之后，这个短命的首都随即就被废弃了。

城市谜题

你知道埃及现在的首都是哪里吗？

线索: 重新组合下列字母, 答案随之揭晓……

RCOIA

说出你知道的另外5个国家的首都。

谢德特

因何闻名于世

这是埃及最古老的城市

人口数量

未知

希腊人称此地为"克罗科第洛坡里", 如今的名字是"法尤姆"。谢德特位于埃及土壤最肥沃的地区之一。这里的人们崇拜鳄鱼神索贝克。

亚历山大港

因何闻名于世

这是亚历山大大帝建立的城市

人口数量

300 000

这个人潮汹涌的都城拥有一座著名的灯塔, 是古代世界七大奇迹之一。这里还有著名的亚历山大图书馆。

康翁波

因何闻名于世

这里是著名的康翁波神庙所在地

人口数量

大约3000

康翁波最初被称作"努布特", 它位于上埃及, 控制着与努比亚的通商要道。这里有一座非常奇特的双神殿。

城市游览

孟菲斯

亚历山大港

底比斯

埃及的山谷

金字塔的时代结束于公元前2250年，最后一片完整的金字塔建筑群是法老佩皮二世在第六王朝期间建造的。从图特摩斯一世开始，大多数法老都安葬在后来被称为帝王谷的地方。这片广阔的地下墓葬群位于尼罗河西岸，靠近底比斯，很多位高权重的人物死后也都葬在这里，期望追随法老一起步入来世。

帝王谷提供了一样金字塔所没有的东西——安全。金字塔早已成为盗墓贼的目标，而法老担心陵寝被盗会阻碍他们进入来世。盗墓贼一旦被抓，就会被施以最残酷的刑罚，然而这并不能阻止他们。因为金字塔里的财富实在太多、太诱人了，盗墓贼甘愿冒生命危险去得到它。

把墓葬集中在一处就让安保工作变得容易多了。帝王谷只有一条狭窄的通道可供进出，并且戒备森严。法老们把所有来世可能需要的财物都装入陵寝，包括衣服、珠宝、食物、艺术品和战车。为了保险起见，他们还在墓穴中设置了一些陷阱和死胡同。

然而即便如此，还是没能挡住那些铁了心要盗墓的人。这里的60多座古墓绝大多数惨遭洗劫，仅有极个别的，如图坦卡蒙之墓，侥幸躲过。所幸盗墓者只偷财宝，并没有在墓穴里随意涂抹，因此古埃及学家还能依靠墙上的壁画对帝王谷埋葬的这些法老进行研究。不过帝王谷并不是古埃及唯一的山谷。

帝王谷

因何闻名于世

这里是法老们安息的地方

陵墓都埋在山里很深的地方，我们至今也不知道那里埋葬的所有人的名字。

王后谷

因何闻名于世

这里是法老的妻子们安息的地方

这里曾被称为"塔塞内弗鲁"，意思是"美丽的地方"，这里已知的墓穴超过90座。

一个宏伟的入口

每个墓室都由石头雕刻而成。每个墓室都有独特的入口——其中有些尤为别致。

贵族墓地

因何闻名于世

这里埋葬的全都是有权有势的人物

底比斯的这片墓穴都是为官员和法老身边的重要人物准备的。

工匠谷

因何闻名于世

这里埋葬的全都是修建皇家陵寝的工人

为皇家修建陵寝的工人们统一住在一个叫代尔麦地那的村子里，他们死后也被安置在专门的山谷中。

你知道吗？

在图坦卡蒙墓穴的墙后，可能还有隐藏的房间。其中之一甚至可能是法老埃赫那吞的王后——权势滔天的纳芙蒂蒂失踪的陵墓。

找不同

这位埃及王后正站在帝王谷的哈特谢普苏特祭庙外面。你能找出两幅图中的5处不同吗？

埃及的金字塔

古埃及的统治者们拥有至高无上的地位。他们生前备受尊崇，死后也享受丰厚大葬。他们的尸体被放置在由泥砖或石头建造的平顶长方形墓穴中。这种墓穴被称作石室坟墓。

在公元前2650年左右，一位名叫伊姆霍特普的建筑师决意创新。他先用石头造了一个石室坟墓，然后又做了一个小些的石室坟墓摞在上面。他把同样的操作又重复了4遍，最后建造出一座阶梯金字塔。世人都对此大为震惊，包括国王左赛尔。太棒了，国王将在金字塔中享受来生了！

阶梯金字塔迅速风靡开来，很多法老都跟风建造。他们在金字塔内部填满了来世可能要用到的所有东西，而金字塔外面的阶梯则被他们视为攀向太阳神的途径。金字塔四周环绕着礼拜堂、神庙和其他坟墓，共同组成一个金字塔建筑群。这是一项浩大的工程，建造这些建筑需要耗时很多年！

想象一下那些重达2.5吨的巨石吧！需要那么多人力才能把它们放置到位。没有人确切地知道古埃及人到底是如何做到的，但大部分古埃及学家猜想当时的人们使用了坡道，还用铜制的钻子、斧子和凿子切割石块。

很快，金字塔的建造水平就发展到登峰造极的程度。第四王朝的创建者斯尼夫鲁国王要求把美杜姆金字塔外面的台阶用石头填满，随后又在上面覆盖一层石灰石外壳，使表面变得平整光滑。后来胡夫国王也在他的吉萨大金字塔上复制了这一做法。吉萨大金字塔是埃及最大的金字塔，据传由有多达3万人花了20多年的时间才建造完成。

弯曲金字塔

建于公元前 2600 年
高约 105 米

这个金字塔的顶部比底部的倾斜角度要小，所以看起来有一点不匀称。

美杜姆金字塔

大约建于公元前 2613 年
曾经高约 92 米

据信这是埃及历史上修建的第二座金字塔。和其他金字塔一样，它也在漫长的历史中逐渐损毁。现在它只有65米高了。

吉萨大金字塔

大约建于公元前 2589 年
高约 146 米

吉萨大金字塔里到处都是房间、通道和墓室——其中有一些是假的，只是为了迷惑盗墓者。它的顶部曾经是镀金的。

左赛尔金字塔

建于公元前 2650 年
高约 62 米

左赛尔金字塔位于塞加拉地区，是埃及最古老的金字塔，它被设计为通往天堂的阶梯。在当时，它可是世界上最高的建筑。

小测验

你对金字塔了解多少？

古代世界七大奇迹当中，哪一个至今屹立不倒？

A. 巴比伦空中花园

B. 吉萨大金字塔

C. 亚历山大灯塔

金字塔是谁建造的？

A. 雇佣工人

B. 奴隶

C. 法老

如今要想修建一座吉萨大金字塔，你猜需要多少钱？

A. 400万元

B. 40亿元

C. 400亿元

为什么金字塔都建在尼罗河旁边？

A. 这样可以让运输建筑材料方便一些

B. 工人们在辛劳一天之后都爱去河里游个泳

C. 这样可以让法老们享受更好的视野

为什么后来不再建造金字塔了？

A. 法老们想要方形的建筑物了

B. 金字塔的建造水平不佳，容易损毁

C. 人们拿金字塔当滑梯

答案：B，A，C，A，B。

一断高下

你能判断出下面这些高度分别对应哪一个地标建筑吗？

93米 | 146米 | 50米

133米

吉萨大金字塔 | 温布利体育场（带拱门） | 自由女神像 | 凯旋门

答案：（从左到右）146米；133米；93米；50米。

埃及的狮身人面像

在古埃及，斯芬克斯是一种神话中的生物，它有着人的头和狮子的身体。被安置在法老陵墓前的斯芬克斯雕像通常被称为狮身人面像，负责守护法老们安享来世。不过，围绕着人们所知的这个世上最早的狮身人面像之一——吉萨的大斯芬克斯——还有许多谜题未解。

这个大斯芬克斯从底座到头顶共有20米高，就像是把4辆半双层公交车摆在一起那样高。它从爪子到尾巴共有73米长，就像是把4辆双层公交车头尾相连排在一起那样长。大斯芬克斯是世界上最大也最古老的整体雕像之一，它是由一整块石灰岩雕刻而成的。

由于大自然的侵蚀和人为的破坏，这座雄伟的大斯芬克斯雕像已有许多残破之处。刚建成时，它的法老头饰上有一个皇家眼镜蛇标志。它曾经也有鼻子，大约1.5米长，不过早就掉了。专家说，它原先是彩色的，因为在它的脸上发现了红色的痕迹，身上也有绿色和黄色的痕迹。

研究人员不能确定这座大斯芬克斯到底是谁下令建造的，不过普遍猜测的时间点是在公元前2500年左右，也就是古王国第四王朝法老哈夫拉统治时期。大约1000年后，这尊狮身人面像引起了图特摩斯王子的注意，他梦想着如果自己修复了它，将来就能成为法老。当他后来终于在新王国时期以图特摩斯四世的身份统治埃及时，斯芬克斯开始广泛出现在浮雕、绘画和雕塑作品中。如今，它已成为埃及最著名的标志之一！

大斯芬克斯

几时修建

大约公元前2500年

体型几何

73米长
20米高
19米宽

这是地球上最大的整体雕像，据信这是为法老哈夫拉建造的。

哈特谢普苏特的斯芬克斯

几时修建

大约公元前1479年

体型几何

3.43米长
1.6米高

目前在纽约大都会艺术博物馆展览。它的面孔正是法老哈特谢普苏特本人。

塔尼斯的大斯芬克斯

几时修建

公元前2600年

体型几何

1.5米宽
1.8米高

这是埃及境外最大的狮身人面像之一。现存于卢浮宫。

孟菲斯的雪花石膏斯芬克斯

几时修建

公元前1700年

体型几何

8米长
4米高

这座狮身人面像坐落于孟菲斯城的遗迹附近，但没有人知道它的建造是为了彰显谁的荣耀。

关于大斯芬克斯,你应该知道的5件事

1. 它最初并不叫作"斯芬克斯"

没人知道它最初叫什么。"斯芬克斯"这个词在它建造完成大约2000年后才出现。

2. 工人们突然撤离岗位

古埃及学家在大斯芬克斯周围发现了当初遗留下来的工具箱、石块,甚至还有午饭,表明这个工程是突然间被叫停的。

3. 石胡子是后来添加的

一种理论认为,大斯芬克斯的石胡子并不是原先就有,而是在图特摩斯四世修复它时才加上的。

4. 有人恶意破坏

大斯芬克斯的脸是在1378年被一名苏菲派狂热教徒毁掉的。不过它身上的大部分损坏源于大自然的风沙侵蚀。

5. 曾被掩埋好几个世纪

很久以来,大斯芬克斯都被流沙层层掩埋,只露出脖子以上的部分,直到1817年才开始被发掘,19世纪30年代才终于"重获自由"。

涂颜色

大斯芬克斯的面部是红色的,它的身体、胡须和头饰上有蓝色和黄色的痕迹。这原本是一个色彩丰富的雕像。如果是你,你会用怎样的颜色描绘它?

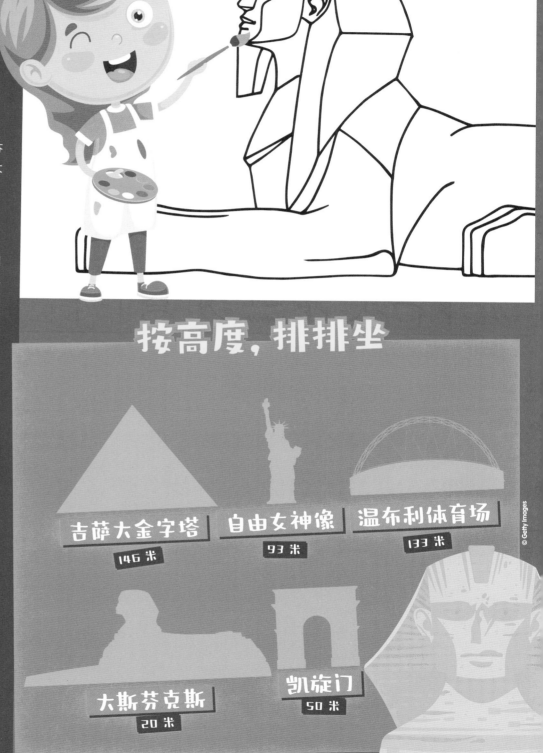

© Getty Images

按高度,排排坐

吉萨大金字塔 146 米

自由女神像 93 米

温布利体育场 133 米

大斯芬克斯 20 米

凯旋门 50 米

答案:从左至右、从上往下依次是:自由女神像、凯旋门、大斯芬克斯。

埃及的陵墓

陵墓是古埃及人生活中的重要组成部分，用于在死后保护人们的身体。古埃及人相信，他们必须首先安全地穿过阴间，然后才能抵达来世。于是，为了确保一路顺利，他们会在墓中准备好所有可能需要的东西，比如船只、战车这类交通工具，还会在墙上写满文字，作为旅程的指引。

陵墓可以安置在金字塔里，也可以建在山岩之中。人们需要花很多年的时间做准备，建造者会举行仪式，比如在一些重要的地点埋下贵重物品，以求神明保护建筑。墓室中会有一个石棺，里面停放着尸体；还会有一些罐子，用于保存死者的器官；甚至还有各式各样的武器，因为人们深信这趟旅程危险重重。

墓中会有一些游戏用于帮死者打发时间，还有大量的奢侈品。大多数墓穴里都有很多房间。以图坦卡蒙的陵墓为例，首先要走过入口的台阶，才能步入墓中的通道。这里有一个前厅，摆着三张葬礼用床、凳子、长雕像、箱子、篮子和卧榻。在前厅附属的房间里存放着食物、酒、陶器、盘子、油等。一间装饰精美的墓室用来安放国王图坦卡蒙的遗体。还有一个金库存放着神龛和船只。

如今，世界各地的游客蜂拥去参观这些陵墓，而早在古埃及，这些陵墓尚在修建之时，当地人就已经把它视为热门景点了。建造者会在陵墓附近修一个祭庙，参观者可以为死者供奉食物、饮品和其他各种礼物。祭庙的墙上还会雕刻或者画出一个假门，作为阴间与阳间的门户，让灵魂可以自由往来世间——这样死者就可以离开陵墓去收取祭品了。

拉美西斯四世之墓

他是谁

他是一位热衷于大兴土木的君王

拉美西斯四世的陵寝中发现了许多古代的涂鸦，是古希腊和古罗马游客留下的。

古墓之谜

葬礼过后陵墓就会被密封吗？

是 或 否

哈特谢普苏特之墓

他是谁

她是在位时间最长的女法老

哈特谢普苏特的陵墓修建在底比斯山的山峰之下——就像在一座天然的金字塔中一样。墓穴外还有一座辉煌的神庙。

古墓之谜

参观陵墓是一件悲伤的事情吗？

是 或 否

森尼杰姆之墓

他是谁

他是古埃及的一位工匠，也是一位官员

森尼杰姆的陵墓不像法老的陵寝那样华丽，里面摆放的都是普通家具，是森尼杰姆生前家用的。

陵墓是做什么用的？

这些"永恒的居所"是为了保护遗体而建造的。

这里存放着一个人在来世可能会需要的一切。

墙上的文字彰显这个人生前做过的所有好事。

这里也有咒语可以帮一个人度过阴间的危险。

据说一个人的灵魂每晚都会回到陵墓中睡觉。

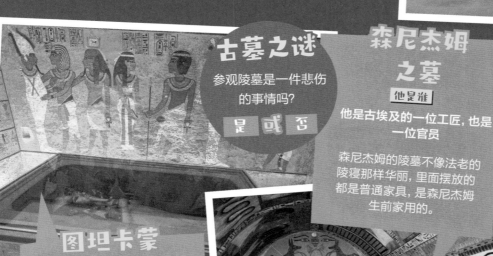

图坦卡蒙之墓

他是谁

他是有名的少年法老

图坦卡蒙之墓是极少的未曾被盗墓者光顾过的陵墓之一。它于1922年被发现。

阿蒙霍特普三世之墓

他是谁

他是为埃及开疆拓土的法老

在下葬300年后，为了躲避盗墓者，阿蒙霍特普三世的遗体被转移到了其他墓地。

"盗墓"

偷东西是不好的。但你能在这个陵墓中取得宝藏并安全脱困吗？

古墓之谜

有些陵墓会为了防止死者内急而修建厕所吗？

是 或 **否**

古墓之谜

所有的陵墓都配有一间祭庙吗？

是 或 **否**

普苏森尼斯一世之墓

他是谁

他是一位不为人知的法老，直到人们发现了他的陵墓

和其他法老使用金棺不同，普苏森尼斯一世的棺椁是纯银打造的。在当时的埃及，白银比黄金更加稀有，由此可见这位法老的权势之巨。

保护遗体

木乃伊要被放进右侧那个名为"石棺"的箱子当中。下面哪个木乃伊能放入这个石棺？

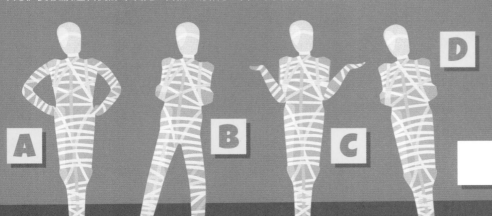

A　B　C　D

埃及的庙宇

古埃及的庙宇主要分为两种类型，一种是祭庙——用于祭拜法老；另一种是神庙——用于供奉神明。这两种庙宇都非常重要。它们由法老指定的高级祭司管理，具体事务则由低级别的祭司负责，如进行记录、撰写文件、处理日常琐事。

最早的庙宇可以追溯到公元前3500年，当时是用木头和芦苇建造的。随着时间的推移，建筑材料逐渐转变为巨大的石块。人们把庙宇的内墙打磨得十分光滑，刻上精致的浮雕，然后再进行装饰。天花板上画着星星，华丽的石柱支撑着屋顶。越靠近里面的圣殿，房间就会越小。

神庙通常并不孤立存在，在它周围还有一片广阔的建筑群，如市政厅、医院、图书馆、大学、法院等重要机构。神庙是整个区域的中心，但公众禁止入内。只有国王和高级祭司才能踏进圣殿，使用圣水和熏香举行神圣的宗教仪式。

在那些载歌载舞的仪式中，人们会装饰一尊金质的神像，并供奉食物与饮品。同样的仪式也会在祭庙中举行，食物与饮品将敬献给死去的法老或达官显贵的灵魂。那些无权进入神庙的人们如果也想要敬奉，可以在自己的家中进行，或者到神庙外墙的圣祠。神庙唯一对普通人开放的时间是举行节日庆典之时，据说神明在这期间会去其他的神庙造访。

卢克索神庙

因何闻名于世

许多法老在此加冕

这个大型的神庙群建于公元前1400年，供奉阿蒙神。这里还有拉美西斯二世的巨型雕像。

埃德夫神庙

因何闻名于世

这是埃及保存最完好的神庙之一

这里供奉着主神荷鲁斯，由埃及的希腊法老在公元前237—公元前57年间修建。

为什么庙宇对埃及来说至关重要？

庙宇不仅是重要的祭拜场所，还拥有大量的土地，雇佣着数千工人。它们促进了埃及的经济发展。

塞提一世祭庙

因何闻名于世

它所在的阿拜多斯是一个重要的墓地

这座祭庙从上面俯瞰下来，像是一个颠倒的L。它里面有7个小祭庙，供奉着7位神明。

康翁波神庙

因何闻名于世

这是一座同时供奉两位神明的双神殿

这个神庙是献给索贝克和荷鲁斯两位神明的，因此它的房间、庭院和圣殿都一式两份。

伊西斯神庙

因何闻名于世

它周身上下都是象形文字

作为菲莱神庙群的一部分，它是最后一个以埃及古典风格建造的神庙。

你学到了什么？

用给出的词语填空，把句子补充完整。

1 庙宇中最重要的部分是_____。

2 神庙被用来敬奉_____。

3 _____负责管理神庙。有些神庙中有高高的_____。

4 在卢克索神庙有拉美西斯二世的巨型_____。

雕像

圣殿   神明

祭司   柱子

答案：圣殿；神明；祭司，柱子；雕像。

结束埃及之旅

我们已经走完好长的一段旅程了，对吧？首先，我们游览了古埃及的几座城市，了解了它们的迷人之处。然后我们又参观了为法老和神明而建的金字塔、陵墓和庙宇。

百闻不如一见，如果能亲身前往这些了不起的地方该有多好！你可以去看吉萨大金字塔，其中有两座金字塔允许游客深入其中一探究竟。你还可以去卢克索神庙，看看由狮身人面像列队守卫的斯芬克斯大道。

每年都有无数游客涌入埃及。他们参观帝王谷、哈特谢普苏特祭庙、雕刻在岩石间的阿布辛贝神庙，还会去博物馆进行更深入的了解。除了埃及本地，英国也有许多古埃及文物。在英格兰北部的博尔顿博物馆，有一个图特摩斯三世陵墓的一比一复刻版。伦敦的大英博物馆也有海量的埃及藏品。

然而，古埃及所拥有的仅仅是独树一帜的建筑和威严高大的纪念碑吗？当然不！国家和城市中如果没有"人"的存在，便什么也不是。因此，接下来我们要将注意力转向古埃及的统治者和普通大众，因为正是他们使埃及兴盛繁荣。

寻找斯芬克斯！

下方的图中有一个狮身人面像，你能找到它吗？

你学到了什么？

用给出的词语填空，把句子补充完整。

① _____大金字塔是世界上_____的金字塔。

② _____盯上了金字塔，他们_____其中的财宝。

③ 斯芬克斯拥有_____的头和_____的身体。

④ 大斯芬克斯的脸原本是_____的。

⑤ _____是用于祭祀已故法老的。

⑥ 只有国王和高级_____才能进入神庙中的圣殿。

⑦ 遗体会被放在一个_____里。

⑧ 人们到墓地时会给死者献上_____和_____。

食物　红色

盗墓贼　祭庙

盗取　石棺

饮品

吉萨

狮子　最大

人　祭司

答案：①吉萨，最大。②盗墓贼，盗取。③人，狮子。④红色。⑤祭庙。⑥祭司。⑦石棺。⑧食物，饮品。

© Getty Images

埃及的名流

古埃及的名流们如果生活在今天，肯定会被八卦杂志和电视新闻报道个不停，也肯定是各个社交媒体的话题中心。他们确实值得关注，因为他们的生活大都既充实又精彩。

在这一节，我们重点关注古埃及的法老，他们都是神奇人物，推动埃及长达3个世纪的发展，创造出灿烂辉煌的文明。你会看到少年法老图坦卡蒙，传说他会对人施咒；还有埃赫那吞，他的改革震动了整个国家；你还会看到女王哈特谢普苏特，她原本只应在继子成年之前代为摄政，却直接自封成为法老；还有拉美西斯，他真的超级伟大。通过这一章节，你会了解他们的生活，以及他们生活的那个时代，并理解他们在历史上为何如此重要。

现代人要怎样了解古代人的生活呢？其实有许多资料可循——由于法老们兴建了大量庙宇和纪念碑，留下了不少文字记录，于是古埃及学者就可以细细地把各种资料碎片拼凑到一起，拼凑出古埃及的历史和皇族血脉。如果你要穿越回古埃及，你更愿意生活在谁的统治之下？

填字游戏

下面是埃及最重要的几位法老的名字——你很快就会认识他们了。你能把他们的名字（英文）填到正确的位置吗？

AKHENATEN（埃赫那吞）

AMENHOTEP（阿蒙霍特普）

CLEOPATRA（克利奥帕特拉）

HATSHEPSUT（哈特谢普苏特）

RAMSES（拉美西斯）

THUTMOSE（图特摩斯）

TUTANKHAMUN（图坦卡蒙）

法老杂志

设计
一个杂志封面

名人是杂志封面的常客。请你在这期
杂志的封面上画一位法老。想想他会
有怎样的故事?

试一试!

法老埃赫那吞创造了独尊
太阳神阿吞的一神教,即
阿玛纳宗教。你还能说
出5种其他的宗教吗?

法老

从尼罗河到幼发拉底河，法老统治埃及超过3000年时间。大多数法老都是男性，偶尔也有过几位女性。人们认为法老是这个世界和天堂之间的调停人，他们被视为皇族，受到马神类似的崇拜。当然他们也承担着很多重要的责任。

法老们当然不会只是舒舒服服地坐在那里被人伺候，身后还有奴隶举着大叶子给他们扇风。相反，法老被视为古埃及神祇荷鲁斯（埃及统治者的守护神）的化身，因此他们会严肃对待自己的身份——上下埃及之主，每座神庙的大祭司。

法老们一生都被世人赞颂，直至死亡以后很久。这意味着，没有人比他们更重要。作为对这种忠诚的回报，法老们要举行对众神的崇拜仪式，并维护真理、正义和宇宙的秩序——这种和谐原则在埃及被称为"玛特"。人们相信，如果法老不履行他的职责，那么尼罗河的洪水就不会如期而至，整个国家都将因此陷入饥荒。

确保获得神灵的支持是法老的重要职责，但他的工作远不止于此。法老要坐在奢华的宫殿中制定法律并主持正义；要征得足够的税收，掌管军队，指挥战争（如果有的话）；要修建神庙敬拜神明，确保尼罗河沿岸肥沃的土壤得到充分的灌溉，以保粮食丰收；他们还要去埃及的各个角落视察，确保国家运转良好。

不过，天有不测风云，法老也会经历饥荒、战败、暗杀或者重病。有时，继任者为了把前任的名字从历史中抹去，会故意损毁以前的记录和纪念碑。但那些真正伟大的君王永远被人民爱戴并代代传颂。

辛勤工作的法老

1. 起床

法老的卧室中布满了咒语和神像——抵御邪魔的贝斯，或者护佑平安的奈荷贝特，这一切都是为了保卫法老在睡梦中不受恶魔侵害。

2. 洗漱

法老有一个单独的盥洗间，由仆人们负责为他清洗，他们用水和各种油膏擦拭法老的身体。

3. 更衣梳妆

清洗过后，法老移步更衣室。他们在那里换好衣服，戴上珠宝，然后还要佩戴假发，精心化妆。

4. 开会

在圣殿中祈祷完毕，法老会赶往觐见室，与他的顾问们会面，了解埃及的最新情况，安排各种计划方案。

5. 午餐

午餐和晚上的时间，法老会和他的家人们待在一起，享受美食，玩棋牌游戏。

6. 实地考察

有时候，法老想要亲眼看看发生了什么，为此他们会到埃及的不同地方实地考察，并造访神庙。

7. 检查陵墓工程

修建陵墓是法老最在意的事情之一，所以他们也会亲自去建筑工地视察工程进度。

8. 欢庆节日

法老们热爱举办节日庆典，每年都会在底比斯举行盛大的奥佩特节庆典。如果一位法老执政超过30年，还会举办一个名为"塞德节"的庆典。

关于法老你必须知道的 5 件事

1. 他们是人间的神
从公元前 3100 年到公元前 30 年，埃及共有大约 170 位法老，历史学家将他们用朝代划分开来。

2. 他们都化妆
所有的法老都用黑色眼影粉画眼妆。他们也都会戴象征法老权力的眼镜蛇式头巾。

3. 他们都喜爱象征符号
法老在艺术作品中的形象，通常是一手握着牧羊用的曲柄杖，一手握着农业用的连枷，象征着他们权力无边，能使五谷丰登。

4. 他们近亲结婚
很多法老都与自己的兄弟姐妹、侄子侄女结婚。这导致了不少健康问题。

5. 法老最初不叫"法老"
最初，埃及的统治者被称作"国王"。"法老"这个名称是从大约公元前1200年才开始使用的，它的意思是"宏伟的房子"。

是真是假？

无论男女，埃及的统治者都被称为"法老"。
真　假

法老只能娶一个妻子。
真　假

金字塔是法老的宫殿。
真　假

法老的身材永远健硕苗条。
真　假

拉美西斯二世持有一本埃及护照。
真　假

答案：真；假；假；假；真。

冷知识

1974年，拉美西斯二世的木乃伊要空运到巴黎进行保护工作。然而，法国规定，任何人出入境都必须持有护照才行，无论那个人是活的还是死的。

谁是继承者？

正妻　法老　旁妻

女儿(25)

儿子(22)　儿子(19)　女儿(23)

法老的长子将成为王位的继承人。在这种情况下，谁会是下一任法老？

答案：儿子(22)。

© Getty images

37

埃赫那吞

法老的生活应有尽有，一切欲求都被悉数满足。于是当"神王"阿蒙霍特普四世掌权之后，他决定进一步按自己的心意行事。首先，他不喜欢埃及的各个传统神明，于是把它们全部抛开，要求所有人只崇拜太阳神阿吞。他创立的这个宗教被称为阿玛纳宗教，是有史以来第一个一神教。

至此，阿蒙霍特普四世仍不满意，为了强调自己对阿吞神的推崇，他把自己的名字改为了"埃赫那吞"，大致意思是"献身于阿吞"。他还要求抹掉埃及境内所有纪念碑上其他神祇的名字。他和与他共同执政的妻子纳芙蒂蒂一起建立了一个新的宗教首都，命名为埃赫塔吞。

新首都选址在尼罗河东岸，花费4年时间修建。这意味着埃赫那吞放弃了原本的首都底比斯。为了加快进度，新首都的绝大部分建筑物都是用一种名为塔拉塔特的小石砖砌成的，包括阿吞神庙——这种神庙没有屋顶，阳光可以直接倾洒进来；以及神庙外面的祭坛，给人们进献供品之用。这里还引入了新的艺术风格。

那些绘画、雕塑和浮雕都为建筑物增光添彩。画作传递出轻松的氛围。还有一幅肖像画，画的是埃赫那吞和纳芙蒂蒂在太阳神阿吞的光辉下接吻。

古埃及学家把埃赫那吞的一系列举措称为特立独行，而当时的人们则对他怨声载道，因为他忽视了埃及的其他地方。人们很高兴他的统治只维持了17年，也乐于见到图坦卡蒙上台后摧毁了埃赫那吞的全部努力——阿吞神庙被拆除，传统的神祇们被恭迎回归。

埃赫那吞

出生时间
大约公元前1380年

死亡时间
公元前1335年

因何闻名于世
埃赫那吞废弃了传统的古埃及神祇，建立了一个新的宗教首都，颠覆了整个社会。

古代艺术

古埃及的艺术风格在埃赫那吞统治时期发生了变化。你能猜出下面哪件作品是他在位期间创作的吗？

A

小测验

看看你对埃赫那吞了解多少？

埃赫那吞坚持要求古埃及人民崇拜的神是谁？

埃赫那吞刚刚继任法老时的名字是什么？

埃赫那吞的妻子叫什么？

塔拉塔特是什么？

埃赫那吞执政多少年？

B

你知道吗？

埃赫那吞城现在叫作阿玛纳。

C

答案：太阳神阿吞；阿蒙霍特普四世；娜芙蒂蒂；小石块，17年。

图坦卡蒙

图坦卡蒙的陵墓是1922年被英国考古学家霍华德·卡特发现的。在此之前，图坦卡蒙已经在帝王谷安息了数个世纪。有人相信，当他的陵墓被打开时，也释放出了法老的诅咒。

图坦卡蒙成为埃及最高统治者时只有9岁。他的父亲很可能是埃赫那吞——那位摒弃旧神另立新神的法老。图坦卡蒙的顾问之一是他的亲戚，名为阿伊，他劝少年法老恢复旧神，推翻他父亲的所作所为。图坦卡蒙去世时年仅18岁，阿伊成了下一任法老。

没人知道图坦卡蒙是怎么死的，不过他确实体弱多病。他患有疟疾、癫痫和骨质疏松。他有一只畸形足，需要拄拐。在执行法老职责的同时，他还喜欢猎捕鸵鸟。在他不大的陵墓中，塞满了5000件奇珍异宝，鸵鸟毛也位列其中。这里有130根拐杖，许多大箱子，一个金王座，各式珠宝、画作、分解的战车、雕塑等。

这位少年法老的妻子是他同父异母的姐姐安赫塞娜蒙，他们有两个未出生便夭折的女儿。这两个女儿与图坦卡蒙葬在一处。不过，图坦卡蒙墓中最引人瞩目的还是他那精美华丽的金质面具，容貌很像埃及的冥王奥西里斯，随着1922年被发掘出土而变得世人皆知……但法老的诅咒是怎么回事？

原来，在墓葬被打开的6周以后，一位协助过卡特的古埃及学家——乔治·赫伯特，第五代卡那封伯爵——被蚊虫叮咬后因高烧和肺炎而死。报纸声称这是由于他忽视了在墓室墙壁上用象形文字写着的死亡警告。一个月后，一位到访过图坦卡蒙陵墓的参观者乔治·杰伊·古尔德也突然身故。于是法老的诅咒便流传开来。不过，卡特本人倒是在那之后又活了16年之久。

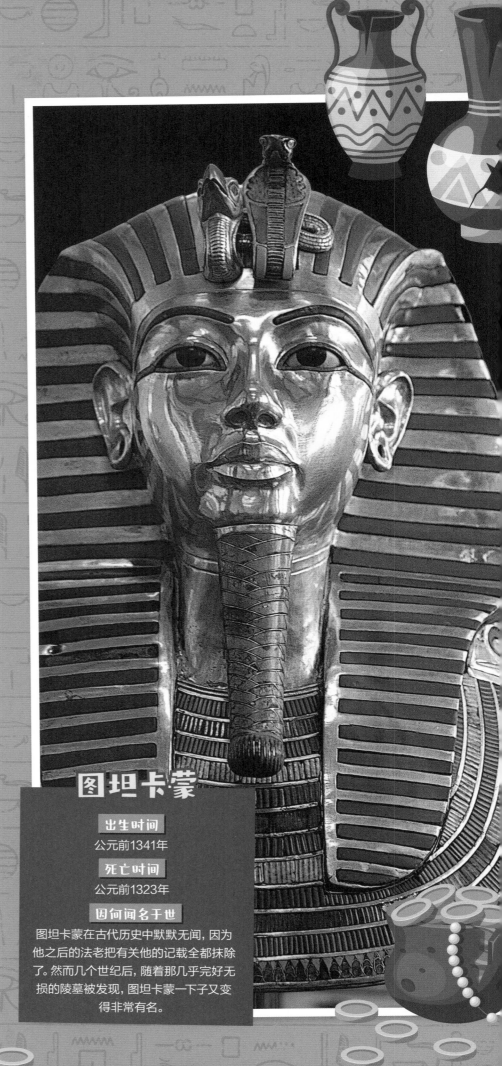

图坦卡蒙

出生时间

公元前1341年

死亡时间

公元前1323年

因何闻名于世

图坦卡蒙在古代历史中默默无闻，因为他之后的法老把有关他的记载全都抹除了。然而几个世纪后，随着那几乎完好无损的陵墓被发现，图坦卡蒙一下子又变得非常有名。

找不同

在这两个图坦卡蒙的金质面具中，你能找到几处不同？

你知道吗？

图坦卡蒙（意为"阿蒙的形象"）原名叫作"图坦卡吞"（意为"阿吞的形象"）。

慧眼识异同

人们花了很多年才记录完图坦卡蒙墓葬中的所有物品。你知道下面哪个不是他的随葬品吗？

单词大搜索

你能在下方找到这些与图坦卡蒙相关的单词吗？

```
L M J S S R V V H I Z P H G Y
A B X S O V W A G N A V F Z Q
T M O C W H E O L Q B X U I G
O Y G Q C F T E X P L O R E R
M Q O Q V Z F J G O U W T S U
B N D U Q Y U Z B H S M H F Q
S B S M N E M L T J S O M K C
U J F M W G M U M M Y K A K A
E A W C S Q N N F S X U S Y R
P M C U R S E L J S H G K J T
F H P H A R A O H H B S S N E
Z C P R R L U X M O H Y S P R
M Y Y Z H E T J V A F A X E P
W P T Z S N Z U I M E K B B V
H W C Y Q O Z F T K X J V H M
```

答案：MASK（面具）；MUMMY（木乃伊）；TOMB（古墓）；CURSE（诅咒）；TUT（图坦卡蒙）；CARTER（卡特）；PHARAOH（法老）；YOUNG（年轻的）；EXPLORER（探险家）；GODS（神）。

答案：C。

© Getty Images

图特摩斯三世

很少有法老能拥有图特摩斯三世那样的影响力。作为第十八王朝的第6位法老，他率军四处征战，却未有败绩，成功地使埃及成了一个战无不胜的国家。

图特摩斯二世死于公元前1479年，其子图特摩斯三世继位时年仅2岁。为了辅佐年幼的法老，他的继母哈特谢普苏特成了摄政王，之后又成为共同执政者——也就是说她理应与儿子一起治理国家。

然而，哈特谢普苏特却甩开继子，宣布自己成为法老。不过还好，她给图特摩斯三世提供了一流的教育，使他拥有了统治国家的能力。等他长大一些之后，还任命他为军队首领。

哈特谢普苏特于公元前1458年去世，图特摩斯三世随即登基为王。他非常聪明，擅长射箭和骑马。起初他并没有什么军事经验，因为当时无仗可打。不过局势很快发生了变化——邻国纷纷伺机独立，不断试探他的底线。

图特摩斯三世首先率领军队前往位于迦南的城市米吉多。当他们抵达时，发现早有大军严阵以待。他们此时有三条路线可选，两条容易，一条艰难。你猜图特摩斯三世选了哪条？难的那条。图特摩斯三世带领部队穿过山口，浴血奋战，围困米吉多长达7个月之久。最终这个城市不得不宣布投降。

在那之后，图特摩斯三世又进行了16次军事行动，获得了比埃及任何一位法老都要多得多的领土。他非常富有，并且慷慨地把财富同他的几个妻子和9个孩子一同分享。他下令以他的名义建造了许多方尖碑、纪念碑和庙宇，还建起了供所有人游玩的公园。他于公元前1425年去世。

图特摩斯三世

出生时间
公元前1481年

死亡时间
公元前1425年

因何闻名于世
图特摩斯三世被誉为埃及的拿破仑，他见证了这个国家的黄金时期。

小测验

对于图特摩斯三世，你了解多少？

关于图特摩斯三世领导的战争，下面哪个是真的？

A. 古埃及学家在他位于帝王谷的陵墓中发现了一段录音。

B. 抄书吏记录了这些战争，并铭刻于卡纳克的阿蒙神庙之中。

C. 他蘸着敌人的血在自己的纪念碑上作画。

据信图特摩斯三世征服了多少座城池？

A. 50
B. 200
C. 350

图特摩斯三世下令建造的两座方尖碑被称作"克利奥帕特拉之针"。它们现在矗立于何处？

A. 伦敦和纽约
B. 开罗和卢克索
C. 悉尼和墨尔本

答案：B, C, A。

图特摩斯三世的疆域

对照世界地图在纸上画一画，看看在图特摩斯三世统治期间，埃及的疆域有多么辽阔。

连点成画

将点依次连起来，画出图特摩斯三世的样子。

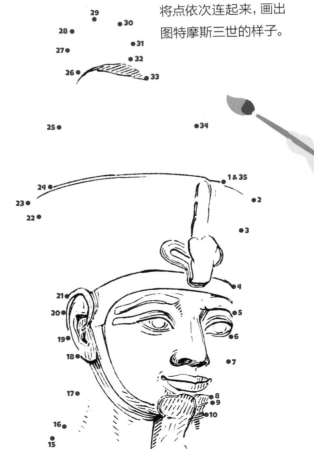

拉美西斯二世

提到拉美西斯二世，我们不能说他是一位优秀的统治者……我们要说他是一位伟大的统治者！世人都尊他为"拉美西斯大帝"。为什么他能得此名号？是因为他有一只名为"杀敌者"的宠物狮子吗？是因为他是一位武王，关键时刻能以一敌众、独自击败一支军队吗？关于君王的故事常常会言过其实、添油加醋，但拉美西斯二世确实是最伟大的统治者之一。

和埃及的大部分法老相比，拉美西斯二世的身世并不显赫。他的祖父，拉美西斯一世，只是一介平民，靠着赫赫战功才跻身皇族，开启了第十九王朝。他的父亲，塞提一世，同样善于打仗，复兴了埃及的疆域。他们还重新打开了努比亚和东部沙漠的金矿，增强了国力。拉美西斯二世自幼陪同父亲参与军事战役，学会了很多关于战争的智慧。

14岁时，拉美西斯二世被任命为摄政亲王，22岁便开始率军打仗。公元前1279年先王驾崩，拉美西斯二世便成为法老。他不断向邻国开战，他的对手包括赫梯人、利比亚人、叙利亚人和努比亚人。其中有一仗打得尤为艰难，这便是著名的卡迭石战役——拉美西斯二世在叙利亚率2万人马对阵5万赫梯大军，双方还动用了5000辆战车。这场大规模会战最终两败俱伤，但拉美西斯二世却因此一战封神。后来他下令在神庙的墙壁上描绘他是怎样轻而易举地击败赫梯人的。

不过，拉美西斯二世被人传颂仅仅是因为他的赫赫战功吗？当然不止。他在位超过66年，在埃及和努比亚兴修的建筑数量超过其他任何一位法老，其中包括底比斯的大多柱宫和阿布辛贝神庙。他甚至还建立了一个新的首都，命名为"培尔—拉美西斯"。他生了大约100个孩子！

埃及与赫梯和平条约

拉美西斯二世

出生时间

公元前1303年

死亡时间

公元前1213年

因何闻名于世

无论是生育孩子的数量还是兴修建筑的数量，拉美西斯二世都远超其他法老。而且他还比一般法老更加骁勇善战。

你知道吗？

埃及人会为执政超过30年的法老举办"塞德节"庆典（从执政第30年开始举办，随后大约每三年举办一次）。许多法老一辈子也没赶上过一次，而拉美西斯二世总共庆祝了14次！这也是他创下的一个纪录。就像之前跟你说过的，他真的非常厉害！

完成一桩杰作

拉美西斯二世下令修建了美丽的阿布辛贝神庙。神庙的入口处有4尊巨大的法老雕像,其中一尊被严重损毁了。在你心目中那尊法老像会是什么样子?把他画出来吧。

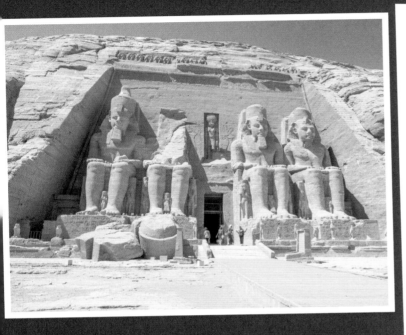

签署一份和平条约

卡迭石战役最后以平局告终,拉美西斯二世与赫梯人签署了现存最早的一份和平条约。你能签署下面这份永久和约吗?你会在其中写上什么条款呢?

1. 我们将保持和平

2. 我们将不会侵略对方

3. 我们将交还政治难民

4. 我们将协助对方平定叛乱

5. 我们将支持对方抵御外敌

6.

7. _____

8. _____

签字 _____

破纪录的法老

拉美西斯二世在以下几件事上打破了前人的记录。

- **寿命**
  他去世时90岁。

- **养马**
  他修建了世界上最古老的马厩。

- **维护和平**
  他与赫梯人签署的和平条约是世界上最早的一份和平条约。

- **战争**
  卡迭石战役动用了5000辆战车,是有史以来规模最大的一次。

- **生孩子**
  他大约有100个孩子,其中52个是男孩。

哈特谢普苏特

当图特摩斯二世过世时，下一任法老本应是他的儿子图特摩斯三世。然而彼时的图特摩斯三世只是一个2岁的婴儿，显然无法理政，于是他的继母哈特谢普苏特——曾经的埃及王后——便成为摄政王。也就是说，她将暂时代理朝政，等图特摩斯三世长大后再把权力交还给他。

然而大约7年之后，哈特谢普苏特改变了她的心意，她直接宣布自己就是法老，成为埃及历史上第二位女性法老。没人知道她为何选择那个时候有此举动，不过那时的她确实像个真正的领导人。

哈特谢普苏特采用了全套的法老称谓，并穿着男性法老的服装。她专门在下巴上戴了一个假胡子，还要求画像中把她描绘成一个肌肉男。除此以外，她告诉所有人，她的父亲是阿蒙神。

这些举措颇为有效。埃及人接受了她成为一国之君，对她的所作所为并不质疑。她对图特摩斯三世很好，给他最好的教育，并任命他为军队首领。在接下来的15年里，她的表现和别的法老没什么两样。她委托创作美妙的艺术和建造宏伟的建筑，下令建造宗教的游行步道和圣殿。她的建设项目中还包括卡纳克的两尊方尖碑和位于代尔埃尔巴哈里的她自己的祭庙。

哈特谢普苏特统治时期是一段和平的时光。她没有她父亲的军事眼光，也并不想与埃及的邻国打仗。她明白拥有军队的重要性，但她会让军队去进行对外贸易方面的探险，其中一支被派往了蓬特，那里有大量的黄金、乌木、象牙、野生动物和芬芳的树脂。总之，埃及在哈特谢普苏特的统治下得以蓬勃发展。

哈特谢普苏特

出生时间

公元前1507年

死亡时间

公元前1458年

因何闻名于世

哈特谢普苏特不仅是埃及历史上第二任女性法老，也是最成功的法老之一。

雕像复原

在代尔埃尔巴哈里的哈特谢普苏特祭庙中，每一根柱子上都有她本人的雕像。我们拆解了其中一个。你还能按顺序把它拼回去吗？

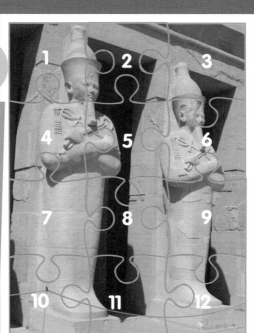

塞奈姆特 消失之谜

塞奈姆特是哈特谢普苏特的一位重臣。他被记录为神之妻——哈特谢普苏特的大管家，负责管理哈特谢普苏特的重要建设项目。然而在公元前1466年左右，他突然从历史中消失了。他是死了吗？还是因为做错什么事情而被刻意抹除了？古埃及实在太神秘了！

词语重组

你可以从

HATSHEPSUT(哈特谢普苏特)

这个名字中重组出哪些英文单词？

为什么哈特谢普苏特的 雕像被毁？

哈特谢普苏特死后，她的继子，也是继任者，图特摩斯三世砸毁了她的雕像。这些残片是19世纪20年代晚期在她的祭庙中进行考古挖掘时发现的。她的名字也被从国王名录中删除。图特摩斯三世是在为他失去15年的统治权而感到愤怒吗？或者也许此举是精心谋划的，抹去她的名字是为了让未来的权力继承更加顺利？未来的某一天，我们也许可以知晓答案。

克利奥帕特拉七世

克利奥帕特拉七世是埃及最有名的法老之一，很可惜，也是最后一位了。她统治时期的埃及已陷入内外交困——外有强敌，内有洪水与饥荒，经济实力也一落千丈。而对克利奥帕特拉七世来说，她最大的麻烦则是与弟弟的权力斗争。

克利奥帕特拉七世所在的历史时期属于托勒密王朝，这是希腊统治者亚历山大大帝的将军托勒密一世于公元前305年建立的。她的父亲是托勒密十二世，他把王位传给了当时18岁的克利奥帕特拉和她10岁的弟弟托勒密十三世，他们后来结了婚，并共同执政。

克利奥帕特拉七世是马其顿希腊后裔，通晓12种语言，而且据说聪明过人，懂得天文学、数学和哲学。不过当托勒密十三世长大以后，不愿意姐姐执掌太大的权力，于是密谋将她赶出了埃及。

克利奥帕特拉七世逃到了叙利亚，但并不死心。她集结起一支军队，想要打回埃及，同时还寻求罗马将领尤利乌斯·恺撒的帮助。当时恺撒正追击敌人庞培来到埃及，克利奥帕特拉七世便偷偷潜回埃及，伺机与恺撒见面——据说她是被裹在地毯里带到恺撒面前的——最终恺撒同意施以援手。

尼罗河之战战败后，托勒密十三世在逃亡过程中淹死了，克利奥帕特拉七世终于重新主政，这一次是和她13岁的弟弟托勒密十四世共同执政。她与恺撒生了一个儿子，名为恺撒里昂，在托勒密十四世被杀后，她便与儿子一起执掌埃及。公元前44年，恺撒被刺身亡，克利奥帕特拉七世受到了很大的打击，不过随后她又爱上了恺撒的一个亲戚，罗马政治家马克·安东尼。他们和罗马的第一任皇帝屋大维开战，但不幸在希腊输掉了至关重要的阿克提姆海战。从此以后，埃及便沦为罗马帝国的一部分。

克利奥帕特拉七世

出生时间

公元前69年

死亡时间

公元前30年

因何闻名于世

克利奥帕特拉七世是埃及的末代法老，不过世人最津津乐道的还是她与尤利乌斯·恺撒和马克·安东尼的爱情故事。

克利奥帕特拉七世因何香消玉殒

死亡总伴随在克利奥帕特拉七世身边。她与弟弟托勒密十三世交战后，她弟弟便溺水而亡。人们相信是她毒死了托勒密十四世。后来当她发现她的妹妹阿尔西诺埃觊觎王位时，也毫不心软地杀掉了这个妹妹。

但克利奥帕特拉七世自己是怎么死的呢？当时，罗马皇帝屋大维打败了埃及军队，马克·安东尼担心被俘，又听说克利奥帕特拉七世已死，便心灰意冷地自杀了。而克利奥帕特拉七世其实还活着，她在得知安东尼离世的消息后伤心欲绝，于是用一条埃及眼镜蛇咬伤了自己的手臂，中毒身亡。

帮助克利奥帕特拉七世返回埃及

克利奥帕特拉七世要找尤里乌斯·恺撒帮忙，从她弟弟的手里夺回埃及的控制权。你能帮她与恺撒见面吗？

瞧瞧这个！

试着查找一些资料，了解更多知识。

啦啦克利奥帕特拉

英国广播公司儿童频道的《糟糕历史》节目为克利奥帕特拉七世创作的美妙歌曲。

克利奥帕特拉受审

了解我们对克利奥帕特拉目前已知的信息，并对一些事实提出质疑。

生与死

回顾克利奥帕特拉七世的一生和她的死之谜的精彩概述。

《埃及艳后》

这部1963年的电影成本高昂，但它非常尊重史实。

时尚女王

克利奥帕特拉七世绝对称得上是当时的时尚偶像。她的衣着品位、珠宝和发型都引得无数罗马女性跟风效仿。请给这张克利奥帕特拉的画像涂色，最好再增添一些你自己的风格。

阿蒙霍特普三世

在阿蒙霍特普三世主政期间，埃及极度的繁荣、安全和富有。他接过他父亲图特摩斯四世的王位时大约才12岁，所以起初身边很可能有一位摄政王代为执政，普遍认为那就是他的母亲穆特姆维娅。在阿蒙霍特普三世上台大约5年后，和平被短暂地打破。他在努比亚打了一场胜仗，证明了自己是一位优秀的军事将领。而他在位的其他时间，国家都岁月静好，于是他也就从军事将领变成了一位杰出的政治家。

他与亚述、米坦尼、赫梯和巴比伦的国王们建立了牢不可破的关系，还娶了叙利亚、巴比伦和阿尔查瓦国王的女儿。不过他最爱的还是他的第一位妻子泰伊王后，人们尊称其为"大王后"。

阿蒙霍特普三世喜欢宣传自己都做了什么。他会命人把各种事情都刻在巨大的石质圣甲虫上，以纪念他结婚、猎杀狮子或者建造了纪念碑。

这样的石质圣甲虫很多——其中不少留存至今——因为阿蒙霍特普三世确实做了很多事情。他在尼罗河东岸的都城底比斯启动了卢克索神庙的建设。他还修建了自己的祭庙——有史以来最大的祭庙——其中尤为特别的是两尊巨型的阿蒙霍特普雕像，人称"门农巨像"。

这还不算完。他还在底比斯西岸的马各答建造了一大片无与伦比的宫殿，占地3万平方米，又兴建了古埃及最大的城市"闪耀的阿吞"——以当时并非主流而他自己虔诚信仰的太阳神阿吞命名。这里还有个小故事，在当时，埃及有权有势的大祭司都追随阿蒙——风之主宰。而阿蒙霍特普三世可以通过敬奉阿吞和另一位太阳神"拉"来削弱祭司团体的力量。

阿蒙霍特普三世

出生时间
公元前1401年

死亡时间
公元前1351年

因何闻名于世
作为埃及第十八王朝的第9位法老，阿蒙霍特普三世给埃及带来了极为繁荣兴盛的时光，还主持兴建了数量庞大的建筑工程。

涂颜色

根据石质圣甲虫的记载,阿蒙霍特普三世亲手用弓箭猎杀了超过100头狮子。请你给这只强壮的狮子涂上颜色,让它变得栩栩如生吧。

你知道吗?

阿蒙霍特普三世时期的雕像至今还有大约 250 尊存世,雕像数量是所有法老中数量最多的。如果你仔细观察那些巨大雕像的眼睛,会发现眼球是倾斜的,看起来正在向下俯视所有张望他的人。

挖到宝了!

2021年4月,考古学家在卢克索发现了阿蒙霍特普三世的皇城——闪耀的阿吞。他们在门农巨像附近挖掘时,偶然发现了这片废墟。经过一年左右的考古工作,他们已经找到了很多房间,还有大量古埃及人用过的器物,包括陶器和珠宝。一些房屋和行政办公楼也保存完好。想了解曾居住在这里的古埃及人,这座城市未来将告诉我们更多。

考考你

关于阿蒙霍特普三世,你学到了什么?

① 阿蒙霍特普三世继承王位时是_____岁。

② 他猎杀了超过_____头狮子。

③ 他把重要事件都刻在了石质_____上。

④ 门农巨像是阿蒙霍特普三世的_____。

| 圣甲虫 | 100 | 雕像 | 12 |

挥别法老

在这一章中，我们认识了几位杰出的法老。你最喜欢其中的谁？他们中的许多人为埃及修建了壮丽的建筑、赢得了战争，促进了埃及的繁荣发展。同时我们也看到，对于身居高位的人来说，玩弄权术、贪慕权力往往是他们的通病。

关于埃及的故事有不少迷人之处，也有许多出人意料的故事。谁能想到克利奥帕特拉七世竟然把自己裹在地毯里带到外国将领的面前，而她还一见钟情地爱上了对方？谁能料到图特摩斯三世居然摧毁他继母的纪念碑？我们可能永远也

猜不透他的动机，但这就是古埃及的运作方式。这里有很多未解的奥秘，有很多未读的故事，而它还不止于此。

这里还有很多著名的古埃及人物。摩西，一位宗教领袖，在拉美西斯二世统治时期，他使犹太人逃离了埃及的奴役，并带领他们跨过红海。左赛尔国王是建造金字塔的第一人，佩皮二世6岁登基，统治长达94年。我们这里讲述的只是历史的吉光片羽，更精彩更详细的故事要等你长大后自己探索喽。预祝愉快！

考考你

请用下面给出的词语填空。

1. 埃赫那吞新城中的建筑物是用一种名为_____的石砖建造的。

2. 阿蒙霍特普三世在_____进行了一场战役。

3. 阿蒙霍特普的两座巨大雕像被称为门农_____。

4. 克利奥帕特拉七世会说_____种语言。

5. 她爱上了尤利乌斯·恺撒和马克·_____。

6. 图特摩斯三世继位时仅有_____岁。

7. 哈特谢普苏特穿戴着假_____。

8. 哈特谢普苏特在卡纳克修建了两座_____。

9. 拉美西斯二世在_____之战中英勇杀敌。

10. 图坦卡蒙有一只畸形_____。

胡子　12　足　卡迭石　安东尼　2　巨像　方尖碑　塔拉塔特　努比亚

古埃及人怎样生活

和今天一样，古埃及人的生活也很忙碌。他们要工作、要照顾家庭、要花很多时间敬拜神明。对当时的人来说，家族是极其重要的，所以他们的家族往往非常庞大。一个大家族内部会相互支持、共度时艰。即使没有国家的支持，一个强有力的大家族在经济上也能做到自给自足。

就像我们在本章中将要看到的那样，男人和女人有各自的社会职责——尽管相互有一些重叠——每个人都能够工作和挣钱。人们普遍居住在泥砖建成的房子里，房子足够大，可以容纳家庭成员的增长壮大。人们为睡觉、做饭和储藏分别设置了不同的区域，还会专门留出两个房间用于与家人朋友们的聚会。

古埃及人常常生病。尽管很多人为了保持健康经常洗澡，但疾病还是随处可见。当时的街道上满是垃圾、臭不可闻。当时的厕所可不是冲水马桶，只是在一个装了沙子的盒子上方开一个洞而已。人们治病时既找医生也找巫师，而他们治得都还不错。古埃及的医生可能是当时世界上最好的医生，无论男女老幼医生都能提供医疗服务。

在某种程度上，现世的生活对当时的人来说只是一次演习，他们会把很多时间用于准备下一阶段的，也就是来世的生活，所以死亡并不总被当成一件坏事。随着时间的推移，古埃及人想出了一种处理死亡的方法——制作木乃伊。嘿，振作一点，胆小的人可做不了这个差事！

字母数独

这里有9个字母：E、G、Y、P、T、I、A、N、S。每个字母在任意一行、一列或一个九宫格中只能出现一次。你能把它填满吗？

			Y	O				A
T	A		N	E		G		
				G				E
E		A	I	Y		P		S
	S			N		T		
Y		G		S	A	E		N
A		E						
	E		T	N			Y	P
N			G	P				

涂颜色

在踏上穿越古埃及文明的旅程之前，请先为下图中这些埃及的标志性符号涂色，同时思考一下这片神奇土地上的生活。

古埃及的食物

古埃及人大部分时候都吃得很好。因为尼罗河洪水退去后会留下肥沃的黑色土壤，所以农民可以在这里种植多种多样的蔬菜水果，包括大蒜、洋葱、扁豆、韭菜、卷心菜、生菜和豌豆等作物，以及无花果、甜瓜、葡萄、枣和石榴等水果。他们还种植小麦和大麦，并用它们制作面包和啤酒——这两种食物就是他们饮食的主体。他们把葡萄发酵酿制成葡萄酒，还通过养蜂来获取美味可口的蜂蜜。

农民们也很愿意饲养家畜。牛是其中尤为重要的一种，因为它能给人们提供充足的牛奶，并把它制成奶酪和黄油。农民们也会饲养禽类，并猎捕野生候鸟，这样人们在席间就可以享受到鸭子、鹅、鸽子等美味。鸡早在公元前1750年就被引入埃及，但起初人们只把它们用作斗鸡来观赏取乐，直到大约1000年后才开始食用鸡蛋和鸡肉，从此鸡就开始为每一个人

提供优质的蛋白质。其他肉类流行于上层阶级。

穷人吃不起什么肉，还好尼罗河为他们提供了足够多的鱼。绝大多数的肉类都很贵，所以兔子、公牛等肉基本只有法老和贵族可以享用。人们发展出许多给肉调味的方法，也有丰富多样的调味佐料，如盐、香菜、孜然、胡椒。光他们用到的植物油就足足有21种之多。

和如今世界上大多数地方一样，食物并不只是用来填饱肚子的，还常常被用于特殊场合。上层阶级尤其喜欢举办盛大的宴会，各式各样好吃的东西让人们敞开肚皮狂吃。阶层较低的人也会收到邀请，不过穷人们只能坐在地板上。这样一场盛宴往往能持续好几个小时。

西克莫无花果
古埃及人把西克莫无花果树称为"爱之树"，他们非常喜欢这种果实。

面包
面包是古埃及人的主食，但古埃及人的面包入口可能有点粗糙，因为里面常常混有沙粒。

大蒜
绝大多数的古埃及人都喜欢吃大蒜，他们认为大蒜可以预防疾病、增强体魄。

刺猬

刺猬是古埃及人的美食之一，通常他们会把它跟其他野生动物一起做成菜肴。希望他们吃之前能把刺拔干净。

啤酒

啤酒是非常重要的饮品。当时的啤酒是用大麦酿造的，像奶昔一样稠，酒精度不高。从卫生的角度来讲，它比尼罗河水更适宜饮用。

油莎豆蛋糕

食材

- 150克油莎豆
- 75克蜂蜜
- 35克初榨橄榄油

做法

1. 把油莎豆放进容器，倒入热水，浸泡10分钟让油莎豆变软，然后把热水倒掉。
2. 把油莎豆放入食物料理机，研磨成粉。如果你没有食物料理机，也可以直接用手捏。把油莎豆粉和其他食材一起放入平底锅。
3. 中火加热2分钟，用木铲把食材搅拌均匀，随后小火继续搅拌15分钟。
4. 关火，把混合好的食材倒进盘子。待冷却后，先把它们揉成一个个圆球，再捏成锥形便大功告成啦！

古法埃及面饼

食材

- 7克酵母粉
- 250克不含发酵粉的普通面粉
- 1汤匙淡蜂蜜
- 1/2茶匙盐
- 1汤匙橄榄油
- 177 毫升热水

做法

1. 把酵母粉、水和蜂蜜倒入一个碗中，搅拌均匀后静置5分钟。
2. 加入盐、橄榄油和面粉，再次搅拌，揉成一个光滑的面团。如果你做的面团太粘手，可以再加进一点点面粉。
3. 把面团放入一个干净的、表层涂过少量橄榄油的碗中，覆上保鲜膜。在暖和的地方静置2小时。
4. 等面团发酵变大以后，把烤箱调到220℃预热（如果是风炉烤箱就用200℃）。用你的掌根反复揉搓面团，排出里面的空气。
5. 在操作台上撒一层薄薄的面粉，将面团一分为二，分别用保鲜膜包裹。静置10分钟。
6. 揭开其中一个面团的保鲜膜，把它揉成长方形，放入烤盘，然后如法炮制另一个面团。两个面团一起用烤箱加热20分钟，中途记得翻面。

鱼

尼罗河里有各式各样的鱼，包括鲶鱼、鲈鱼和罗非鱼。

古埃及的工作

当一个孩子长到5岁，他就将面临两条道路——一是读书，二是工作。选择哪条路完全取决于他父母的财富和地位——如果有钱，孩子就去读书学习；如果没钱，孩子就只能做学徒，将来子承父（母）业。

当时一个人所能做的最好的工作，除了当法老，就是当维齐尔，这是古埃及最高行政阶层。但是要想当维齐尔，你必须首先是国王的亲戚，这就意味着绝大多数人都与之无缘。稍微容易实现一些的（当然也没多容易），是当祭司。但这要求一个人必须首先能读会写，而且最好父母中有一人已经是祭司。

想当抄书吏也不是一件容易的事。他们必须要花许多年时间学习古埃及象形文字和僧侣体文本，只有富余家庭才能负担得起这笔学费。不过那些乐于边做边学的人可以成为面包师、商人或工匠，古埃及对纺织工、木匠、陶匠、首饰匠也有大量的需求。

即便如此，多数人还是去做了农民或劳工。毕竟总有那么多的纪念碑、神庙和宫殿等待修建，也有那么多的土地等待耕种。劳工是有报酬的，而且他们通常吃得不错，这样才能有足够的体力工作。不过他们的工作对健康实在不利，很多人都活不长久。有证据表明，食物短缺曾在公元前12世纪导致过一次罢工——那是在法老拉美西斯三世统治时期，工人们在修建他的墓室时扔下了工具。

哪种植物在古埃及没有种植？

小麦

洋葱

卷心菜

大麦

香蕉

向上攀升

通常一个古埃及人的职业早早就由他父母的社会地位决定了，但还有一种方法可以让个人凭借自己的奋斗攀上社会阶梯。这条路是什么呢？对，就是参军！虽然军人非常艰苦，还有可能阵亡，但只要打了胜仗就能收获战利品，退休以后还有可能分得土地。

答案：香蕉

如果生在古埃及，你可能会做什么工作？

以下几样物品中，你最渴望哪一个？

A. 一本像《未来天才》一样精彩的书
B. 许许多多的美食
C. 一件精美的首饰
D. 一件古埃及神祇的雕塑

你喜欢和动物一起工作吗？

A. 我只愿意把它们当成写作对象
B. 喜欢，他们的力量对我有用
C. 我更喜欢制作动物雕像
D. 当然喜欢，只要它们是神的化身，可以崇拜

你在学校最喜欢哪类课程？

A. 语言类
B. 运动类
C. 艺术类
D. 社科类

你最喜欢在哪里工作？

A. 在桌旁，手头有很多文件
B. 在户外，呼吸着新鲜空气
C. 在一个装备有许多工具的车间里
D. 在一个宽敞、安静的室内

什么对你来说更重要？

A. 记录真实发生的事情
B. 感觉自己辛苦地工作了一天
C. 做一些真正有创意的事情
D. 受人钦佩，被人崇敬、尊重

冷知识!

古埃及的女性可以从事很多工作，她们可不会为了照顾孩子和做家务而辞职回家。

大多数选 A

你是一位抄书吏

你受过教育且勤奋好学，愿意数年如一日地埋头钻研学术。作为一名抄书吏，你将精通埃及象形文字，并挥洒才华，以记录事实为生——这些记录在未来很多年里都将为人们提供有用的信息。

大多数选 B

你是一位农民

你热爱大自然，不怕弄脏自己的手，你愿意全身心地种植农作物，为人们提供食物。你种植的小麦可以做面包，种植的蔬菜和培育的大麦可以制成啤酒，为大家提供饮品。

大多数选 C

你是一位工匠

花费一整天的时间制作首饰或者陶器对你很有吸引力，因为你有强烈的创造天性。你还对木工、编织和皮革工艺感兴趣。你想要制作能够经得起时间检验的实物作品，哪怕是在几个世纪后才能从墓葬中被发现。

大多数选 D

你是一位祭司

你做这个工作不只是为了享受被世人尊重的感觉，更是愿意将时间和精力都投入到对众神的敬拜中去。通过在神庙中尽职尽责地工作，按照最高标准执行宗教仪式，你将收获他人由衷的钦佩。

古埃及人的一天

如何度过一天取决于你的身份。如果你是维齐尔，那么你会穿上亚麻长袍，吃一顿丰盛的早餐，确保孩子们被安全地送到学校。在开始一天的工作之前，你要先觐见法老，然后便忙着监督建筑工程、协调资源调配、监管法律事务，确保整个埃及能够良好运转。晚上是你放松休闲的时间。

下层百姓大部分时间都在田间劳作，为国家提供粮食。但是当尼罗河洪水泛滥时，他们就要转而去服徭役——这意味着在每年的6~9月他们都得到建筑工地上去为政府无偿劳动大约4个月的时间。他们帮助建造神庙、金字塔、运河、道路，这可真是一项能让人累断骨头的工作！

处于社会中间层的是各种工匠，我们对他们的生活颇为了解，因为考古学家在帝王谷附近发现了一个工人村的遗址。这个村子叫作代尔麦地那，在尼罗河西岸，与如今的卢克索相对。考古学家在遗迹中发现了不少文字作品和手工艺品，我们可以据此拼凑出当时工匠们的生活。

让我们设想这样一个场景：在山谷中有一个村子，许多泥砖建成的房子相互紧紧地挤在一起——距离近到你站在街上伸出手就可以摸到两边的房子。大多数房子只有一层，宽度仅为6米，所以把墙壁全都刷成白色、显得敞亮一点是个明智之举。这里总共大约70户人家，村子有围墙环绕。还有一些房子位于村外的山坡上。走路去上班需要大约30分钟，但这段路着实不好走。

工人们的典型一天

起床吃饭
时间: 06:00

在一个砖砌的高床上睡过一个安稳觉后，是时候起来舒展筋骨，吃顿早饭了——大概是一些面包加少许蜂蜜。

开工建设
时间: 07:30

他们要在帝王谷的这些建筑上工作10个小时。这项工作非常累人。

徒步通勤
时间: 07:00

没有交通工具，工人们只能走路去上班。从他们的村子到帝王谷，一路都是陡峭的山坡，很多工人日后都患上了骨关节炎。

放松休息
时间: 18:00

家里有仆人打理家务，所以工人们只需要考虑工作的事情就好。有些仆人还可以提供医疗保健服务。

下班回家
时间: 17:30

回村的路也很辛苦。专家形容这就像走楼梯爬上28层楼。

晚饭，然后就寝
时间: 20:00

食物是工人辛苦工作的报酬，他们的妻子会烹调美味的菜肴。在和家人共度美好时光之后，上床睡觉的时间到了。

丢失的蓝图

为富人建造的房子宽敞奢华，到处都是金饰、地毯和雕塑。不过这个房子的主人出门匆忙，忘记把他的金字塔建造蓝图带去工地了。它们可能正在这个院子里乱飞呢。你能帮主人找到它吗？

秘密日记

用这个日记本记下你生活中典型的一天。它与古埃及人的日常生活相比有什么不同？

你知道吗？

在古代埃及，手艺和职业是在家庭中代代相传的。

古埃及的艺术

古埃及艺术的代表性人物画有着相同的模式，画中的每个人都是侧视图，双腿朝向同一个方向，一脚在前一脚在后，然而他们僵硬的身体却似乎是朝向正前方的。你还会注意到，人物的眼睛都画得完完整整，而且似乎都直视着你。这种艺术风格被称作"正面律"。

艺术并没有随着埃及的历史发展而进化。千百年来的绘画中都可以见到同样的人物形象。艺术家一遍一遍地坚持同样的创作原则，说明绘画并不真的是

一种创造性的表达方式，其本质更多是功能性的。比如，他们必须严格按照比例绘制人物，为此艺术家都要画线或者网格作为参照。

古埃及人在用色上也十分保守。如果你看过很多不同的画作，你会发现它们从不花哨。那是因为所有艺术家都使用一种只有6种颜色的调色板：黑色、白色、黄色、蓝色、红色和绿色。所有颜色都有其寓意。比如，黑色是尼罗河洪水过后留下的肥沃土壤的颜色，而绿色

象征着生命。人们相信，这种调色板可以赋予作品更强大的能量。

所有这些都表明，宗教对艺术有着很大的影响。实际上，艺术家们根据每个人的身份地位小心翼翼地安排他们在画中的比例，所以法老和神祇总是比仆人和动物大很多。不过古埃及的艺术创作并不只是绘画，埃及人还创造了非常美妙的雕塑、陶器、壁画等，我们接下来就将看到它们。

块雕
块雕出现在中王国时期，表现一个人蹲坐着，膝盖靠近胸口，双臂交叠放于膝上。

小雕像
小雕像是为祭庙和陵墓制作的，它们的细节都非常丰富，这个胡夫国王的小雕像便清晰地展示了这一特点。

陶器
陶器是有实际用途的，但这并不意味着陶器就必须是朴素的。陶匠可以在他们的作品上尽情挥洒创意。

关于古埃及的艺术你需要知道的5件事

1. 大部分都已经被盗
偷盗不只是个人行为，有些国家也参与其中，他们深知古埃及艺术品的巨大价值。

2. 我们并不认识那些艺术家
由于艺术家都没有在他们的作品上签名，所以我们很少能确知杰作背后的创作者是谁。

3. 它们并不都是准备被人看到的
许多艺术品被埋葬在陵墓中，还有一些陈列在法老的宫殿里。

4. 存在一些地区差异
许多艺术品看起来相似，但创作地点不同，风格也会有所不同。

5. 现实主义很重要
特别是雕塑作品，它们要尽可能做到栩栩如生。

半身像

这尊美丽的纳芙蒂蒂半身像创作于公元前1345年，以此纪念法老埃赫那吞的大王后。

画出这位法老

以网格为参考，你能否复制这幅从拉美西斯一世墓葬中发现的画作，保持与原作同样的比例？

壁画

除了用来装饰陵墓，人们还用壁画美化宫殿和住宅的墙壁与天花板。

修复古陶器

这个小碎片看起来好像是一个盘子的一部分。你能参照已有的图案继续画下去，把整个陶盘修复完整吗？

面具

图坦卡蒙的金质面具被埋藏在地下那么久，真是太可惜了！它现在是埃及的标志性艺术品。

古埃及的娱乐

古埃及人的生活并不是只工作不娱乐。他们有大把时间做各种有趣的事情，也喜欢在户外随着音乐翩翩起舞。逢年过节时，他们聚到一起，享受盛大的庆典，在那里唱歌、拍手、大笑，度过美好的时光。毕竟他们那时还没有电视、计算机和电子游戏。

音乐当然非常重要。但是因为当时没有录音设备，很遗憾我们永远也无法知道那时的音乐是什么样的。退而求其次，我们只能去当时的画作中了解人们会在哪里演奏、怎样演奏那些近现代以来陆陆续续发现的古老的乐器。我们知道古埃及人会一起演奏竖琴、大镲和响板，他们还喜欢吹笛子。那时音乐无处不在——工作中、田野里、战场上、神殿和宫廷之内，到处都有音乐。

一些音乐家是专业人士（也就是说他们靠音乐挣钱），这些才华横溢的人备受瞩目，就像今天的流行歌星一样。舞蹈家也深受欢迎，他们的表演总是令人赞叹不已。当时有许多不同类型的舞蹈，有些是独舞，不过大部分是群舞。这些人总是精力充沛、神采奕奕。

古埃及也有其他形式的娱乐活动，比如各种体育项目，包括摔跤、拳击、战车比赛、钓鱼、射箭、标枪和拔河。那时的人也喜欢打猎，他们会捕猎河马、大象、犀牛和狮子。那时的人们把运动中进行的杀戮视为力量的象征。

这些活动给人们带来了大量的谈资，而且古埃及人真的很爱聊天。他们经常聚在一起讲各种新奇的、富于想象力的故事，有宗教的、教育的、冒险的、神话的，也有恐怖的。总之，有一件事我们可以确定，那就是在不工作的时候，他们的生活绝对不枯燥。

古埃及的"达人秀"

古埃及人特别会搞派对。他们只用几件简单的乐器就能让所有人一起唱起来，歌唱是他们的一种生活方式。

人与兽

古埃及人会带上长矛、弓箭和狗去捕猎凶猛危险的动物，也会在尼罗河边静静地钓鱼。

保持体型

为了保持身形健美，古埃及人经常组织团队运动，包括某种形式的曲棍球，以及我们如今在奥运会上看到的许多项目。

讲故事

不管是新故事还是老故事，反正古埃及人的脑子里总有故事。据说《两兄弟的故事》是这个世界上最古老的童话，可以追溯到公元前1200年。

古墓音韵

古埃及人有许多管乐器，如单簧管、双簧管和笛子。要制作笛子，他们会在尼罗河岸边找一根中空的芦苇，在上面钻孔。然后只要从一端吹气，并用手指按住一个或多个孔洞，就可以吹出一支好听的曲子。墓葬中经常能发现笛子，但当时的曲调都是一代一代口耳相传的，所以从来没有人记录过乐谱。

钓到鱼了吗

这位"古埃及人"已经在尼罗河边钓了好几个小时的鱼了。为了提高成功率，他使用了不止一根渔线。最后到底哪一根钓到了？

精彩纷呈的节日

古埃及每年要庆祝数不清的全国和地方性的节日。这些节日让人们感恩并崇敬众神。

夺得 100 分

你的箭袋里装了无数支箭，但你必须正好地获得100分才能获胜。那么你需要瞄准哪些数字？同一个数字可以射中多次。

6
9
12
17
23
50

© Getty Images

古埃及的游戏

古埃及的孩子们不会在周六花一下午的时间去逛那些琳琅满目的玩具店。不过他们也有很多玩具可玩，其中不少和你现在玩的差不多。

大多数孩子都有木制玩具，其中许多被雕刻成动物的样子。有些玩具带轮子或者活动部件，都是精工细作，线条平滑，十分安全。孩子们有木制的陀螺，还有用黏土制成的球——扔出去时会发出声响。人们在墓葬中发现了很多这类玩具。

墓葬中的另一大类玩具是娃娃，不过娃娃的材质就取决于家庭的富裕程度了。富孩子的娃娃是亚麻布制成的，里面填充着碎布头和纸莎草。这些娃娃都描绘着精致的脸，有的还穿着衣服。穷孩子的娃娃只是纸莎草做的，但这并不影响他们对娃娃的爱。

桨板娃娃也很受欢迎，尤其是在中王国时期。这些娃娃是用薄木片制成的，没有胳膊和腿，却有一头用一串串小珠子做成的浓密长发。桨板娃娃代表的应该是在宗教仪式上表演的女性歌手和舞者。

并非所有的玩具都是给孩子玩的，桌游就非常的老少咸宜。许多桌游是竞速游戏，比如阿萨布、迈罕、猎狗和豺，谁先完成算谁赢。每个人都是凭运气，怎么走全靠掷骰子。

塞尼特棋可能是当时最风靡的游戏了。两个玩家在一张有30个格子的棋盘上竞争，人们相信这个游戏的赢家日后能更轻松地穿过幽冥进入来世。图坦卡蒙的墓中有5副塞尼特棋，还有许多其他法老玩这个游戏的图画。所以何不学习一下规则，自己也来上一盘呢？

来玩一盘迈罕游戏

你需要：

两个玩家

8枚小硬币：4银，4铜

两枚大硬币：代表狮子

一个骰子*

此页上的棋盘

像埃及人那样玩

*与其掷骰子，干嘛不试试投掷棒？制作很简单：找四根冰棍儿棒，把它们一面涂上颜色。玩的时候，把所有小棒一起向上抛，待它们落地后，有几根小棒的颜色朝上，就走几步。如果所有小棒都颜色朝下，就移动五步。

1. 玩家平分棋子
每个玩家要有4枚同样颜色的小硬币和一枚大硬币。如果找不到足够的硬币，也可以用纸片。

2. 掷骰子或者扔投掷棒
决定哪个玩家先扔。如果扔出2个点，就可以将一枚小硬币正面朝上放在棋盘的第一格上。

3. 交替投掷
另一个玩家也是同样。每次扔出2个点，就加一枚小硬币，否则就算轮空。

4. 在棋盘上移动
当玩家的4枚小硬币都放到第一个格子上以后，就可以继续掷骰子或棍子，决定其中任一枚硬币在棋盘上移动几步。

5. 到达蛇的头部
如果一个玩家的棋子走到棋盘的中心——代表着蛇的头部，就将其翻转过来，朝向尾巴的方向，走另一条路回到出发点。

6. 大硬币出场
当一枚小硬币重新回到蛇尾巴尖时，就要把它拿走，换那枚大硬币放到第一格里。这个大硬币将按照之前的规则向蛇头进发。

7. 开始攻击对手
一旦大硬币到达蛇的头部，它也将同样向回折返，回到尾部。如果它正好落在对手的小硬币占据的格子里，就可以吃掉对方。

8. 拿掉对手的棋子
小硬币只要回到尾部，就是安全的。但如果在途中遇到"狮子"，就必须从棋盘上拿走。大硬币不能互相攻击。

9. 如何赢得比赛
玩家要努力让所有小硬币安全回到蛇尾。谁吃掉更多的小硬币，谁就是赢家。

古埃及的神祇

古埃及人崇拜超过2000种不同的男神和女神。人们相信是这些神明创造了整个宇宙，并给世界带来秩序，因此对他们崇敬有加。对于生活中遇到的大多数情况，人们都可以找到一位神明祈求帮助，每个地区也都有各自推崇的神明。实际上，神祇的数量会随着时间不断增加，其中许多神明并不会一直流行，它们的重要性也是随着国家的发展或增或减。

虽然都是神，但它们彼此之间绝非平起平坐，有些神就是比其他的神更加强大，比如太阳神拉，或者奥西里斯——人们指望他来让尼罗河发洪水，为两岸带来肥沃的土壤。古埃及人为那些最受崇拜的神明修建了专门的神庙，虔心供奉，而祭司会用毕生的精力照看神明的雕像，以便让他们心情愉悦。古埃及人普遍相信，神明一旦不高兴，就会给人间降下灾难，只有通过供奉和祈祷，才可能避免祸患。

关于埃及众神，你肯定注意到了他们的长相各不相同。有些是人的样子；有些则是动物，如猎鹰、豺和鳄鱼；还有些是人与动物的混合，身子大多是人，头是动物。神明们大都与自然有着某种联系，而且许多神明之间结婚生子，子女又各自具有特殊的能力。这一切造成了一套非常复杂的宗教。接下来就让我们见识一些古埃及人所崇拜的神吧。

伊西斯

因何闻名于世

母性和魔法女神

伊西斯是奥西里斯的妻子，是一位保护神，人们相信，她会帮助死者进入来世。

拉

因何闻名于世

太阳神

作为所有生命形式的主要创造者，拉是最重要的太阳神。据说他会在白天跨越整个天空。

奥西里斯

因何闻名于世

冥神

奥西里斯是冥界之首，同时人们也依赖他来让尼罗河发洪水，淹没两岸的土地，使土壤变得更加肥沃。

荷鲁斯

因何闻名于世

王权之神

荷鲁斯长着猎鹰的头，样子引人瞩目，人们都相信，法老就是荷鲁斯在人世间的化身。

你能找到生育之神克努姆吗？

请在上方图片中找到克努姆的剪影。

画出赛斯的形象

赛斯是风暴和混乱之神。快把这些点连在一起，让赛斯降临人间。

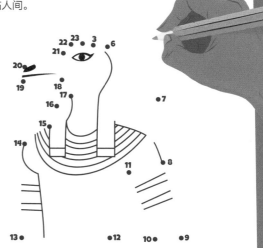

普塔

因何闻名于世

造物之神，工匠的保护神

普塔最初是首都孟菲斯的主神，也是工匠们的保护神。据说是他守护了古埃及。

阿蒙

因何闻名于世

底比斯之神

阿蒙最初是首都底比斯的守护神。新王国时期，他和拉融合为太阳神阿蒙拉，影响力也随之扩大。

阿努比斯

因何闻名于世

死者之神和防腐之神

作为尸体防腐过程的监督者，阿努比斯守卫着墓地，并在死者去往来世之前对其进行审判。

玛特

因何闻名于世

和谐、真理和正义女神

玛特是拉的女儿，人们相信，她可以通过调整星星、季节和人的行为来维持地球的平衡。

古埃及的神圣动物

古埃及位于非洲最东北部，这里有着丰富的野生动物资源。尼罗河附近有鳄鱼和河马，陆地上还有瞪羚、猎豹、狮子和狒狒。古埃及人和动物们生活在一起，他们非常喜爱这些动物，于是为自己的神祇也赋予了这些动物的品质和特征。

动物们常常被用作力量、权势和保护的象征，在古埃及的坟墓和各种圣器上经常可以看到它们的图像。人们之所以选中某种动物，绝不是因为它们温顺可爱——比如鳄鱼，每年都造成许多死伤，长期对人类构成威胁，然而人们还是会把它供奉在神庙当中。鳄鱼的尸体在当时看来是非常神圣的，因此许多鳄鱼死后都被制成了木乃伊。

其实不单单是鳄鱼，狮子、鹰和驴死后也会被制成木乃伊，还有猫和狗——它们经常和主人葬在一起。这表明，古埃及人很喜欢养宠物，就像我们现在一样，从当时的艺术作品中可以看出，他们还养猴子、猎鹰和鱼。古埃及人认为宠物是神赐予他们的礼物，因此他们有义务好好照料这些动物，直到它们生命的终结。

你猜，在古埃及，哪种宠物最受欢迎？如果你猜是猫，那么恭喜你，答对了！但你知不知道，古埃及人对圣甲虫——蜣螂，也就是屎壳郎——也情有独钟，当时的人们注意到蜣螂是如何滚动粪球，然后把滚好的粪球埋入地下的（储存起来大吃大嚼），于是便让太阳神凯布利长了一张圣甲虫的脸——他们说，凯布利会把星星滚过天穹，日落时分把星星埋下，黎明时分再挖出来。

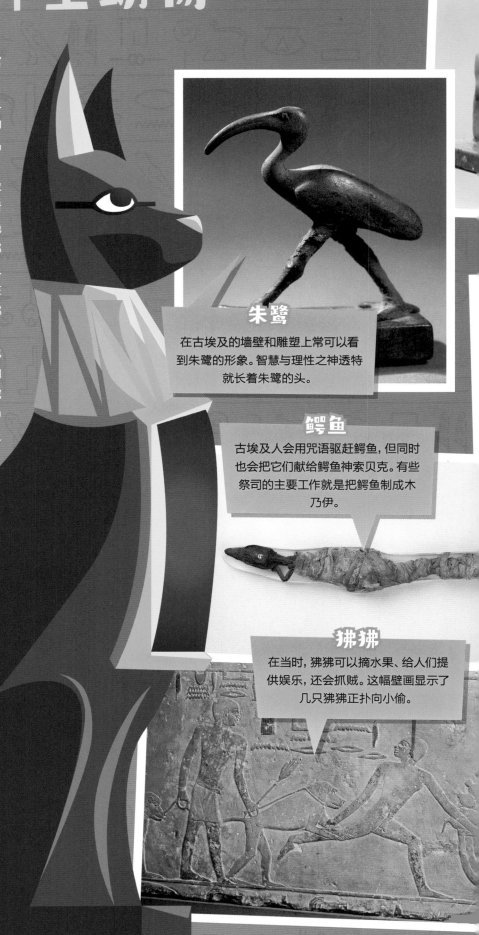

朱鹭

在古埃及的墙壁和雕塑上常可以看到朱鹭的形象。智慧与理性之神透特就长着朱鹭的头。

鳄鱼

古埃及人会用咒语驱赶鳄鱼，但同时也会把它们献给鳄鱼神索贝克。有些祭司的主要工作就是把鳄鱼制成木乃伊。

狒狒

在当时，狒狒可以摘水果、给人们提供娱乐，还会抓贼。这幅壁画显示了几只狒狒正扑向小偷。

河马

如今埃及已经见不到河马了，但以前的人们会因为河马在保护幼崽时所表现出的攻击性而崇拜它。

绵羊

绵羊、山羊和猪等动物被人们用于食用、制衣、农业，以及制造各种物品。它们的粪便还可以给土壤施肥。

寻找奶酪

古埃及人养猫来驱赶老鼠，保护谷仓、田地和自己的家。你能帮助这只小老鼠躲避猫爪和陷阱，享用一点美味的奶酪吗？

画出一只骆驼

古埃及人骑着骆驼穿越沙漠，因为骆驼可以在高温中行走160千米且不需要喝水，非常了不起。你知道骆驼是将水分储存在自身的血液中的吗？那你知道驼峰里储存的又是什么吗？写出这头骆驼各个身体部分的英文名称，并将高亮显示的字母重新组合，你将得到答案。

© Getty Images

猫

女神贝斯特最初的形象是一只狮子，后来逐渐演变成了一只猫。猫的小雕像非常常见。

答案：脂肪（FAT）。

古埃及的医生

在古埃及，大小疾病都非常普遍。尼罗河里满是讨厌的寄生虫，眼疾流行，骨折常见，有时还会暴发瘟疫。但当时的治疗方式和今天很不一样。那时候医生相信很多疾病都是由神明、恶魔或魂灵引起的，所以他们会与巫师合作施法。他们会开护身符作为处方，戴在脖子上抵御疾病；还会用动物治病——比如用猪眼的一部分来治疗失明。

当时的医生已经基本知道人体的工作原理。在制作木乃伊的过程中，他们了解了身体的不同部位，知道心脏是用来泵血的。外科医生可以缝合开放性伤口，治疗咬伤和烫伤，还能用夹板修复骨折。不过他们并不会切开人的身体去治疗内脏器官——如果他们那样做了，才真的是对病人的伤害，因为那时唯一的麻醉剂只有酒精。

医生会用草药和植物制成的药物来治疗内科疾病。他们还会做牙科手术，可以拔牙、钻孔、切除患处甚至做牙桥来改善缺牙。我们如今能了解到这一切，多亏了幸存至今的医学文献，包括《埃伯斯纸草文稿》，其中记录了超过700种救护和治疗方法。它还讨论了抑郁症和痴呆症等精神疾病，给出了关于皮肤病、肠道疾病和肿瘤的诊疗意见。

当然，对于疾病，预防远比治疗更重要。医生知道，一个人只要吃得好些，同时避免食用生鱼和不干净的动物就可以降低患病率。他们也会劝告人们勤洗澡。如果有人闻起来发臭，医生就会用生菜、没药、水果和香料的混合物给他擦身……这样至少不用再捏着鼻子了！上面说的都是比较舒服的疗法，这里还有一种更严酷的疗法，要治疗咳嗽，你就得吞掉一整只老鼠——幸好是煮熟了的。

古怪的药方

倒睫
牛的脂肪、蝙蝠的血、驴的血、蜥蜴的心脏和少许蜂蜜。

牙疼
把一只死老鼠塞进嘴里。

割伤
将发霉的面包放在伤口上。

被鳄鱼咬伤
把一块新鲜的肉包扎到伤口处。

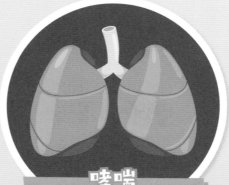

哮喘
在石板上加热几种草药的混合物，然后把蒸汽吸入肺里。

胸痛
使用薄荷和香菜的混合物。

使用假肢

截肢通常由治疗师来操作。为了帮助患者，他们会使用人造的身体部件——被称为假肢——来替换病人失去的身体部件。假肢大多由兽皮和皮革制成，也有一些使用蜡或木头。2017年，在古埃及一处墓地发现了一具3000年前的、有一个木制脚趾的女性木乃伊。

找不同

你能找出这两张埃及医生的图片中有哪些不同吗？

填字游戏

以下是古埃及的几种典型疾病。你能把它们的英文填进适当的格子中吗？

LEPROSY（麻风病）
BITES（咬伤）
PLAGUE（瘟疫）
TUBERCULOSIS（肺结核）
POLIO（小儿麻痹症）
GUINEA-WORM（麦地那龙线虫病）
BURNS（烧伤）

古埃及的木乃伊

古埃及人认为，死亡可以使一个人进入来世，并在他们原本的身体里重生。不过并非每个人都能达到这样的境界。因为死者的灵魂必须先穿过冥府，还要接受审判，看他们是否值得进入来世。为了帮助死者实现目标，古埃及人要把死者的遗体好好保存下来，这样他们的灵魂和生命能量——被称为"巴"和"卡"——才能重新回来，如果尸体腐烂，灵魂就无处附身了。这个保存遗体的方法就是制作木乃伊，首先用尼罗河水和棕榈酒清洗遗体，然后将一个钩子从鼻腔伸进去，取出脑子。接下来脑子就被扔掉了，因为古埃及人实在想不出人为什么非得有个脑子。

之后，祭司还会切除肝、肺、肠和胃。与脑子不同，这些部位会被清洗干净，分别放进一种叫作卡诺皮克罐的专门容器中。与此同时，心脏将被留在身体当中，因为人们认为心脏在来世是不可或缺的。在对死者的审判中，心脏的重量要被用来和一支羽毛进行比较。

所有这些步骤完成以后，人们会用一种叫作泡碱的盐填塞尸体，并包裹全身，以吸收水分。接下来需要干燥40天。随后尸体被再度清洗，不过这次会覆以油脂。取出泡碱后，尸体内要用锯末和亚麻布填塞，以便其保持形状，然后再用亚麻布——也就是著名的木乃伊绷带——包裹起来。

最后一步是在一层层的亚麻布之间塞进护身符并进行祈祷。之后，尸体被放入装饰精美的盒子里，最后放进棺材。陵墓里会装满食物、衣服和许多其他东西——如果能够幸运重生的话，这个人一定会发现来世是多么美好幸福！

冷知识！

最早制作木乃伊的并不是埃及人。在秘鲁和智利发现的新克罗木乃伊比埃及木乃伊还要早2000年。

涂颜色

虽然木乃伊们都裹着浅色的亚麻布，但五彩缤纷的颜色。拿起你的彩笔，看看你能让它变得多酷！

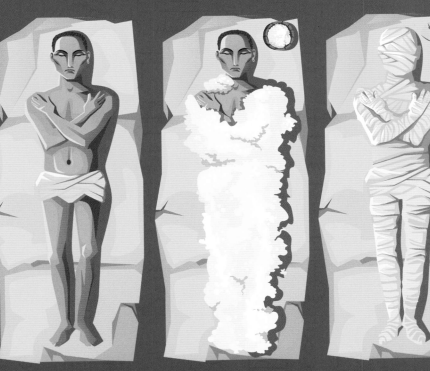

做一个你自己的木乃伊

在硬纸板上画一个人形——你可以做成自己想要的大小——然后剪下来（使用剪刀时要有父母在场）。使用细绳、绷带或者纸胶带包裹你的纸板身体。你还可以再做一个彩色的盒子把它放进去。

臭气熏天的事业

尸体被包裹的过程中，会有头戴阿努比斯面具的祭司在旁祈祷——因为阿努比斯是掌管防腐和来世的神祇。不过戴面具也可能是因为制作木乃伊的过程实在太臭了。这就是为什么防腐工人都要在户外的露天帐篷里工作，毕竟这里远离城市，靠近尼罗河。

瞧瞧这个！

试着查找一些资料，了解更多知识。

塞提二世的木乃伊

塞提二世的木乃伊可能是所有木乃伊当中保存最完好的。了解一下为什么他的木乃伊制作过程很特别。

木乃伊制作过程

看看一具木乃伊是如何制作的。

《制作木乃伊》

英国广播公司儿童频道的《糟糕历史》节目中的搞笑歌曲，用轻松的方式深入探讨了血腥的细节。

古代棺木的开棺过程

英国全国广播公司的一个新闻报道展示了一个木乃伊棺材被首次打开的过程。

什么人的尸体会做防腐？

任何人的尸体都可以被制成木乃伊，不过出钱多的人能得到更好的防腐处理。据说穷人的内脏只能用雪松树油液化，然后从他们的下身排出去。

75

死者之书

你在玩游戏的时候，有没有上网搜索过通关秘籍？《死者之书》就是类似这样的秘籍——它会在古埃及人踏上冥界之旅时帮助和指引他们，因为在那条路上，人必须要面对神明、守门人和各种可怕的生物。

古埃及人相信，任何死去的人都要乘坐丧船游历一条危机四伏的河道，途中不但有喷火的恶魔，还有长了5个头的爬行动物会扑过来要咬他们。当他们到达下一地点——杜亚特，也称为"众神之地"——他们需要正确地背诵一些咒语。如果顺利完成这一步，他们将抵达二谛殿堂，如果他们的心脏重量轻于羽毛，那么他们最终将来到奥西里斯的王国。

可以想象，这趟旅程对任何人来说都艰难无比。因此，《死者之书》中共有190个章节，充满了各式各样的咒语。抄书吏把它们抄写到长长的纸莎草卷轴上，以备人们的不时之需。为了让死后的苦旅再稍微轻松一些，书中还绘有不少插图，以便解释得更加清楚明白。很显然，没有人想在不带上这本书的情况下就冒险闯入来世。

但是很不幸，许多人还是不得不空手而去，因为抄写这本书非常昂贵。当然也有便宜省钱的版本，但那些都是早就写好的，只在空白处填上死者的名字而已。只有付得起钱的人才能得到专属定制版。不过，来世的通关咒语也并不仅仅写在书里。在陵墓的墙上甚至木乃伊的裹尸布上，也都写有咒语——看来古埃及人习惯于做好万全准备，绝不心存侥幸。

称量心脏

古埃及人相信，心脏记录着一个人生前所做过的一切，无论好坏。它会被用来和一支羽毛比较重量，而且一定要比羽毛轻才行。如果你可以偷偷耍诈，用某种比心脏更重的东西替换羽毛，你会选择下面哪一个呢？

A. 一升水
B. 一杯糖
C. 一个番茄
D. 一只仓鼠

答案：一升水，因为一升水重1000克，而人的心脏本均重量重300克。

魔法巨著

《死者之书》共计190章，分为四大部分，其中有165种不同的咒语，包括赞美太阳神的，以及防御鳄鱼的。

如何战胜阿努比斯

想要进入来世，每个人都必须经过阿努比斯这一关。他会称量一个人心脏的重量，并与真理女神玛特的羽毛相比较。

各种有用的指导

想知道如何能让神明帮助你进入来世，或者如何变身为蛇？这些秘密都藏在……

认真研读

古埃及人要在死前就阅读这本书。把书放在陵墓中是为了唤起他们的回忆。

头部、肩部、膝盖和脚趾

埃及人认为，一个人是由身体、灵魂、心脏和姓名组成的。《死者之书》可以确保人在死后还能掌控以上四者。有一些咒语可以避免身体腐败，还有一些可以使人不会失去他们的头颅和心脏。除了保护一个人免遭攻击，它还让死者能够施展法术，获得充足的饮水、食物和空气。

进入来世

你能帮助古埃及人走出迷宫吗?

你知道吗?

在新王国时期,每个人都可以得到《死者之书》,它的正式名称是《通往来日之书》。书中的某些咒语可以追溯到古王国和中王国时期。

集体的创作

这本书没有特定的作者。相反,它是由许许多多的祭司在超过1000年的时间里共同写成的。

古埃及的政府和法律

古埃及的统治者是历任法老，但是这么大的国家，一个人可管不过来。因此法老将许多特殊的、重要的工作交给其他人，组成一个强大而忠诚的政府，让社会井然有序。

职位是根据人们的地位或权威来排的。最高级别的行政长官，当然是位列法老之后的维齐尔。和今天的总理大臣类似，维齐尔的工作是监督政府运转，并向法老汇报国家的各方面事务。他们要做很多重大决策，要管控税收、食品工业、社会秩序和建造纪念碑。显然，维齐尔的工作非常忙碌。

维齐尔也是高等法院的负责人，因此他们承诺要保持理性、遵守法律、公正审判。为了分担职责重任，维齐尔会任命手下政府的各个官员，包括法官、军事将领和总司库，这些人每天向维齐尔汇报工作。

就等级而言，维齐尔之下便是祭司，这表明在古埃及，政府和宗教结合得是多么紧密。再下一级是皇家督察，这些人的任务是确保古埃及42个省的省长都在妥善治理地方事务。

再往下是抄书吏，他们做各种记录，呈送维齐尔审阅。古埃及人认为，政府所做的一切工作都应该被记录到纸上，这样官员们就可以跟踪了解案件、库存、会议、契约、税收和国家的财政情况。抄书吏所写的东西都会被存档，以供参考。

交出钱来

尽管古埃及社会直到公元前 500 年以前都没有现金，但政府依然要求人们纳税。法老和政府官员会评估一个人的财产价值，然后拿走他所生产的一些商品。这些商品或者被储存起来，或者用于支付大型建设项目的费用。

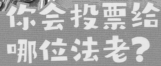

你会投票给哪位法老？

好吧，这其实是一个没法回答的问题，因为对于谁将成为法老，以及谁将担任维齐尔、地方省长或政府官员，古埃及的普通人都没有任何发言权。也就是说，法老一个人独揽大权。不过当时的人民对此并无怨言，因为他们相信法老就是神在世间的化身，他们相信法老的判断。

给这些角色按等级排序

抄书吏

祭司

维齐尔

省长

督察

你能认出当今世界各地的这些政府办公大楼吗？

从这里选择：

英国威斯敏斯特宫　　美国白宫　　德国国会大厦

© Getty Images

79

古埃及的性别角色

在许多社会中，即使是今天男性似乎都比女性拥有更多特权。这很不公平，很多人都在想办法解决这个问题，不过也许我们可以回过头去看看古埃及是怎么做的。那个时候，男人和女人相比虽然也有很大的优势，但彼此间地位差别却不大。

那时女人可以成为法老，成为维齐尔，成为重要的大祭司。从法律角度来说，男女一切平等，尽管在社会生活上并非如此，他们都可以拥有和出售财产、做生意、借贷、立遗嘱、选择自己下一代的继承人、出庭作证的权利。男人和女人并肩工作，同工同酬。如果一个女人与她的丈夫离婚，她有权获得双方共同财产的1/3。

有证据表明，当时的女性可以从事不少高级的职业，比如担任抄书吏或医生。不过通常来说，她们还是更喜欢卖香水、衣服和化妆品，也有不少女性选择做舞者和音乐人。从另一方面来说，更愿意或更有机会学习读写的人，更容易出任高级行政职务。在做决策时，男人有最终决定权，不过他们大多都会与妻子事先商量，达成一致。

和其他很多社会一样，古埃及的女性要在家做饭、打扫、照看孩子、做很多家务。她们还要提水、做衣服、洗衣服、整理家中的祭坛。男人时不时会帮忙，但如果一个女人很有钱，就会雇佣仆人来做这些事。有时仆人会成为家中的重要成员，没有孩子的夫妻偶尔还会考虑收养他们作为自己的继承人。

单词搜索

你能找到这些工作的英文吗？

C	U	M	A	N	A	G	E	R	B
X	F	D	A	N	C	E	R	B	E
W	S	C	A	P	W	A	H	N	Y
N	J	E	Z	N	M	X	R	K	W
W	A	X	R	S	S	B	D	E	C
A	C	D	G	V	I	R	A	E	R
A	O	V	D	B	A	G	Y	Q	W
J	O	O	N	U	O	N	A	I	C
Y	K	V	A	C	W	C	T	E	P
D	I	J	W	E	A	V	E	R	R

CARER（护工）

SERVANT（仆人）

COOK（厨师）

DANCER（舞者）

WEAVER（织工）

MANAGER（管理者）

古埃及的教育

尽管有证据表明女孩也可以上学——尤其是皇室宗亲——但教育主要还是面向男孩的。有钱人家的孩子通常从7岁开始上学，大多会一直上到14岁。在那里，他们学习阅读和写作，还学习医学、数学、地理和历史。大部分孩子将继承父母的职业。对于女孩来说，这意味着她们必须围着家庭转。

冷知识!

在古埃及的 31 个王朝中,至少有 7 位女性法老。

帮古埃及人做生意

古埃及人在计算物品价值时经常需要称重。他们的重量单位是德本。称重时,先把物品放到天平一端,再在另一端放上德本。每一德本的重量都是相同的。如果一条鱼重5德本,就可以换一袋同样重5德本的谷物。

现在,一位古埃及人想要出售香水。这是很大一瓶香水,重546克。而买家有一袋子鱼,重4德本。一德本的重量是91克。那么这笔买卖能成交吗? 这一袋鱼重多少克?

答案: 不能成交。大瓶香水水值6个德本,这条鱼重每 364 克。

结婚

古埃及人认为,男性应该在20岁左右结婚,而女性则要年轻得多,大多只有十二三岁而已——在今天看来还没有成年呢。结婚对他们不算什么大事,基本上只要签个合同再搬到一起住就足够了。离婚在当时也很普遍。

分道扬镳

一对古埃及夫妇离婚了。根据这些物品的价值,妻子在离婚协议中可以分得多少?

房子	12德本
椅子	2德本
桌子	3德本
陶器	4德本
总计	

答案: 7 德本。因为妻子分得1/3。

古埃及的象形文字

相信你已经接触了解了英文，英文只用26个字母就能组合出成百上千个单词。但如果你要学的是700多个符号怎么办？对古埃及人来说，要想弄清楚刻在神庙、纪念碑和陵墓上的象形文字，是一项极其艰巨的任务。

每一个象形文字看起来都像是一个人，或物品，或动物，其中有些可以直接按图形意思理解，比如一个女人的符号就代表女人，一个眼睛的符号就代表眼睛。但重要的是，还有些象形文字其实是表音符号，也就是说它们代表的是声音，如一张嘴代表了字母r。有些符号还可以表达想法和概念，例如温暖。

如果你已经觉得晕头转向了，没关系，大部分古埃及人也是如此。只有极少数的人有能力读写象形文字——主要是抄书吏和祭司——他们都要花很多年时间才能掌握这项技能。你可能以为，象形文字如此之难，他们也许会想尽量让它变得容易一些，但事实并非如此——他们在书写的时候从不使用句号、问号、逗号或者任何其他标点符号，事实上他们根本就不在字与字之间留出空间。

为了理解象形文字，读者还需要知道信息的走向，一般是通过观察那些符号的方向来判断。有些是从左往右读，有些是从右往左读，还有些是从上往下读。掌握了这套方法之后，你还必须学会自己添加元音，因为书写者没有写上。鉴于此，你还会奇怪为什么这套书写系统在公元5世纪左右就逐渐消失了吗？

THE ROSETTA STONE

破解密码

几个世纪以来，人们已经失去了阅读埃及象形文字的能力。埃及人找到了替代的书写形式，比如世俗体，用于文学作品和行政公文。外族入侵也导致他们开始使用希腊语，而且因为被禁止进行原本的宗教活动，象形文字的用武之地也大大减少。渐渐的，这种语言便消失了。

然而，在1799年，法国士兵发现了一大块写满文字的神秘石碑。它重一吨，高1.1米，是一部写于公元前196年的皇家法令。它的特别之处在于，这上面共有3种文字：埃及象形文字、世俗体文字和古希腊文字——这块"罗塞塔石碑"简直就像是一个本词典。

这下子，人们可以通过阅读希腊文并寻找相应的符号，来读懂象形文字的概念和字词了。不过，尽管世俗体文字和希腊文字很快被翻译出来，但要搞懂那14行象形文字到底在说什么，还是花了大约20年时间，因为当时没人知道有些符号其实不是表意，而是表音的。直到1822年，罗塞塔石碑才在法国学者让-弗朗索瓦·商博良的不懈努力之下被完整破译。

这是哪位法老?

破译象形文字的最重大突破之一，是1818年英国学者托马斯·杨终于搞明白了一组被框在椭圆形里面的符号。当象形文字被框在这样的形状中，就说明这是一位皇族的姓名。这组符号读作"克利奥帕特拉"，它是从上往下读的。

用象形文字写出你的名字

以下这组符号中，每一个都代表了不同的字母或者读音。你能用它们写出自己的名字（拼音）吗?

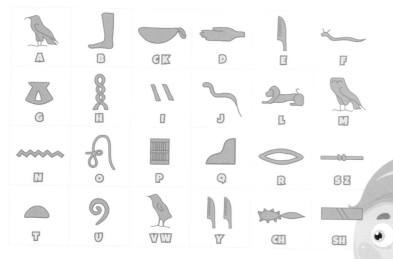

如果图坦卡蒙会发信息?

有人说表情符号和象形文字非常相似，因为它们都是基于图形的书写系统。但是，对于它们是否只是表形文字（用符号来表现物理实体），而不是表意文字（用符号来表达观念想法），尚存在争议。不过先抛开那些不谈，你能从上面的表情符号中猜出它们代表埃及的哪些事物吗?

充实的生活

至此，我们对古埃及生活的探索告一段落了。这其中我们学到的最重要的事，就是古埃及的生活不只有金字塔和法老。尽管法老们很重要，为他们和众神建造的雄伟纪念碑也很重要，但我们可以看到，普通人的生活也一样丰富多彩。

人们坠入爱河，组建家庭，生活开心，晚上有各种娱乐消遣，还有许许多多的游戏。大部分时候食物都很充足，大家吃得都特别好。那时候没有现成的包装食物，所有食材全是最新鲜的——当然这并不是说埃及人就不生病。

所幸医生们一直都在学习进步。他们不断寻找新的、更有效的方式治疗疾病，而通过制作木乃伊，他们对人体也有了越发深入的了解。

国家治理也井然有序，至少是在大多数时间里，社会结构合理，避免混乱失控。而且，当时人与人十分平等，男性和女性在法律上享有同等地位，社会比你想象的更为进步。

设计海报

根据你对古埃及生活的了解，请你制作一张海报，吸引游客们前来这片神奇的土地参观游玩。

蛇与梯

通过掷骰子，让你的棋子从大蛇的尾部开始，一路走向大蛇的头部。如果棋子落到梯子上，就沿着梯子向上爬；如果落到小蛇的头部，就顺着小蛇向下滑。

渔民遭遇河马袭击，船只沉没

一只狒狒抓住了罪犯 再掷一次

有人讲了一个很很很很……长的故事，结果你睡着了 暂停一轮

你被邀请参加盛大宴会，主人请你入席

你的队伍输掉了一场拔河比赛

盗墓者洗劫了一座陵墓，带走了雕像

你迷失在去往来世的途中

《死者之书》的最后一页不见了 暂停一轮

所有人都喜欢你的歌声

老师表扬你用象形文字写出了自己的名字

你一箭射中了靶心

医生为你治疗牙痛——用一只死老鼠

古埃及的技术和运输

和今天一样，古埃及的生活也并非停滞不前的。每当有人发明了新技术或者新的做事方式，社会都会随之向前发展。人们受益于交通运输能力的改善，也勇于接受新点子和新产品。古埃及人对新发明的兴奋程度就像我们如今见到一个新游戏机或者新手机一样。事实上，从青铜的制造到墨水的发明，古埃及人的许多创新都经受住了时间的考验。

在之前的内容里，我们已经了解了技术是如何改进埃及的建筑的，也见证了医学的进步，以及在墓葬方面蕴含的精湛技艺。

在本节中，我们将更深入地研究那些了不起的发明，看看造船业的技术突破是怎样使交通运输更加便利的。我们还会看到古埃及是如何发展其军队，逐渐成长为一个庞大帝国的。

和我们一起踏上穿越古埃及的最后一站，继续探索这个国家历时千年强盛不衰的秘密吧。

慧眼识异同

古埃及人的工具很多，分别用来制造家具、雕塑、玩具、棺材等。不过图中有一样工具他们没有用过。你能认出是哪一个吗？

答案：卷笔刀。

这是什么?

有一件工具,古埃及人早在5500多年前就开始使用了。它是什么?给你一条线索:它有牙齿,但不能咀嚼。

它是什么:

答案:梳子。

古埃及的发明

今天是几号？要回答这个问题，你大概会去日历上查找。但你知道是谁最早意识到一年共有365又1/4天的吗？是埃及人，他们在数千年前就创造了日历。

不过他们创造的并不是我们如今使用的历法。他们的一年虽然也是12个月，但每个月有3周，而每周有10天。当然，这只是一个例子，要知道，古埃及人的发明创新可不至于此。

正如你在前面医学的部分读到的，通过了解人体的工作原理，医学取得了长足的进步。医生们还懂得了刷牙的重要性，因为刷牙可以防止牙齿脱落。他们为此制作了牙刷和牙膏。牙刷就是一根小树枝，在其中一端做出刷毛；而早期的牙膏是用碎岩盐、干鸢尾花、薄荷和胡椒加水调制的——它的味道一定非常清新。

古埃及人做这些事可不仅仅是为了好看和好闻——尽管他们也发明了眼妆！他们很讲究实用，不仅使用分数来规划耕作周期，还创造了一种早期的犁，用牛来拉动，这样在种植或播种前就可以松土。他们利用数学知识建造了庞大的建筑物，也是第一个发明了大规模开采黄金的方法——把金沙放入羊毛编织的袋子中，让水流倾泻其中，便能冲走沙子，留下金子。

之所以我们对古埃及人的生活能了解如此之多，完全得益于他们把一切都记录在纸莎草制成的纸张上，并在此过程中发明了书写系统。他们不仅把所有记录存放在档案室中，还会锁起来确保安全。在大约公元前1000年左右，古埃及人就发明了一种简单有效的弹子锁，只需一把钥匙就可以锁住大门。和仅仅滑动一根木条挡住酒吧门或宝藏相比，这绝对是一个巨大的进步。

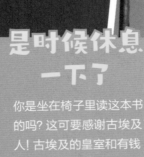

是时候休息一下了

你是坐在椅子里读这本书的吗？这可要感谢古埃及人！古埃及的皇室和有钱人都喜欢坐在华美的、用乌木、象牙、木材或金属制成的椅子上休息。比起坐在凳子上或者地上，这是一个真正的进步。古埃及人还发明了我们今天所用的桌子，他们在桌上吃饭、玩耍和书写。

轮子是古埃及人发明的吗？

不是！看看宏伟的金字塔，你可能会认为古埃及人是用带轮子的车来运输石头，但是他们并非如此。轮子实际上是由美索不达米亚文明发明的，这一文明存在于公元前6000年至公元前1550年之间。直到公元前16世纪，战车被引入战争时，古埃及人才开始使用轮子。

打保龄球

古埃及人在公元前5000年左右发明了最初形式的保龄球。玩家用小石块瞄准那些由石头雕刻而成的保龄球瓶。一个古埃及人开始游戏：第一次他击倒了1/5，请你把这部分涂成黄色；第二次他击倒了一半，把这部分涂成红色；第三次他击倒了剩下的1/4，把这部分涂成蓝色。请问，此时还剩几个未被击倒？

答案：3个。

你知道吗？

古埃及人发明了高跟鞋。贵族和女人们都爱穿。但与此同时，高跟鞋也是屠夫们的最爱，因为这样他们的脚就不会沾到地板上的血和内脏了。

单词搜索

你能在下面的字母表中找到这些发明的英文单词吗？

```
F U R N I T U R E H K I P J M
S F D C Z T U B N M F N E W L
A Z G H I O B V Q L H K N O S
P H G F R J B L F M H L O C F
A K D U P C N T K F Y H N G D
T C J F M A T H E M A T I C S
R O J J K F P N U A D J L A E
Q V O J F Y N E D K L E W L Z
F H K T F D E U R E I O L E D
H B V N H S X Y I U E W Q N L
H K L D G P T B M P D S W D N
U Y P J K D A G E I O B J A S
C A D S W I G S T F H I M R G
B H V G I N D E T L P J E M M
S Q M E D I C I N E J N E D C
```

MATHEMATICS（数学）

MAKEUP（化妆品）

WIGS（假发）

CALENDAR（日历）

TOOTHPASTE（牙膏）

PAPER（纸）

INK（墨水）

MEDICINE（药品）

FURNITURE（家具）

古埃及的船只

尼罗河是世界上最长的河流。它汇入地中海，平均宽度2.8千米。古埃及人依靠尼罗河为生，河面上行驶着大大小小的船只。他们常年在河上旅行，运输各种各样的物品。这意味着他们的船只要坚固耐用，所以造船工艺也必须与时俱进。

最早，古埃及人是用尼罗河边生长的纸莎草来制作一种小划艇。他们把一捆捆纸莎草紧紧地绑扎到一起，这样空气就会被固定在其中。这种船可以在水面漂浮，还可以用桨和桩子进行操控。人们相信这种船可以预防鳄鱼攻击——其实它根本没这个功能。

后来，古埃及人开始使用雪松造船。雪松是很稀有的，因为埃及本土没有多少树木，必须从黎巴嫩和叙利亚进口——这非常昂贵。不过法老们才不在乎成本呢。公元前2613年左右，当斯尼夫鲁国王下令建造一艘名为"两方土地之赞颂"的大船时，他派出了40条货船去往黎巴嫩收集木材。

造船工一生都在不断完善他们的技艺，也为他们建造的船只感到自豪。他们使用榫卯结构将厚木板钩在一起——也就是在一个木板上钻孔，插到另一个木板凸起的部位。他们还会使用风帆，这样在向南航行时，风就可以提供所需的动力；而要向北航行时，可以借助尼罗河由南向北的水流之势。

不同的船有不同的用途。有些船用于运输货物，包括活的动物、花岗岩和谷物，还有的船运送法老或官员的棺材。其他船只平时可以捕鱼，战争期间则被征用来保护国土或者对外征服。

你知道吗？

与胡夫法老一起下葬的丧船长达44米。

瞧瞧这个！

建造你自己的船

在网上学习如何用一张长方形的纸做一条船。
你还可以用在本书中看过的那些艺术形式对你的船尽情装饰。

发现之旅

公元前450年左右，古希腊作家希罗多德描述了一种名为巴里斯的古埃及船只，但没有人知道他说的是不是真的。他告诉人们，这种船是用短木板像砖块一样排列建造的。他还说，它的帆是由纸莎草做成的，船舵贯穿龙骨。多年来，现代埃及学家一直渴望找到其中一艘。直到1999年，人们发现了一个名为桑尼斯–赫拉克利翁的沉没的港口，并在这里发现了一艘船，完全符合希罗多德对巴里斯的描述。可见，至今人们仍然可以在埃及做出震惊世界的大发现！

小测验
你对埃及的船只了解多少？

最早埃及的船是由什么制成的？
A. 纸莎草 B. 石棺 C. 战车

哪些动物对尼罗河上的水手构成威胁？
A. 鲨鱼 B. 鳄鱼 C. 水母

埃及从哪里获取造船用的木材？
A. 利比里亚 B. 立陶宛 C. 黎巴嫩

什么可以为船只提供动力？
A. 太阳 B. 风 C. 雪

答案：A；B；C；B。

古墓水手

古埃及人常在陵墓中放置船模，因为他们相信死者在来世也需要乘船旅行。和各种船的图画一样，这些船模也非常重要，它们让我们了解当时的造船水平有多么先进，以及当时人们建造过哪些类型的船。

© Getty

古埃及的军队

长久以来，古埃及一直是和平之地。这里没有职业军人，只有受过训练的志愿兵，由各个省的省长负责管理。军队主要由农民组成，他们拥有各式武器，包括弓箭、匕首和长矛，还会设计复杂的战术和战略。不过尽管如此，他们也始终担心会被外来的强敌打败。

对于古埃及来说，建造那些金字塔、陵墓和神庙的一大问题就是"露富"，外国侵略者因而非常觊觎埃及的财富。在第二中间期就是如此。当时喜克索斯人注意到法老的统治已经愈发衰败，于是夺取了下埃及的控制权，引发了一场激烈的战争。古埃及军队在数场战役里遭遇惨败，主要是因为喜克索斯人的武器更为先进，还有马拉战车。

接下来的几任法老用了大约100年的时间才重新夺回失去的领土，足以证明埃及的军力有多匮乏。自那以后，埃及便立志大力发展军队。他们不仅雇用了职业军人，给军人以更好的训练，还大力发展军事相关的技术。

在战场上，全副武装的矛兵使用青铜尖长矛刺穿敌人。半圆形的战斧可以向下挥舞，深入劈砍。带有弯曲刀刃的钉头槌能够粉碎敌人的盔甲。

埃及人也使用寇派斯弯刀，它能勾住敌方的武器，抽走其盾牌然后给予致命一击。除此以外，埃及也用上了喜克索斯人的战车：在车夫驾驶战车时，士兵可以投掷标枪，或者从后面射箭。不过，这些武器可不仅仅用于保卫埃及，法老也利用它们对外扩张，雇佣其他国家的人在远离埃及的地方作战。一个超级大国由此崛起。

保护士兵

你可能会感到惊讶，在古王国和中王国时期，士兵都不穿什么盔甲。他们只用一个木制的、蒙着一层牛皮的长盾保护自己。当时法老会戴头盔，战车上的车夫和士兵也穿着青铜鳞片的战衣。不过这些人往往更容易成为敌人的目标。

涂颜色

这些战士即将奔赴战场，能保卫自己的只有手中的盾牌。你认为这些盾牌会是什么颜色？

重要数字

2　在战争期间，法老任命了2名将军

军队分为3个兵种：步兵、海军和战车　**3**

5　士兵从5岁开始接受训练

士兵们从 20 岁开始参战　**20**

20 000

大约有2万名士兵时刻备战

远射箭

埃及人研究制作了新的复合反曲弓，可以射出射程超过180米的箭——约相当于两个足球场的距离。这种巨大的弓长达1.5米，用牛角、木头和肌腱粘在一起。比起普通的弓箭，它能存储更多的势能，会带给士兵更强的火力。实际上它可以被设计成任何强度。在每根箭尾放置三根羽毛提高了其精准度。

观察图片。哪个插槽适合这个箭头？

现在你是技术达人了

古埃及的文明是多么辉煌啊！他们发明了精确的太阳历，把一年分为12个月，为我们今天的日历系统打下基础。你知道吗，他们还会用方尖碑作为日晷，只要观察地球围绕太阳旋转时方尖碑所投下的阴影就可以知道时间。

他们很懂得怎样让自己看起来光彩照人，尤其擅长使用眼妆。而且你知道吗，他们的眼妆还能够保护眼睛，免受刺眼的阳光直射，真是一举两得。幸亏他们把这一切都记录了下来，否则我们如何去知道这么多呢？

我们知道的越多，就越能意识到古埃及文明有多么先进。他们会储水浇灌土地，对抗饥荒。他们会引入别国的先进武器并将其改进得更好。他们建造巨型船只与其他国家往来贸易，还发展新技术去建造金字塔等宏伟建筑。

关于古埃及，还有很多的奥秘可以去探寻，但现在我们必须要说再见了。不过，这并不一定是旅程的终点。想要更多地了解古埃及，你还可以参观博物馆，看视频、读书，查找网络或者杂志上的文章，甚至干脆去埃及旅游。谁知道还有什么惊喜在前方等着你呢？

你学到了什么？

用所提供的词语填空，把句子补充完整。

❶ 军队最初是由_____组成的。

❷ 士兵使用_____来保护自己。

❸ 喜克索斯人使用马拉的_____赢得了_____。

❹ 古埃及人喜欢在_____上放松。

❺ 犁是由_____拉的。

❻ 古埃及历法中，每个月都有_____周。

❼ 为了收集木材，斯尼夫鲁国王派出了_____艘货船。

❽ 船只使用_____来提供动力。

盾牌　帆　战斗　椅子　3　40　农民　战车　牛

答案：农民；盾牌；战车，战斗；椅子；牛；3；40；帆。

94

创意发明

回想你在本书中读过的所有内容。 你能发明一种对古埃及人有所帮助的新装置吗？ 别忘了，他们那时可没有电！ 画出你的发明，并为它起个名字。

Future

Genous

未来科学家

Ancient Egypt

神秘的古埃及

探寻文明发源地之一，了解文明古国，一起走进神秘的古埃及！

我们将一起前往金字塔，探秘古埃及——这是有史以来最强大的文明之一，在你出生前早已绵延千年。在这里，你可以学习如何用古埃及象形文字写你的英文名字、给你的朋友发信息，沿着迷宫找到隐藏的宝藏，发现古埃及人的生活与你的有何不同，并认识当时最有权势的人——法老。通过书中精心制作的图片、谜题、挑战、测验和游戏，你将领略古埃及的风采。

你准备好去发现了吗？

分类建议：科学／科普

人民邮电出版社网址：www.ptpress.com.cn

绿色印刷产品

ISBN 978-7-115-59963-6

9 787115 599636 >

定价：199.00 元（共三册）